大学计算机系列教材
精品课程配套教材

计算机网络教程

（第6版）

◆ 吴功宜　吴 英　编著

電子工業出版社
Publishing House of Electronics Industry
北京 · BEIJING

内 容 简 介

本书是南开大学精品课程建设成果。为满足读者学习计算机网络基础知识和网络应用的需要，本书系统介绍了计算机网络概论、数据通信与广域网技术、网络体系结构与网络协议、局域网技术、网络操作系统、网络互连技术、互联网应用技术、物联网应用技术，以及网络安全与网络管理技术。每章附有习题，为任课教师免费提供电子课件。本书教学体系参考了全国硕士研究生统一入学考试、计算机等级考试和全国计算机技术与软件专业技术资格（水平）考试的基本要求和知识点，有助于学生通过认证考试。

本书简明、系统、先进、实用，适合作为高等院校非计算机专业的公共课教材，以及电子商务、信息管理与信息系统、信息与计算科学、多媒体与网络技术、教育技术学、物联网工程等专业的相关课程教材，也可作为各类计算机网络与通信技术培训教材，还可供从事计算机与信息技术应用的工程技术人员、管理干部学习参考。

图书在版编目(CIP)数据

计算机网络教程/吴功宜，吴英编著. —6版. —北京：电子工业出版社，2018.3
ISBN 978-7-121-33081-0

I. ① 计… II. ① 吴… ② 吴… III. ① 计算机网络—高等学校—教材 IV. ① TP393

中国版本图书馆 CIP 数据核字（2017）第 285636 号

策划编辑：章海涛
责任编辑：章海涛　　　　特约编辑：张　玉
印　　刷：北京捷迅佳彩印刷有限公司
装　　订：北京捷迅佳彩印刷有限公司
出版发行：电子工业出版社
　　　　　北京市海淀区万寿路 173 信箱　邮编　100036
开　　本：787×1092　1/16　　印张：15.25　　字数：390 千字
版　　次：1998 年 8 月第 1 版
　　　　　2018 年 3 月第 6 版
印　　次：2025 年 1 月第 13 次印刷
定　　价：52.00 元

凡所购买电子工业出版社图书有缺损问题，请向购买书店调换。若书店售缺，请与本社发行部联系，联系及邮购电话：（010）88254888，88258888。

质量投诉请发邮件至 zlts@phei.com.cn，盗版侵权举报请发邮件至 dbqq@phei.com.cn。

本书咨询联系方式：192910558（QQ 群）。

前 言

计算机网络是计算机科学与工程中迅速发展的新兴技术，也是计算机应用中的一个空前活跃的领域。计算机网络是计算机与通信技术相互渗透、密切结合而形成的交叉科学。目前，计算机网络已广泛应用于办公自动化、企业管理、信息服务、电子商务、科研教育、医疗卫生、军事等领域。互联网技术发展迅速，全球信息高速公路建设的浪潮兴起。人们已经意识到，计算机网络正在改变人们的工作与生活方式，已成为影响一个国家与地区的经济、科学与文化发展的重要因素之一。我国信息技术与信息产业的发展，需要大量掌握计算机网络与通信技术的人才。计算机网络技术已成为广大学生学习的一门重要课程，也是从事计算机与信息技术的研究、应用人员应该掌握的重要知识之一。

计算机网络技术经过 50 多年的发展，已经形成了自身比较完善的体系。目前，计算机网络技术发展迅速，应用广泛，知识更新快。以互联网为代表的网络应用技术与以千兆位以太网为代表的高速网络技术，使计算机网络技术发展到一个更高的阶段。为了满足“计算机网络”课程学习的要求，作者根据多年教学与科研实践经验编写了本书，希望给广大读者提供一本既能保持教学的系统性，又能反映当前计算机网络技术发展最新成果的教材。

本书在教学体系安排中也考虑了全国硕士研究生统一入学考试、全国计算机等级考试、全国计算机技术与软件专业技术资格（水平）考试所要求的基本内容，因此通过本书的学习也有助于学生通过相关科目的考试。

本书是南开大学精品课程的建设成果。本书前几版受到广大读者和高校教师的欢迎，累计印数超过 30 多万册。本次修订在第 5 版的基础上，增加了计算机网络技术最新发展的有关内容。全书共分 9 章。

第 1 章讨论计算机网络的基本概念，这是全书的基础。

第 2 章讨论数据通信与广域网技术，包括传输介质、数据编码、多路复用、差错控制等内容，以及广域网的数据交换技术。

第 3 章讨论网络体系结构与网络协议，并分析 OSI 参考模型与 TCP/IP 模型。

第 4 章讨论局域网技术，介绍了传统以太网、高速以太网、交换式局域网与无线局域网技术，以及局域网组网技术。

第 5 章讨论网络操作系统的基本概念，并介绍几种常用的网络操作系统。

第 6 章讨论网络互连技术，介绍网络互连的类型与层次，以及网桥、路由器与网关的工作原理。

第 7 章讨论互联网应用技术，介绍互联网的基本概念、接入方式和服务功能，以及各种新型的互联网应用。

第 8 章讨论物联网技术，介绍物联网的产生背景、基本概念、体系结构，以及物联网关键技术发展。

第 9 章讨论网络安全与网络管理，介绍网络空间安全的概念、OSI 安全体系结构、加密与认证技术、网络安全协议、防火墙与入侵检测技术、恶意代码及防护技术，以及网络管理的概念和相关协议。

本书在编写过程中注意保持教学内容系统性的同时，以高速局域网与互联网应用技术作为主线，加入宽带城域网、物联网、网络安全与网络管理等新内容，力求反映计算机网络的最新发展。在本书编写过程中，作者主要参考了近年的最新文献资料。在写作中，力求做到层次清楚，语言简洁流畅，内容丰富，既便于读者循序渐进地系统学习，又能使读者了解计算机网络技术的新发展，希望本书对读者掌握计算机网络技术有一定的帮助。

本书第1～3章由吴功宜执笔完成，第4～9章由吴英执笔完成，全书由吴英统稿。

本书在编写过程中得到了谭浩强教授的关心与帮助，也得到了徐敬东教授、张建忠教授的多方帮助，在此谨表衷心的感谢。

限于作者的学术水平，错误与不妥之处在所难免，敬请广大读者批评指正。

本书每章后附有习题，并为任课教师提供电子课件和参考答案。相关教学资源（包含电子教案）可登录华信教育资源网站（http://www.hxedu.com.cn），注册之后免费下载。

作　者

目　录

第 1 章　计算机网络概论

本章学习要求

⌘ 了解：计算机网络的形成和发展
⌘ 掌握：计算机网络的定义
⌘ 掌握：计算机网络的结构变化
⌘ 掌握：计算机网络的分类
⌘ 掌握：计算机网络的拓扑构型
⌘ 了解：典型的计算机网络
⌘ 了解：计算机网络应用及社会问题

计算机网络是计算机与通信技术紧密结合的产物，网络技术对信息产业的发展有深远影响。为了帮助读者对计算机网络有全面的认识，本章在讨论计算机网络发展历史的基础上，对计算机网络的定义、分类与拓扑构型，在单位与个人信息服务中的应用，以及网络应用带来的社会问题进行探讨。

1.1　计算机网络的形成和发展

计算机网络是计算机与通信技术高度发展、紧密结合的产物，网络技术进步正在对当前信息产业的发展产生重要的影响。

1. 计算机网络的发展阶段

计算机网络的发展速度与应用的广泛程度很惊人。计算机网络从形成、发展到广泛应用经历了几十年的发展。纵观计算机网络的形成与发展，大致可以划分为如下四个阶段。

第一阶段可追溯到 20 世纪 50 年代。那时，人们将独立发展的计算机与通信技术结合，完成了数据通信与计算机通信网的研究，为计算机网络的产生做好了技术准备。

第二阶段应从 20 世纪 60 年代美国的 ARPANET 与分组交换谈起。ARPANET 是计算机网络技术发展中的一个里程碑，研究成果对促进网络技术发展起到重要作用，并为 Internet 的形成奠定了基础。

第三阶段可从 20 世纪 70 年代中期谈起。当时，广域网、局域网与公用分组交换网发展迅速，各计算机厂商纷纷发展自己的网络，随之带来了网络体系结构与协议标准化问题。国际标准化组织（International Standards Organization，ISO）在推动开放系统互连参考模型与网络协议研究方面做了大量工作，对网络理论体系形成与网络技术发展起到重要作用，但是也面临着 TCP/IP 的严峻挑战。

第四阶段从 20 世纪 90 年代谈起。该阶段的典型技术是 Internet 和 ATM 技术。Internet 作为世界性的信息网络，在经济、文化、科研、教育等领域发挥重要作用。以 ATM 技术为代表的高速网络技术的发展为全球信息高速公路建设提供技术准备。

2. 计算机网络的形成

任何一种新技术出现都必须具备两个条件：强烈的社会需求与先期技术的成熟。计算机网络的形成与发展也证实了这条规律。1946 年，世界第一台电子数字计算机 ENIAC 在美国诞生时，计算机与通信技术并没有直接联系。20 世纪 50 年代初，由于美国军方的需要，美国半自动防空系统尝试将计算机与通信技术结合，将远程雷达与其他探测设备通过通信线路（长 2.41×10^6 km）与一台 IBM 计算机相连，进行防空信息的集中处理和控制。

为了达到这个目的，首先需要完成数据通信技术研究。在这项研究的基础上，将多个终端通过通信线路连接到一台计算机。用户在自己的终端上输入程序，通过通信线路传送到中心计算机，分时访问与使用资源完成处理，再将处理结果返回用户终端。这种以单个计算机为中心的联机系统称为面向终端的远程联机系统。20 世纪 60 年代，美国航空公司建成由一台主机与分布在全美的 2000 多个终端组成的航空订票系统 SABRE-1。

随着计算机应用的快速发展，出现了多台计算机互连的需求。这种需求主要来自军事、科研、企业与政府部门，希望将分布在不同地点的计算机互连成网络。用户可使用本地计算机中的软件、硬件与数据资源，也可使用联网的其他计算机中的各种资源，以便达到计算机资源共享的目的。

这个阶段的典型代表是 ARPANET，它由美国国防部高级研究计划局（Advanced Research Projects Agency，ARPA）主导。1969 年，ARPA 提出将多个大学、公司和研究所的计算机互连的课题。最初，ARPANET 只有 4 个节点，1973 年发展到 40 个节点，1983 年超过 100 个节点。ARPANET 通过有线、无线和卫星通信线路，将网络覆盖范围从美国本土扩展到夏威夷，甚至涵盖了欧洲的广阔地域。

ARPANET 的主要贡献表现在以下 6 方面：

❖ 完成对计算机网络定义、分类，以及对子课题研究内容的描述。
❖ 提出资源子网、通信子网的两级网络结构。
❖ 提出基于分组交换的数据交换方法。
❖ 采用层次结构的网络体系结构模型和协议体系。
❖ 促进 TCP/IP 协议的发展。
❖ 为 Internet 的形成和发展奠定基础。

ARPANET 研究成果对计算机网络发展的意义是深远的。20 世纪 70～80 年代出现了大量的计算机网络，仅美国国防部就资助建立了多个网络。很多机构也组建了一些计算机网络，如美国加州大学劳伦斯原子能研究所 OCTOPUS、法国信息与自动化研究所 CYCLADES、国际气象监测网 WWWN、欧洲情报网 EIN 等。

计算机网络可按资源子网与通信子网来分别组建。20 世纪 70 年代中期，开始出现由邮电部门或通信公司组建和管理的公用分组交换网，即公用数据网（PDN）。早期的 PDN 采用模拟通信的电话交换网，新型的 PDN 采用数字传输与分组交换方法。典型的公用分组交换网主要包括：美国的 TELENET、加拿大的 DATAPAC、法国的 TRANSPAC、英国的

PSS、日本的 DDX 等。公用分组交换网可为更多用户提供数据通信服务。

以上讨论的是利用远程通信线路组建的广域网。随着计算机的广泛应用，局部区域计算机联网需求日益强烈。20 世纪 70 年代初，一些研究机构希望用多台计算机共同完成科学计算或实现资源共享，开始了局域网的研究。1972 年，美国加州大学提出了 Newhall 环网；1976 年，美国 Xerox 公司提出了 Ethernet 总线网；1974 年，英国剑桥大学提出了 Cambridge Ring 环网。这些成果对后期的局域网技术发展有重要影响。

3. 网络体系结构和协议标准化

随着网络技术的快速发展与广泛应用，很多计算机公司开展网络研究与产品开发，同时提出各自的网络体系结构与网络协议，如 IBM 公司的 SNA（System Network Architecture）、DEC 公司的 DNA（Digital Network Architecture）与 UNIVAC 公司的 DCA（Distributed Computer Architecture）。这些研究成果为后来的网络理论体系形成奠定了基础，很多网络系统经过适当的修改与充实后仍在使用。Internet 是在 ARPANET 的基础上发展起来。20 世纪 70 年代后期，人们看到计算机网络发展中的问题，网络体系结构与协议标准的不统一将限制其发展，因此网络体系结构与协议必须走国际标准化的道路。

在计算机网络发展的第三阶段，网络体系结构与协议标准化取得重大进展。ISO 成立计算机与信息处理标准化技术委员会（TC 97），其中专门设立一个分委员会（SC 16），从事网络体系结构与协议标准化问题研究。经过多年的努力，ISO 制定了开放系统互连（Open System Interconnection，OSI）参考模型，即 ISO/IEC 7498 国际标准。20 世纪 80 年代，ISO 与 CCITT 为 OSI 参考模型的各层制定了一系列协议，形成了一个庞大的 OSI 基本协议集。OSI 参考模型对推动网络体系结构发展有重要作用。

如果说广域网作用是扩大信息社会中的资源共享范围，局域网作用则是进一步增强信息社会中的资源共享深度。微型计算机的应用推动局域网技术发展。20 世纪 80 年代，局域网技术出现突破性的进展。在局域网领域，以太网（Ethernet）、令牌总线（Token Bus）、令牌环（Token Ring）形成三足鼎立之势，各自形成了国际标准，采用光纤作为传输介质的 FDDI 技术在主干网中广泛使用。

20 世纪 90 年代，局域网技术在传输介质、操作系统与客户机—服务器（C/S）模式等方面取得了重要进展。在 Ethernet 中，使用非屏蔽双绞线实现 10 Mbps 的数据传输，并在此基础上形成网络结构化布线技术，促进局域网在办公自动化中的广泛应用。NetWare、Windows NT、UNIX 和 Linux 等操作系统的出现，促使局域网技术进入成熟的阶段。C/S 模式将网络服务功能提高到更高水平。TCP/IP 的广泛应用让网络互连技术发展到一个崭新的阶段。

4. Internet 与高速网络技术

Internet 是全球最大和最有影响力的互联网络，也是世界范围的信息资源宝库。Internet 是通过路由器实现众多网络互连的大型网际网，对推动科研、文化、经济和社会发展有不可估量的作用。用户将自己的计算机连入 Internet，可以在这个信息资源宝库中漫游。Internet 中的信息资源涉及社会生活各个领域。用户可使用 Internet 提供的 Web、电子邮件、FTP 等服务，可与未谋面的网友聊天或发表自己的见解。

20 世纪 90 年代，世界经济进入一个全新的发展阶段，信息技术与网络应用成为衡量综合国力与企业竞争力的重要标准。1993 年，美国宣布国家信息基础设施（National Information Infrastructure，NII）建设计划，也被形象地称为信息高速公路。世界各国开始认识到信息技术与信息产业发展将对经济发展有重要作用。1995 年，全球信息基础设施委员会（Global Information Infrastructure Committee，GIIC）成立，目的是推动与协调各国信息技术与信息服务发展。在这种情况下，全球信息化的发展已是大势所趋。

计算机网络将连接企业、学校、政府部门与家庭，覆盖范围可能超过现有的电话网。为了支持各种信息（如语音、视频）的传输，很多信息对网络传输的实时性要求很高，网络必须有足够的带宽、良好的服务质量与完善的安全机制，以满足电子政务、电子商务、远程教育、远程医疗、视频点播等各类需求。

在 Internet 飞速发展与广泛应用同时，高速网络技术发展也引起了更多的关注。高速网络技术发展主要表现为宽带综合业务数字网（B-ISDN）、异步传输模式（ATM）、高速局域网等。B-ISDN 和 ATM 都属于广域网技术，是由电信公司开展研究，目标是构造能传输语音、视频与数据的公共数据网络。以以太网为代表的高速局域网技术发展迅速。在 10 Mbps 传统以太网普及的基础上，100 Mbps 快速以太网和 1 Gbps 千兆以太网已广泛应用，而 10 Gbps 万兆以太网也在研究中。

5．宽带城域网与三网融合

Internet 的广泛应用引起电信业的巨大变化。2000 年前后，北美电信市场上出现长途线路带宽过剩的局面，电信运营商虽然拥有大量广域网带宽资源，却无法有效地将大量的用户接入进来。实际上，制约大规模 Internet 接入的瓶颈在城域网。为了满足大规模 Internet 接入和提供多种 Internet 服务，电信运营商应提供全网、端到端、灵活配置的宽带城域网。在这样的社会需求驱动下，电信运营商将竞争重点和大量资金从广域网骨干网建设，转移到高效、经济、支持大量用户接入和支持多种业务的城域网建设。

宽带城域网结构通常分为三个层次：核心交换层、汇聚层、接入层等。用户可通过计算机由局域网接入，通过固定或移动电话由电话通信网接入，或通过电视由有线电视网接入；汇聚层将大量用户请求汇聚到核心交换层；通过核心交换层连接国家的高速出口，用户的访问请求被传送到 Internet，从而满足办公室、学校与家庭用户的访问需求。宽带城域网已成为现代化城市建设的重要信息基础设施。宽带城域网的建设导致了计算机网络、电话通信网与有线电视网“三网融合”局面的出现。

基于 Web 的电子政务、电子商务、远程医疗、远程教育，以及基于对等结构的 P2P 网络、3G/4G 和移动 Internet 的应用，使得 Internet 以超常规的速度发展。“三网融合”实质上是计算机网络、电话通信网与电视传输网在技术与业务商的融合。从技术融合的角度看，电话通信网、有线电视网都统一到计算机网络的 IP 协议，网关实现电话通信网、有线电视网与计算机网络的互联。

从业务融合的角度看，电话用户希望通过智能手机来收看电视节目、访问 Web 网站、收发电子邮件；电视用户希望通过有线电视网来拨打电话、访问 Web 网站、收发电子邮件；Internet 用户希望在计算机上收看电视节目、拨打电话。“三网融合”技术与产业的发展必将带动现代的信息服务业的快速增长。云计算为“三网融合”与现代信息服务业的运行提供了成熟的商业模式。

1.2 计算机网络的概念

1.2.1 计算机网络的定义

1. 计算机网络定义的要点

在计算机网络发展的不同阶段，人们对计算机网络提出了不同的定义，反映出当时网络技术的发展水平，以及人们对网络的认识程度。这些定义可以分为三类：广义的观点、资源共享观点和用户透明性观点。从目前计算机网络的特点来看，资源共享的观点比较准确地描述出计算机网络的基本特征。广义的观点定义的是计算机通信网，用户透明性观点定义的是分布式计算机系统。

资源共享的观点将计算机网络定义为“以能够相互共享资源方式互连起来的自治计算机系统的集合”。这个定义符合计算机网络的基本特征，主要表现在以下 3 方面。

① 组建计算机网络的主要目的是实现计算机资源的共享。计算机资源主要指计算机系统中的硬件、软件与数据。用户可以使用本地计算机中的资源，也可以通过网络访问远程计算机中的资源，还可以调动几台计算机共同完成任务。

② 网络中的计算机是分布在不同地理位置的“自治计算机”。这些计算机之间没有明确的主从关系，每台计算机既可以联网工作，也可以脱离网络独立工作。网络中的计算机可以为本地用户提供服务，也可以为网络用户提供服务。

③ 网络中的计算机之间通信必须遵循共同的网络协议。计算机网络是由多台互连的计算机（通常称为节点）组成，它们之间要做到有条不紊地交换数据，每个节点必须遵守一些事先约定好的通信规则。

如何判断计算机是否互连成计算机网络，主要看它们是不是独立的“自治计算机”。如果两台计算机之间有明确的主从关系，其中一台计算机能控制另一台计算机，则被控制的那台计算机就不是“自治计算机”。分布式计算机系统（Distributed Computer System）简称分布式系统，与“计算机网络”的概念容易混淆。根据用户透明性观点的定义，网络中存在一个管理资源的全局性操作系统，调用完成用户任务所需的资源，整个网络像一个计算机系统，对用户是透明的。因此，分布式系统与计算机网络的区别不在物理结构上，而在高层软件上。

随着 Internet 与三网融合技术的发展，联网计算机的概念开始发生变化。联网计算机已从大型机、中型机、小型机与微型机，逐步扩展到 Pad、智能手机、数字电视机、家用电器等各种智能数字设备。但是，无论接入网络的终端设备类型如何变化，它们都属于端系统中的设备，并且都具有一个相同的特点：内部都有 CPU、操作系统与网络协议软件。由于应用领域与功能的不同，接入设备使用的 CPU、操作系统与网络软件的性能、规模与功能不同。在计算机网络技术讨论中，各种端系统中的设备都称为主机（Host）。

2. computer network、internet、Internet 与 Intranet 的区别和联系

在讨论计算机网络的基本概念时，需要注意术语 computer network、internet、Internet、Intranet 的区别和联系。

① 计算机网络（computer network）是采用通信技术将大量独立的计算机系统互连的集合。计算机网络有很多类型，如广域网、城域网、局域网等。

② 网络互连（internet）是描述将多个计算机网络互连成大型网络系统的技术术语。

③ 互联网（Internet）是专用名词，专指目前广泛应用、覆盖全世界的大型网络系统。Internet 不是一个单一的广域网、城域网或局域网，而是由多种网络互连起来的网际网。

④ 随着 Internet 的广泛应用，一些大型企业、管理机构也采用 Internet 组网方法，基于 TCP/IP 协议与 Web 系统设计方法，将分布在不同地理位置的部门局域网互连成企业专用网络，供内部员工办公使用，不连接或不直接连接到 Internet，这种内部的专用网络系统称为 Intranet。

1.2.2 计算机网络结构变化

1．早期的计算机网络结构

早期的计算机网络类型主要是广域网，通过通信线路将分布在不同地理位置的大型机、中小型、小型机互连起来。计算机网络需要完成两大基本功能：数据处理与通信处理。早期的计算机网络主要包括两类设备：负责数据处理的主计算机；负责数据通信的通信控制处理机。从计算机网络组成的角度，早期计算机网络从逻辑上分为两部分：资源子网和通信子网，如图 1-1 所示。

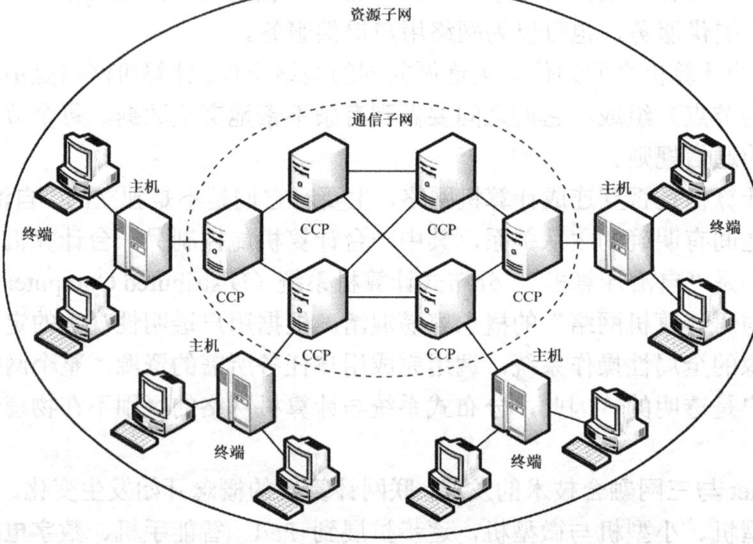

图 1-1　早期计算机网络的结构

（1）资源子网

资源子网由主计算机、终端、终端控制器、外部设备、各种软件和信息资源组成。资源子网负责全网的数据处理业务，为用户提供各种网络资源和服务。

主计算机系统简称为主机（Host），可以是大型机、中型机或小型机。主机是资源子网的主要组成单元，通过通信线路与通信控制处理机相连。用户终端通过主机连入网络中。主机为用户访问网络中其他主机与资源提供服务。随着微型计算机的广泛应用，接入网络的微型计算机（简称微机）数量日益增多，微型计算机逐渐成为常见的主机类型。微机可直接通过通信控制处理机接入网络，也可以通过联网的其他主机接入网络。

终端（Terminal）是用户访问网络的界面。终端可以是简单的输入、输出终端，也可以是带微型处理器的智能终端。除了具有输入和输出功能外，智能终端还具有存储和处理信息的能力。终端可以通过主机接入网络，也可以通过终端控制器等设备接入网络。

（2）通信子网

通信子网由通信控制处理机、通信线路与其他通信设备组成。通信子网负责全网的数据发送、存储转发等通信处理任务。

通信控制处理机（Communication Control Processor，CCP）在网络拓扑结构中称为节点。一方面，它作为与资源子网中的主机、终端的连接点，将主机与终端等设备连入网络；另一方面，它作为通信子网中的存储转发节点，完成数据的发送、接收、校验、转发等功能。在早期的 ARPANET 中，承担 CCP 功能的设备是接口报文处理机。

通信线路为 CCP 之间、CCP 与主机之间提供通信信道。计算机网络可使用多种通信线路，如电话线、同轴电缆、双绞线、光缆、无线信道等。

2. 现代的计算机网络结构

随着微型计算机与局域网的广泛应用，采用主机 - 终端系统的用户逐步减少，因此现代的网络结构已经发生变化。随着微型机的广泛应用，大量微型机通过局域网连入广域网，广域网之间再通过路由器互连。在 Internet 中，用户的微型机通过校园网、企业网或 ISP 连入地区主干网，再通过国家主干网连入国家间的高速主干网，这样形成由路由器互连的大型、层次结构的互连网络。图 1-2 给出了现代计算机网络的结构。

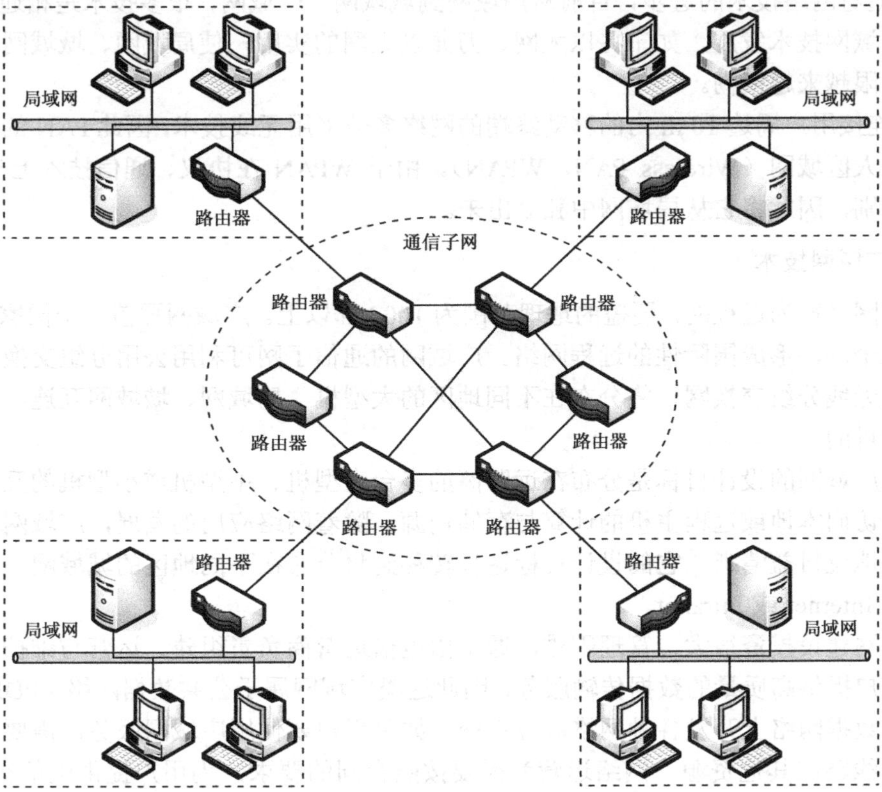

图 1-2　现代计算机网络的结构

1.2.3 计算机网络的分类

计算机网络的分类方法有多种，最主要的方法是根据覆盖范围来分类，可以很好地反映不同类型网络的技术特征。按覆盖的地理范围划分，计算机网络可以分为广域网、城域网、局域网、个人区域网，如图 1-3 所示。

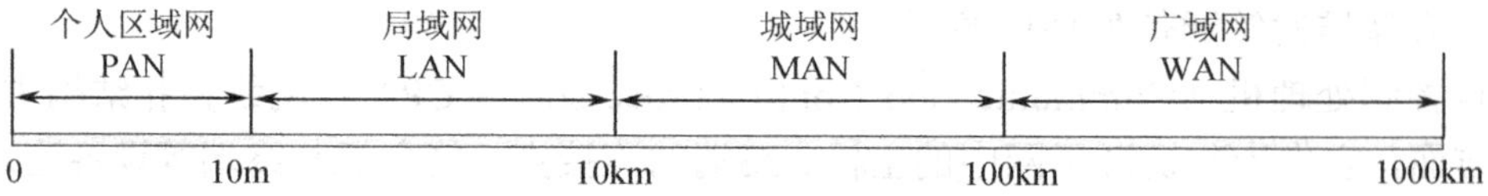

图 1-3 按覆盖范围的网络分类

连接用户身边 10 m 内的计算机、打印机、Pad、智能手机等数字终端的网络称为个人区域网（Personal Area Network，PAN）；连接 10 m～10 km 范围内的计算机、终端设备的网络称为局域网（Local Area Network，LAN）；覆盖范围在 10～100 km 的网络称为城域网（Metropolitan Area Network，MAN）；覆盖范围超过 100 km 的网络称为广域网（Wide Area Network，WAN）。

为了更好地理解网络分类，需要注意以下几个问题：

① 这里给出的数据只是一些参考值，并没有严格的界限。按照实际连网的需求，一个 5 km 范围的工业园区组网可能采用城域网；一个家庭 10 m 范围内的台式机、笔记本、手机的组网也可能采用无线局域网。

② 随着网络技术的进步，目前从局域网到城域网、广域网，很多技术是相通的。尤其是高速局域网技术发展，如千兆以太网、万兆以太网的实用，使局域网、城域网与广域网之间的界限越来越模糊。

③ 连接用户周边 10 m 内的移动终端的网络多数采用无线技术，因此 PAN 的准确定义是无线个人区域网（Wireless PAN，WPAN）。由于 WPAN 在协议、通信技术上与 WLAN 有较大区别，因此将它从局域网中独立出来。

1. 广域网技术

广域网又称为远程网，覆盖的地理范围为 100 km 以上。广域网覆盖一个国家、地区甚至横跨几个洲，形成国际性的远程网络。广域网的通信子网可利用公用分组交换网、卫星通信网或无线分组交换网，将分布在不同地区的大型机、局域网、城域网互连，以实现资源共享的目的。

初期广域网的设计目标是分布在远距离的多台大型机、中型机或小型机的互连，用户通过终端访问本地或远程主机的计算与存储资源。随着网络应用的发展，广域网作为核心主干网的地位日益清晰，它的设计目标逐步转移到将分布在不同地区的城域网、局域网互连，构成 Internet 或 Intranet。

广域网建设投资很大，管理困难，通常由电信运营商负责组建、运营与维护。由于广域网为用户提供高质量的数据传输服务，因此这类广域网属于公共数据网络（PDN）。用户可在公共数据网络上开发各种网络服务系统。如果用户要使用广域网服务，需要向运营商租用通信线路或其他资源。网络运营商需要按照合同的要求，为用户提供电信级的 7×24 服务。有特殊需要的国家部门与大型企业也可以在组建 Intranet 时，建设专用的广域网。

目前，大量的计算机通过局域网或其他接入技术接入城域网，再由城域网接入广域网，大量广域网互连形成 Internet 的宽带、核心交换平台，从而构成层次结构的 Internet。广域网的研究重点已从开始阶段的“如何接入不同类型的计算机系统”转变为“如何提供能保证服务质量（Quality of Service，QoS）的宽带核心交换服务”，因此广域网技术的研究重点是宽带核心交换技术。

通过研究广域网发展和演变历史，广域网技术与标准的研究人员主要有两类：电信网技术人员、计算机网络研究人员。这两类技术人员的研究思路、提出的技术以及协议表述方法有明显差异，表现出明显的竞争与互补关系。

从事电信网技术研究的人员考虑问题的方法是：在技术成熟和使用广泛的电信传输网的基础上将传统的语音传输业务和数据传输业务相结合，出现了综合业务数字网（Integrated Services Digital Network，ISDN）、X.25 分组交换网、帧中继网、光纤波分复用技术的研究和应用。

最初，人们利用电话交换网的模拟信道，通过调制解调器（Modem）完成计算机之间的低速数据通信。1974 年，X.25 分组交换网出现。1991 年，随着光纤的大规模应用，简化 X.25 协议的帧中继（Frame Replay，FR）技术得到了广泛应用。这些技术在早期广域网建设中发挥了一定的作用。

异步传输模式（Asynchronous Transfer Mode，ATM）的概念最初由电信网技术人员提出，尝试将语音传输与数据传输放在一个网络中完成，并覆盖从局部到广域范围的整个领域。但是这条技术路线并没有成功。尽管目前某些广域网仍使用 ATM 技术，但是它在今后的发展空间已经很小。

20 世纪 80 年代，光纤的波分复用（Wavelength Division Multiplexing，WDM）出现，它是为传统电信业务服务的，最初并不适合传输 IP 分组。出于经济原因，电信公司不会放弃大量已有、技术成熟的同步光网络/同步数据体系（Synchronous Optical Network/Synchronous Data Hierarchy，SONET/SDH）技术。为了适应数据业务发展的需要，保护已有的投资与已建设的传输网，电信公司在 SDH 上支持 IP 协议，并不断融合 ATM 与路由交换功能，构成以 SDH 为基础的广域网系统。

计算机网络研究人员早期是在电信网的基础上，考虑如何在物理层利用已有的通信线路和设备，将分布在不同地理位置的计算机互连起来。他们将研究重点放在物理层接口标准、数据链路层协议、网络层 IP 协议上。当局域网的光以太网（Optical Ethernet）日趋成熟和广泛应用时，他们调整了高速局域网的设计思路，采用光纤作为传输介质，将高速以太网技术从局域网扩大到城域网和广域网范围。

2．城域网技术

20 世纪 80 年代后期，IEEE802 委员会提出城域网的概念。最初对城域网的概念与特征的表述是：以光纤为传输介质，覆盖 50～100 km 的城市范围，提供 45～150 Mbps 的传输速率，支持数据、语音与视频等综合业务传输。

早期的城域网的首选技术光纤环网，典型技术是光纤分布式数据接口（Fiber Distributed Data Interface，FDDI）。FDDI 采用光纤作为传输介质，提供 100 Mbps 传输速率，可用于 100 km 范围内的局域网互连，在介质访问子层使用令牌环网控制方法。FDDI 支持双环结构，具备快速环自愈能力，适应城域网主干网建设的要求。

随着网络新应用的不断出现，以及三网融合的发展，城域网的业务扩展到几乎覆盖所有的信息服务领域，城域网概念也随之发生重大的变化。这时的宽带城域网可以被描述为：以 IP 协议为基础，通过计算机网络、广播电视网、电信传输网的三网融合，形成覆盖城市区域的网络通信平台，为语音、数据、图像、视频等数据的综合传输，以及大规模的用户接入提供高速与保证质量的服务。

如果说广域网设计重点是保证大量用户共享主干通信链路的容量，那么城域网设计重点不完全在链路，而是交换节点的性能和容量。城域网交换节点需要保证大量接入用户的服务质量。当然，连接每个交换节点的通信链路带宽也必须保证。因此，不能简单地认为城域网是广域网的缩微，也不能简单地认为城域网是局域网的自然延伸。宽带城域网应该是一个在城市区域内，为大量用户提供接入和各种信息服务的高速通信网络。

宽带城域网的功能结构由“三个平台与一个出口”构成，即管理平台、业务平台、网络平台和城市宽带出口。图 1-4 给出了宽带城域网的功能结构。宽带城域网一定是可管理与可盈利的，管理平台与业务平台就是用于满足上述需求。宽带城域网的网络平台结构由核心交换层、边缘汇聚层与用户接入层组成。城域网的组建目的是满足各类用户的接入需求，城市宽带出口是连接地区级或国家级主干网，进而接入 Internet 的重要通道。宽带城域网采用层次结构的优点是：结构清晰，接口开放，标准规范，便于组建和管理。

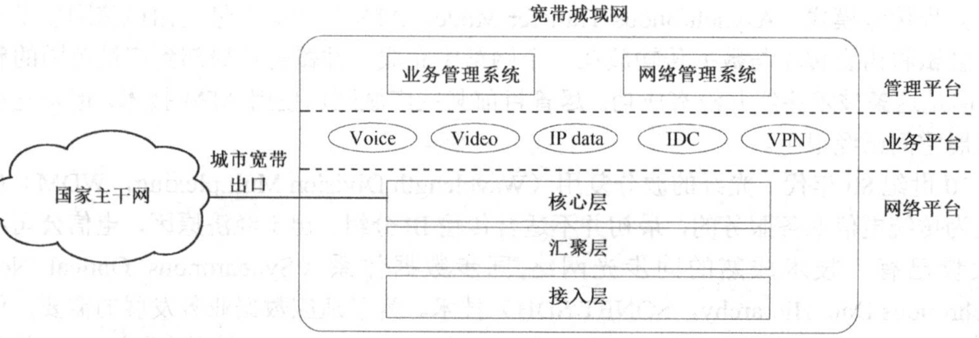

图 1-4　宽带城域网的功能结构

3. 局域网技术

局域网用于有限范围内（如一个实验室）的各种计算机、终端与外部设备的互连。局域网技术发展迅速、应用广泛，是计算机网络中最活跃的领域之一。

局域网的技术特征主要表现在以下 5 方面：

① 局域网覆盖有限的地理范围，适用于机关、校园、工厂等有限范围内的计算机、终端与各类信息处理设备的连网需求。

② 局域网提供高传输速率（10 Mbps～100 Gbps）、低误码率的高质量传输环境。

③ 局域网通常属于一个单位所有，易于建立、维护和扩展。

④ 决定局域网性能的三个因素是：拓扑结构、传输介质、访问控制方法。从介质访问控制方法的角度，局域网分为共享介质式局域网、交换式局域网；从使用的传输介质的角度，局域网分为有线局域网、无线局域网。

⑤ 局域网可用于办公室、家庭的计算机接入，可作为园区、企业和学校的主干网，以及大型服务器集群、存储区域网络、云计算服务器集群的后端网络。

4. 个人区域网技术

随着笔记本、智能手机、Pad与信息家电的广泛应用，人们提出自身附近10 m范围内的个人操作空间（Personal Operating Space，POS）组网需求。个人区域网主要用无线技术实现设备之间的通信，因此出现了无线个人区域网的概念。目前，无线个人区域网使用的无线技术主要包括IEEE802.11标准的WLAN、IEEE 802.15.4标准的6LoWPLAN、蓝牙（Bluetooth）、ZigBee技术等。

IEEE802.15工作组致力于WPAN标准化工作，它的任务组TG4制定了IEEE802.15.4标准，主要考虑低速无线个人区域网（Low Rate WPAN，LR-WPAN）应用问题。2003年，IEEE正式批准IEEE802.15.4成为LR-WPAN标准，为近距离范围内不同移动设备之间的低速互连提供统一标准。物联网应用发展凸显了个人区域网技术与标准研究的重要性。

WPAN技术、标准和应用是当前网络技术研究的热点。尽管IEEE希望将802.15.4推荐为近距离移动设备低速互连标准，但是产业界已存在两个有影响力的WPAN技术，即蓝牙技术、ZigBee技术。

（1）蓝牙技术

1997年，当电信业与便携设备制造商计划用无线通信替代有线缆线时，并没有意识到蓝牙技术会引起整个业界如此强烈的反响。蓝牙（Bluetooth）是为了实现近距离无线语音与数据通信而制定的一个开放的技术规范。为了促进人们接受这项技术，蓝牙特别兴趣小组（SIG）希望制定一个开放、免除申请许可证的无线通信规范。

在计算机外部设备与通信设备中，有很多近距离连接的缆线，例如打印机、扫描仪、键盘、鼠标、投影仪的连接线。这些缆线与连接器的形状、尺寸与接口的不同给用户带来麻烦。蓝牙技术的设计初衷有两个：一是解决10 m以内的近距离通信问题，二是低功耗，以适用使用电池的小型便携式设备的要求。

近年来，计算机与智能手机、Pad之间的界线越来越不明显。同时，业界预测：未来各种与Internet相关的移动终端数量将超过计算机数量。蓝牙技术希望成为各种移动终端、嵌入式设备与计算机之间近距离通信的标准。世界很多地方的无线通信受到限制，无线频段的使用需要许可证。蓝牙通信选用的频段是工业、科学与医药专用频段，不需申请许可证，因此支持蓝牙的设备在任何地方都可以使用。

（2）ZigBee技术

ZigBee的基础是IEEE802.15.4标准，早期的名字是HomeRF或FireFly。它是一种面向自动控制的近距离、低功耗、低速率、低成本的无线技术，是当前产业界研究的热点问题之一。ZigBee联盟于2001年8月成立。2002年，摩托罗拉、飞利浦等公司加入ZigBee联盟，并开始研究下一代无线网络标准。2005年，ZigBee联盟公布第一个ZigBee规范，物理层与MAC层采用IEEE802.15.4标准。

ZigBee适用于控制节点多、数据量不大、覆盖面广、造价低的应用领域。基于ZigBee的无线传感器网已在家庭网络、安全监控、儿童玩具、医用设备、工业控制、无线定位等领域，特别是在家庭自动化、医疗保健与工业控制中展现出重要的应用前景，并且引起了产业界的高度关注。

1.2.4 计算机网络的拓扑结构

无论现代 Internet 的结构多么庞大和复杂，它是由很多广域网、城域网、局域网、个人区域网互连而成的，而各种网络的结构都会具备某种网络拓扑的特征。下面来学习网络拓扑（Network Topology）的基本知识。

理解网络拓扑知识，需要注意以下几个问题：

① 拓扑学是几何学的分支，从图论演化而来。拓扑学将实体抽象成与其大小、形状无关的“点”，将连接实体的线路抽象成“线”，进而研究“点”、“线”、“面”之间的关系。

② 网络拓扑通过网络节点与通信线路之间的几何关系表示网络结构，反映网络中各实体之间的结构关系。

③ 网络拓扑是指通信子网的拓扑结构。

④ 网络设计的第一步需要解决在给定节点位置，保证确定的响应时间、吞吐量和可靠性的条件下，通过选择适当的线路、带宽和连接方式，使得整个网络的结构合理。

基本的网络拓扑有 5 种：星形、环形、总线型、树形、网状，如图 1-5 所示。

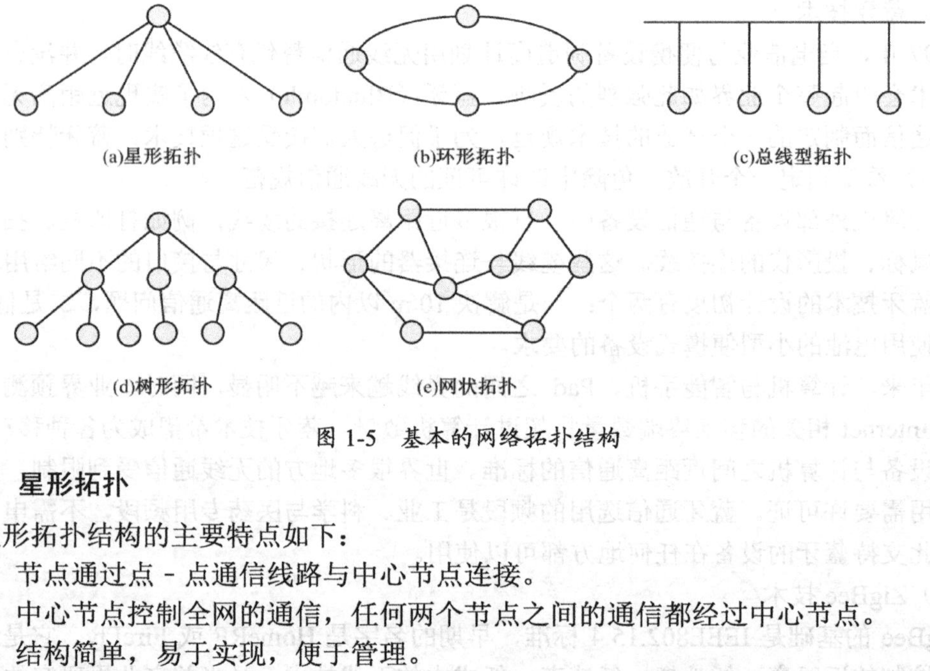

图 1-5 基本的网络拓扑结构

1. 星形拓扑

星形拓扑结构的主要特点如下：

- ❖ 节点通过点 - 点通信线路与中心节点连接。
- ❖ 中心节点控制全网的通信，任何两个节点之间的通信都经过中心节点。
- ❖ 结构简单，易于实现，便于管理。
- ❖ 中心节点是全网性能和可靠性的瓶颈，中心节点的故障可能造成全网瘫痪。

2. 环形拓扑

环形拓扑结构的主要特点如下：

- ❖ 节点通过点 - 点通信线路连接成闭合环路。
- ❖ 环中数据将沿一个方向逐个节点传输。
- ❖ 结构简单，传输延时确定。
- ❖ 环中每个节点与连接它们的通信线路都是网络可靠性的瓶颈。环中任何一个节点或线路出现故障，都可能造成网络瘫痪。
- ❖ 为了方便节点加入和撤出环，控制节点数据的传输顺序，保证环的正常工作，需要设计复杂的环维护协议。

3. 总线型拓扑

总线型拓扑结构的主要特点如下：

❖ 所有节点连接到一条作为公共传输介质的总线，以广播方式发送和接收数据。
❖ 当一个节点利用总线发送数据时，其他节点只能接收数据。
❖ 如果有两个或两个以上节点同时发送数据，就会出现冲突，造成传输失败。
❖ 结构简单，但是必须解决介质访问控制问题。

4. 树形拓扑

树形拓扑结构的主要特点如下：

❖ 节点按层次进行连接，交换数据主要在上、下节点之间，相邻及同层节点之间通常不交换数据，或交换的数据量比较小。
❖ 可看作星形拓扑的扩展，更适用于汇集数据。

5. 网状拓扑

网状拓扑结构的主要特点如下：

❖ 节点之间的连接关系是任意的，没有规律，因此又被称为无规则拓扑。
❖ 可靠性高，广域网通常采用网状拓扑。
❖ 结构复杂，必须实现路由选择、流量、拥塞控制等功能。

1.3 典型计算机网络

1.3.1 ARPANET

ARPANET 研究内容最初主要是分组交换设备、网络协议、操作系统和通信软件。1969 年 11 月，实验性质的 ARPANET 开通，当时只有 4 个节点，分布在 UCLA、UCSB、SRI、Utah 大学。选择这些节点的重要因素是研究不同类主机互连的兼容性。对 ARPANET 发展有重要意义的是使用无线分组交换网与卫星通信网。此后的几年，ARPANET 发展迅速。1975 年，ARPANET 已接入 100 多台主机，并且结束实验阶段，正式移交美国国防部的国防通信局运行。

在总结第一阶段建网经验的基础上，研究人员开始第二代网络协议的设计。这个阶段的研究重点是网络互连问题，其深入研究导致 TCP/IP 的出现。1979 年，越来越多的研究人员投入 TCP/IP 协议研究中。1980 年，ARPANET 所有主机转向 TCP/IP。1983 年，ARPANET 向 TCP/IP 转换结束。同时，美国政府将 ARPANET 分成两部分：一部分仍称为 ARPANET，用于进一步的研究工作；另一部分稍大一些，成为著名的 MILNET，用于军方的非机密通信。

20 世纪 80 年代初，美国军方为了推广 TCP/IP，资助加州大学伯克利分校将 TCP/IP 嵌入 BSD UNIX，促成 TCP/IP 与当时很多大学使用的 UNIX 结合。伯克利分校开发用于 UNIX 的 TCP/IP 软件（UNIX BSD 4.1、BSD 4.2）。BSD UNIX 在网络方面成功的原因，除了提供标准的 TCP/IP 应用程序外，还提供一组网络服务工具程序。这些工具的调用与 UNIX 命令的调用方式相似，因此深受 UNIX 用户的欢迎。同时，BSD UNIX 提供一种应用程序，可访问操作系统调用套接字（Socket），方便程序员访问 TCP/IP，这样就促进了 TCP/IP 的研究工作。同时，SUN 公司将 TCP/IP 引入商业领域。

随着 TCP/IP 的标准化，ARPANET 的规模不断扩大，不仅美国国内有很多网络与 ARPANET 相连，其他国家的很多网络也通过远程线路接入 ARPANET。20 世纪 80 年代，采用 TCP/IP 互连的主机数量急剧增加，人们提出用域名系统（DNS）将多个主机划分成不同的域，通过域名来管理和组织网络中的主机。从此，DNS 开始普及。20 世纪 80 年代中期，采用 TCP/IP 接入 ARPANET 的网络增多，使得 ARPANET 逐渐成为 Internet 的主干网。

1990 年，ARPANET 已经被新的网络代替。ARPANET 虽然已退出历史舞台，但是人们会永远记住它，这是由于 ARPANET 对网络技术发展有重要影响。

1.3.2 NSFNET

20 世纪 70 年代后期，美国国家科学基金会（National Science Foundation，NSF）认识到 ARPANET 对大学科研的影响。各国科学家利用 ARPANET 合作完成研究，并且不受地理位置限制来共享数据。但是，不是所有大学都有这样的机会，接入 ARPANET 的大学必须与美国国防部有合作项目。为了使更多大学能共享 ARPANET 资源，NSF 计划建设一个虚拟网络（CSNET）。CSNET 的中心是一台 BBN 计算机，不能连入 ARPANET 的大学可通过拨号与 BBN 计算机连接，并通过它连入 ARPANET 与其他网络。各大学的研究人员可通过 CSNET 来交换信息。

1984 年，NSF 决定组建 NSFnet。NSFnet 的主干网连接美国的六个超级计算中心，它的通信子网使用的硬件技术与 ARPANET 基本相同，采用 56Kbps 的通信线路。但是，NSFnet 的软件技术与 ARPANET 不同，它从开始就使用 TCP/IP，是第一个使用 TCP/IP 的广域网。

NSFnet 采用的是层次型结构，分为主干网、地区网、校园网。各大学的主机接入校园网，校园网接入地区网，地区网接入主干网，主干网通过高速线路与 ARPANET 相连。NSFnet 是包括主干网与地区网在内的整个网络。用户通过 NSFnet 访问任何一个超级计算中心的资源，访问与该网络相连的数千所大学、实验室、图书馆，用户之间可以交换信息、收发电子邮件。

NSFnet 建成同时就出现了网络负荷过重的情况，因此立即开始研究下一步的发展问题。NSF 与 MERIT 财团共同运营 NSFnet。MERIT 在第二个主干网中租用 448 kbps 的光纤通道，并且连接到 MCI 公司的主干网，采用 IBM RS/6000 作为路由器。1990 年，NSFnet 第二个主干网的速率已提高到 T1 载波（1.5 Mbps）。

随着 NSFnet 的网络规模不断扩大，NSF 认识到政府不能继续从财政上提供支持。虽然有不少商业机构打算参与进来，但 NSF 并不允许该网络用于商业用途。在这种情况下，NSF 鼓励 MERIT、MCI 与 IBM 公司组建非营利性的公司，即美国高级网络与服务公司（Advanced Network & Services，ANS），在 1990 年接管 NSFnet，并在全美范围提供 T3 载波（44.746 Mbps）的主干网。

在美国建设 NSFnet 的同时，其他国家也在建设与 NSFnet 兼容的网络。欧洲为研究机构建立的 EBONE、Europe NET。这两个网络采用 2 Mbps 通信线路与很多欧洲城市相连，目前速率提高到 34 Mbps。欧洲每个国家都有一个或多个国家网，它们都与 NSFnet 的地区网兼容。

1.3.3 Internet

Internet 的前身是 ARPANET，由美国国防部高级研究计划局资助，其核心技术是分组交换技术。1983 年，TCP/IP 正式成为 ARPANET 的标准。此后，大量网络和主机接入

ARPANET，使 ARPANET 得到迅速发展。随着很多地区性网络接入 ARPANET，ARPANET 逐步扩展到其他国家和地区。目前，很多网络已经接入 Internet，包括空间物理网（SPAN）、高能物理网（HEPNET）等。20 世纪 80 年代中期，人们开始认识到这种大型互联网的重要作用。20 世纪 90 年代至今是 Internet 发展最快的时期，网络用户数量以平均每年翻一番的速度增长。

Internet 的最初用户只限于科研和教育领域，其目的是进行研究而不是谋求利润。1991 年，美国成立了商业网络交换协会（CIX），允许在 Internet 上不加限制的提供商业信息。各公司也逐渐意识到 Internet 在产品营销、信息传播及电子商贸等方面的价值，Internet 上的商业应用迅速发展起来，其用户数量已超过科研用户。正是商业应用的推动，Internet 的规模不断扩大、用户不断增加、应用不断拓展、技术不断更新，使 Internet 几乎深入社会生活的每个角落，成为一种全新的工作、学习和生活方式。

目前，ANS 建设的 ANSNET 是 Internet 主干网，其他国家的主干网通过 ANSNET 接入 Internet。普通用户主要通过电话线接入 Internet 服务提供商（Internet Service Provider，ISP）。办公室的计算机主要通过局域网连入校园网或企业网，而校园网、企业网通过专用通信线路与地区网络连接。局域网分布在各建筑物内，连接着各系、研究室的计算机。这些局域网通过校园主干网互连构成校园网。

从用户的角度来看，Internet 是一个全球范围的信息资源网，接入 Internet 的主机可以是信息服务提供者的服务器，也可以是信息服务使用者的客户机。Internet 代表全球范围内无限增长的信息资源，是人类拥有的最大的知识宝库之一。随着 Internet 规模的不断扩大，提供的信息资源和服务将更加丰富。正如尼尔·巴雷特在《信息国的状态》一书中所言："要想预言 Internet 的发展，就像企图用弓箭追赶飞行中的子弹。在你每次用手指按键盘同时，Internet 就已经在不断变化。"

传统的 Internet 应用主要包括 E-mail、Web、Telnet、FTP 等。随着 Internet 用户数量的不断增长，各种应用也进一步得到开拓。Internet 不仅是一种资源共享、数据通信的手段，还逐渐成为人们了解世界、讨论问题、购物休闲，乃至从事学术研究、商贸活动、结识朋友的途径。基于 Internet 的全球性、开放性、平等性，人们愿意在 Internet 上自由发布和获取信息，而浏览器、HTML、搜索引擎、Java 编程技术更使 Internet 如虎添翼。

1.3.4 Internet2

Internet 商业化造成了通信量的急剧增加，这导致了网络性能的快速下降。在这种情况下，一些大学申请了科学基金，用于建立一个新的、独立的、内部使用的网络，相当于一个供这些大学使用的专用 Internet。1996 年 10 月，这种想法以 Internet2 形式付诸实施。Internet2 是高级 Internet 开发大学合作组（UCAID）的一个项目。UCAID 是一个非营利组织，由 NSF、美国能源部、110 多所大学和一些私人商业组织共同创建。虽然 Internet2 可连接到现在的 Internet，但其宗旨是组建一个为成员服务的专用网络。目前，Internet2 的传输速率可达 10 Gbps。

考虑到 Internet2 属于实验性质的网络，Cisco、IBM、Qwest、MCI 等公司提供了可观的资金。实际上，Internet2 也得到了美国政府的资助。Internet2 将应用于虚拟图书馆、远程医疗、远程教学、视频会议、视频点播等领域。所有成员组织都可以接入 Internet2，并且开发支持这些应用的基本技术，主要目的是形成下一代 Internet 的技术和标准。Internet2 在网络层采用 IPv4 协议，同时支持新兴的 IPv6 协议。1997 年 10 月，美国政府在此基础上提出了下一代互联网（Next Generation Internet，NGI）计划。

可以看出，人们正在实现下一步理想：利用更先进的网络服务技术，开展全球通信、数字地球、环保检测、地球资源利用等，以及紧急事务快速反应系统的研究。

1.4 计算机网络应用及安全问题

随着网络技术的发展与社会需求的出现，计算机网络已广泛应用在社会生活各方面，其主要应用领域包括企业信息化管理、个人信息服务。

1.4.1 计算机网络的应用

1. 企业信息化管理

随着企业管理水平提高与计算机广泛应用，单机应用逐渐不能满足企业管理要求，网络开始在企业信息管理中发挥重要作用。将网络应用在企业信息管理中，主要是为了实现以下几个目的：

① 计算机网络可实现计算机资源的共享。目前，很多企业都使用数量众多的计算机，它们可能分布在办公楼、生产区或分支机构中。为了实现对企业的经营与管理，很多企业将同一部门的计算机组成局域网，然后将这些位置分散的局域网互连，构成一个支持企业管理信息系统的网络环境。

② 计算机网络可提高信息系统的可靠性。目前，企业的各种文件存储在计算机中，如果计算机故障造成重要文件丢失，为企业带来很大甚至无法弥补的损失。如果将文件存储在网络的多台计算机中，某台计算机故障时还有其他机器可使用，不致造成文件资料丢失、信息系统中断服务等情况。

③ 计算机网络可节约构建信息系统的成本。目前，微型机一般具有很好的性价比。企业可选择微型机作为客户机供员工使用，选择性能强、配置高的计算机作为服务器，通过网络将客户机与服务器相连，构成 C/S 结构的企业信息系统。

④ 计算机网络可增强信息系统的可扩展性。信息管理系统随着企业规模的扩大而扩展，主要表现在用户、计算机数量与通信量的增多，这时需要增加客户机和服务器的数量。计算机网络应用可方便扩展信息系统规模，只需在网络规划阶段选择合理的方案。

⑤ 计算机网络可提供功能强大的通信工具。网络应用正在改变着企业的工作模式，企业信息管理系统也在向 Intranet 发展，利用多种服务功能（如 Web、电子邮件、FTP 等），实现日常工作中的信息查询、邮件收发、文件共享等。

2. 个人信息服务

随着计算机网络特别是 Internet 的飞速发展，Internet 提供的各种服务开始受到关注。网络在个人信息服务中的应用主要表现在如下几方面。

① 计算机网络可提供方便的信息访问功能。用户可通过 Web 服务获取各类信息，包括教育、科学、文化、娱乐等方面，甚至各类商业广告。目前，越来越多的商家开展电子商务服务，用户可通过网络购买各种商品，足不出户就可享受货比三家的乐趣。很多银行开始在网络上提供个人财务服务，用户可查看账单、管理账户或进行投资。

② 计算机网络可提供功能强大的通信工具。用户可使用各种通信服务，如电子邮件、

即时通信、IP 电话等。电子邮件在个人通信中占据重要地位，越来越多的用户使用电子邮件，初期的邮件只能用来传输文本信息，现在可传输语音、图像等多媒体信息。即时通信、IP 电话等应用为用户提供了更方便的交流方式。

③ 计算机网络可提供丰富多彩的家庭娱乐。家庭娱乐正对信息服务业产生巨大影响，用户在家中点播想看的电影、电视节目。很多研究人员在进行交互式电影研究，用户在未来可能参与到电影剧情中。家庭娱乐的重要应用还表现在网络游戏，越来越多用户喜欢在网络上玩各种游戏，如角色扮演类游戏、对阵类游戏、棋牌类游戏等。

1.4.2 计算机网络带来的问题

计算机网络的广泛应用对经济、文化、教育等方面有重要影响，同时不可避免地带来了一些新的社会、道德、政治、法律问题。

Internet 技术发展促进电子商务技术的成熟，大量商业信息与资金通过计算机网络流通，这已对世界经济发展产生重要的影响。政府上网工程的实施使各级政府之间利用网络来交换信息。远程教育使数以千万计的学生可在不同地方，通过网络进行课程学习、资料查阅、问题请教、作业提交。网络正改变着人们的工作、生活和思维方式，对提高生活质量产生重要的影响。

随着计算机网络的应用与社会信息化的发展，政府部门、企业甚至个人越来越依赖网络。例如，银行正经历着结构和职能的转变，向金融服务的综合化、网络化方向发展。大型银行的服务网络可能遍布全世界，向客户提供的金融服务多达数百种，直接面向客户的网络银行已投入营业。居民已不习惯随身携带大量现金，网络支付成为普遍的货币流通方式。大量商业信息与大笔资金在网上传输面临着严峻的安全挑战。

计算机犯罪正在引起社会的普遍关注，而计算机网络正是犯罪分子攻击的重点。计算机犯罪是一种高技术型犯罪，由于其犯罪的隐蔽性而对网络安全构成巨大威胁。根据有关资料统计，计算机犯罪案件正以每年超过 100%速度增长，网络上的攻击事件以每年 10 倍速度增长。从 1986 年发现计算机病毒首例以来，几十年间计算机病毒数量以几何级数增长，目前已发现的计算机病毒超过 20 万种，它们给计算机网络带来很大的威胁。同时，国防和金融网络成为计算机罪犯的主攻目标。

Internet 为企业员工、科研人员与学生等提供宝贵信息，人们可以不受地理位置与时间的限制，实现交换信息、合作研究、学习知识等。同时，人们对网络上一些不健康、违背道德规范的信息表示极大的担忧。有些人利用网络发表不负责或损坏他人利益的消息，窃取商业情报、国家机密或危及个人隐私。人类社会是靠道德与法律来维系的。计算机网络与 Internet 的安全也需要保证，加强网络使用、信息安全与道德教育，研究与开发各种网络安全技术和产品，并且重视“网络社会”中的“道德”、“法律”，这对人类来说是一个新的研究课题。

小　结

本章主要讲述了以下内容：

① 计算机网络是计算机与通信技术高度发展、紧密结合的产物，网络技术进步正在对当前信息产业发展产生重要影响。

② 资源共享观点将计算机网络定义为：以能相互共享资源方式互连起来的自治计算机系统的集合。

③ 从计算机网络组成的角度，早期计算机网络从逻辑上分为两部分：资源子网和通信子网。资源子网为用户提供各种网络资源与服务，通信子网负责全网的通信处理任务。随着微型计算机和局域网的广泛应用，采用主机 - 终端系统的用户逐步减少，因此现代的网络结构已经发生变化

④ 网络拓扑通过网络节点与通信线路之间的几何关系表示网络结构，可以反映出网络中各实体之间的结构关系。网络拓扑主要包括 5 种：星形拓扑、环形拓扑、总线形拓扑、树形拓扑、网状拓扑。

⑤ 计算机网络的分类方法有多种，最主要的方法是根据覆盖范围分类，可很好地反映不同类型网络的技术特征。按覆盖的地理范围划分，计算机网络分为广域网、城域网、局域网、个人区域网。

习 题 1

一、名词解释

用所给定义解释以下术语（请在每个术语前的下划线上标出正确的定义）

术语：

________1．广域网　　________5．资源子网

________2．城域网　　________6．计算机网络

________3．局域网　　________7．分布式系统

________4．通信子网　　________8．公用数据网

定义：

A．覆盖一个国家、地区甚至横跨几个洲，形成国际性的远程网络。

B．由主机、终端、各种软件与信息资源组成，负责全网的数据处理业务。

C．用于有限范围内的各种计算机、终端与外部设备的互连。

D．覆盖几十千米的城市范围，支持数据、语音与视频等综合业务传输。

E．由通信控制处理机、通信线路与其他设备组成，负责全网的通信处理任务。

F．由邮电部门或通信公司组建与管理，为用户提供数据通信服务。

G．网络中有一个管理资源的全局性操作系统，由它调用完成用户任务所需的资源。

H．以能相互共享资源方式互连起来的自治计算机系统的集合。

二、单项选择

1．在计算机网络发展过程中，对网络形成与发展影响最大的是________。

A．ARPANET　　B．CHINANET　　C．DATAPAC　　D．CSNET

2．当前的计算机网络定义来源的观点是________。

A．广义　　B．资源共享　　C．狭义　　D．用户透明

3．在通信子网中，专门执行通信控制功能的计算机称为________。

A．大型机　　B．终端控制器　　C．中型机　　D．通信控制处理机

4．当前实际存在与使用的广域网基本都采用________。

A．网状拓扑　　B．环形拓扑　　C．星形拓扑　　D．总线型拓扑

5．计算机网络分为广域网、城域网与局域网，其划分的主要依据是________。

A．拓扑结构　　B．控制方式　　C．覆盖范围　　D．传输介质

6．以下关于个人区域网的描述中，错误的是________。

A．用于自身附近10米范围内的设备组网　　B．通常采用光纤作为传输介质

C．Bluetooth可用于组建个人区域网　　D．Zigbee可用于组建个人区域网

7．以下关于网络拓扑的描述中，错误的是________。

A．总线拓扑通常采用广播通信　　B．环形拓扑通常采用令牌方式

C．星形拓扑的中心节点是瓶颈　　D．网状拓扑的连接关系最简单

8．以下关于ARPANET的描述中，错误的是________。

A．它是一个实验性的局域网　　B．它刚开通时包含4个节点

C．分组交换技术是主要研究内容　　D．TCP/IP是后期采用的核心协议

三、判断题

请判断下列描述是否正确（正确的在下划线上写Y，错误的写N）。

____1．广播式网络的主要特点是采用分组存储转发技术。

____2．计算机网络与分布式系统的主要区别不在物理结构上。

____3．Internet是将数万台大型机通过路由器互连形成的大型网络。

____4．术语“Internet”与“internet”的含义相同。

____5．帧中继技术属于局域网技术的范畴。

____6．Bluetooth与Zigbee采用相同的物理层与数据链路层协议。

____7．广域网的拓扑结构主要取决于其通信子网结构。

____8．局域网的覆盖范围通常小于个人区域网。

四、问答题

1．计算机网络发展可划分为几个阶段？

2．按资源共享观点定义的计算机网络应具备哪些特征？

4．请说明通信子网与资源子网的联系与区别。

5．宽带城域网的主要特征是什么？

6．局域网与个人区域网有哪些主要差别？

7．请说明星形拓扑、环形拓扑、网状拓扑的优缺点。

8．计算机网络应用将带来哪些新的问题？

第 2 章　数据通信与广域网技术

本章学习要求

⌘　掌握：数据通信的基本概念
⌘　了解：传输介质的类型与特点
⌘　了解：无线与卫星通信的基本概念
⌘　掌握：数据编码的类型与方法
⌘　了解：数据传输的基本概念
⌘　了解：多路复用的类型与特点
⌘　掌握：广域网中的数据交换类型与工作原理
⌘　掌握：差错控制的基本方法

数据通信技术是网络技术发展的基础。本章将对数据通信的基本概念、传输介质、数据编码、数据传输、多路复用、数据交换与差错控制等技术进行系统的分析。学习本章内容将对理解广域网中的数据传输原理与实现方法有很大的帮助。

2.1　数据通信的基本概念

2.1.1　信息、数据和信号

1. 信息的概念

通信的目的是交换信息（Information），信息的载体可以是数字、文字、图像、语音或视频等。计算机产生的信息一般是字母、数字、符号的组合。为了传送这些信息，首先需要将每个字母、数字或符号用二进制代码表示。数据通信是指在不同计算机之间传输表示信息的二进制数 0、1 序列的过程。

数据通信最引人注目的发展是在 19 世纪中期。美国人 Morse 完成了电报系统的设计，他设计了用一系列点、画的组合表示字符的方法，即莫尔斯电报码，并在 1844 年通过电线从华盛顿向巴尔的摩发送了第一条报文。莫尔斯电报码的重要性在于它提出了一个完整的数据通信方法，即包括通信设备与数据编码的完整方法。莫尔斯电报系统的某些术语（如传号、空号）至今仍在使用。

莫尔斯电报码只适用于操作员的手工发报，而不适用于机器编码与解码。1870 年，法国人 Emile Baudot 发明了适用于机器编码的博多码(Baudot)。由于博多码采用 5 位码元(即

5 位 0、1 序列），只能产生 32 种可能的组合，用来表示 26 个字母、10 个十进制数、标点符号、空格等信息是远远不够的。为了弥补这个缺陷，博多码增加了 2 个转义字符。尽管博多码的设计并不完善，但是它及其修订版在数据通信中使用了半个世纪。此后，曾经出现了多种数据编码方案，目前保留下来的方案有以下 3 种：CCITT 的国际 5 单位字符编码，扩充的二 - 十进制交换码（EBCDIC 码），美国标准信息交换码（ASCII 码）。EBCDIC 码是 IBM 公司为自己产品设计的一种标准编码，用 8 位二进制代码代表 256 个字符。目前，应用最广泛的是美国信息交换标准编码（American Standard Code for Information Interchange，ASCII）。ASCII 本来是一个信息交换编码国家标准，后来被 ISO 接受成为国际标准（ISO 646），又称为国际 5 号码。因此，它被用于计算机内部编码，也是数据通信中的主要编码标准。

表 2-1 给出了 ASCII 码的部分字符编码。ASCII 采用 7 位二进制比特编码，可以表示 128 个字符。字符分为两类：图形字符与控制字符。图形字符包括：数字、字母、运算符号、商用符号等。例如，数字 5 的 ASCII 编码为 0110101、字母 A 的 ASCII 编码为 1000001。控制字符用于通信双方动作的协调与信息格式的表示。例如，控制字符 EOT 表示发送结束，其 ASCII 编码为 0000100。

表 2-1　ASCII 码的部分字符编码

字　符	二进制码	字　符	二进制码	字　符	二进制码
0	0110000	A	1000001	SOH	0000001
1	0110001	B	1000010	STX	0000010
2	0110010	C	1000011	ETX	0000011
3	0110011	D	1000100	EOT	0000100
4	0110100	E	1000101	ENQ	0000101
5	0110101	F	1000110	ACK	0000110
6	0110110	G	1000111	NAK	0010101
7	0110111	H	1001000	ETB	0010111
8	0111000	I	1001001	SYN	0010110
9	0111001	J	1001010	—	—

在表 2-1 中，二进制编码按从高位到低位（$b_6b_5b_4b_3b_2b_1b_0$）的顺序排列，而 b_7 位一般用于字符的校验。例如，英文单词 NETWORK（大写）的 ASCII 编码的二进制序列（不考虑校验位）应该是“1001110 1000101 1010100 1010111 1001111 1010010 1001011”。如果我们从主机 A 将这个二进制序列准确传送到主机 B，并且主机 A 与主机 B 都使用 ASCII 编码，那么主机 B 就可以将接收的二进制序列解释为“NETWORK”。因此，数据通信传输的二进制序列被称为“数据”，数据是信息的载体。数据涉及对事物的表示形式，信息涉及对数据表示内容的解释。数据通信的任务就是传输二进制序列，而不需要解释它表示的内容。在数据通信中，人们将传输的二进制数 0、1 称为码元。

随着计算机技术的快速发展，多媒体（Multimedia）技术得到了广泛的应用。媒体（Media）在计算机领域中有两种含义：一是指用以存储信息的实体，如磁盘、光盘、磁带与半导体存储器；二是指信息的载体，如文本、图像、语音或视频。多媒体技术中的媒体是指后者。在多媒体技术中，图像、语音或视频首先需要数字化处理。通过数据通信系统来实现多媒体信息传输，这是通信技术研究的重要内容之一。与文本、图形信息的传输相比，图像、语音或视频信息传输的特点是：要求通信系统具有高速率与低延时特性。以图像信息传输为例，如果每帧图像由 1024×768 个点组成，每个点用 1 字节二进制数表示，每秒传送 30 帧图像，那么每秒需要传送 23 592 960 字节。如果传送数字化的语音信号，每秒对语音信号进行 22 050 次取样，每次取样值用 1 字节二进制数表示，则单声道每秒需要传送 22 050 字节，双声道立体声每秒需要传送 44 100 字节。因此，多媒体技术在网络中的应用对数据通信系统提出了更高的要求。

2．信号的概念

计算机系统关心的是信息用怎样的编码机制来表示。例如，如何用 ASCII 表示字母、数字与符号，如何用双字节表示汉字，如何表示图像、语音或视频。数据通信技术需要研究如何将表示各类信息的二进制序列，通过传输介质在不同计算机之间传输的问题。

信号是数据在传输过程中电信号的表示形式。电话线上传送的按照声音的强弱幅度连续变化的电信号称为模拟信号（Analog Signal）。模拟信号的信号电平是连续变化的。计算机产生的电信号是用两种电平表示的 0、1 序列的电压脉冲信号，这种电信号称为数字信号（Digital Signal）。按照传输介质上传输的信号类型，通信可以分为两种类型：模拟通信和数字通信。图 2-1 给出了模拟信号和数字信号的波形。

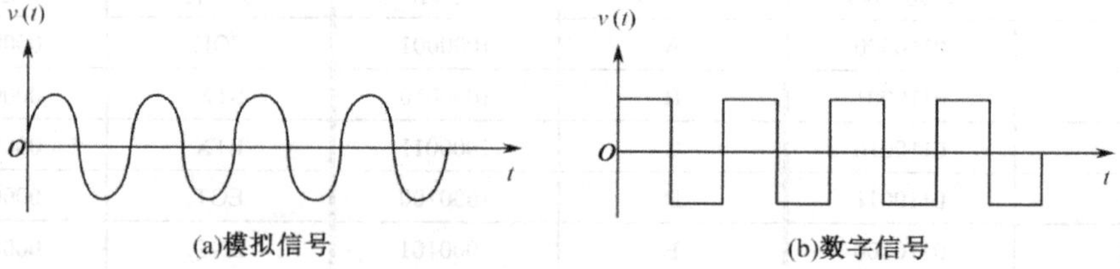

图 2-1　模拟信号和数字信号的波形

2.1.2　数据传输类型和通信方式

图 2-2 给出了两台计算机之间的通信过程。主机 H_A 与主机 H_B 之间的通信过程：首先，主机 H_A 将数据传送给与自己相连的 CCP_A；CCP_A 以存储转发方式接收数据，它负责确定数据在通信子网中的下一步传送路径；由于 CCP_A 与 CCP_B 之间没有直接连接，数据可能通过 CCP_A、CCP_E、CCP_D 到达 CCP_B；最后，CCP_B 将数据传送给主机 H_B。我们在讨论计算机通信网络中，需要解决以下几个基本问题。

1．数据传输类型

主机（Host）是一台属于资源子网的计算机；通信控制处理机（Communication Control Processor，CCP）是一台属于通信子网的计算机，专门用于通信管理。因此，无论是数据从 H_A 传输到 CCP_A，还是从 CCP_A 传输到 CCP_E，都属于两台计算机之间通信的问题。

数据在计算机中是以离散的二进制数字信号表示的，在数据通信过程中是以数字信号还是以模拟信号表示主要取决于通信信道支持传输的信号类型。如果通信信道不能直接传输计算机产生的数字信号，则在发送端将数字信号转换成模拟信号，在接收端将模拟信号还原成数字信号，这个过程被称为调制和解调，完成调制与解调功能的设备被称为调制解调器（Modem）。

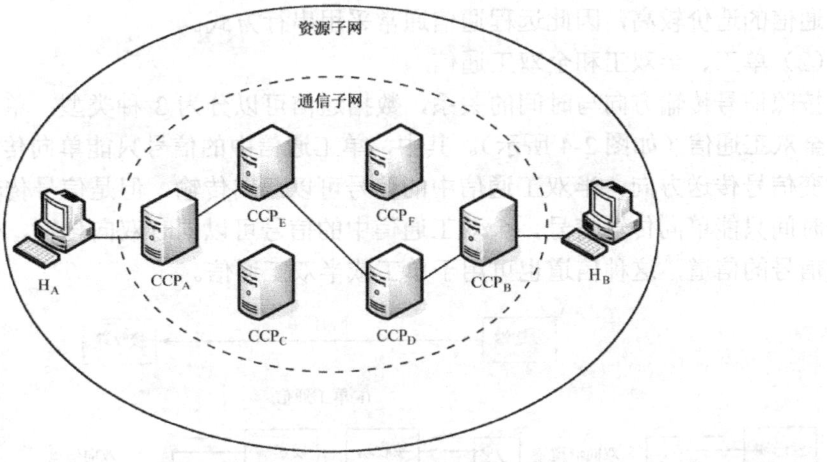

图 2-2　两台计算机之间的通信过程

如果通信信道能直接传输计算机产生的数字信号，为了很好地解决收发双方同步与具体实现中的技术问题，也需要对数字信号进行波形变换。因此，在研究数据通信技术时，首先需要讨论数据在传输中的表示方式和传输类型。

2．数据通信方式

数据通信中的第二个问题是通信方式问题。我们在设计一个数据通信系统时，需要回答以下 3 个问题：采用串行通信方式，还是并行通信方式？采用单工通信方式，还是半双工或全双工通信方式？采用同步通信方式，还是异步通信方式？

（1）串行通信与并行通信

计算机通常用 8 位的二进制数来表示一个字符。按照字节使用的信道数，数据通信可以分为两种类型：串行通信和并行通信（如图 2-3 所示）。其中，串行通信是将表示一个字符的 8 位二进制数按由低位到高位的顺序依次发送的通信方式。并行通信是将表示一个字符的 8 位二进制数同时通过 8 条通信信道发送的通信方式。

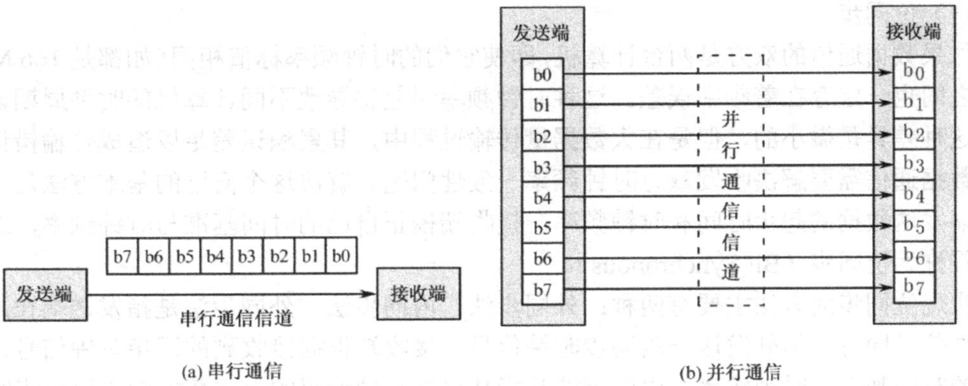

图 2-3　串行通信和并行通信

显然，串行通信仅需在收发双方之间建立一条通信信道；并行通信需要在收发双方之间建立并行的多条通信信道。对于远程通信，在同样传输速率的情况下，并行通信在单位时间内传输的数据量是串行通信的 n 倍（n=8）。由于需要建立多个通信信道，这就造成了并行通信的造价较高，因此远程通信通常采用串行方式。

（2）单工、半双工和全双工通信

按照信号传输方向与时间的关系，数据通信可以分为 3 种类型：单工通信、半双工通信、全双工通信（如图 2-4 所示）。其中，单工通信中的信号只能单向传输，任何时候都不能改变信号传送方向。半双工通信中的信号可以双向传输，但是信号传输必须轮流进行，一个时间只能单向传输信号。全双工通信中的信号可以同时双向传输，使用支持双向同时传输信号的信道，这种信道也可用于单工或半双工通信。

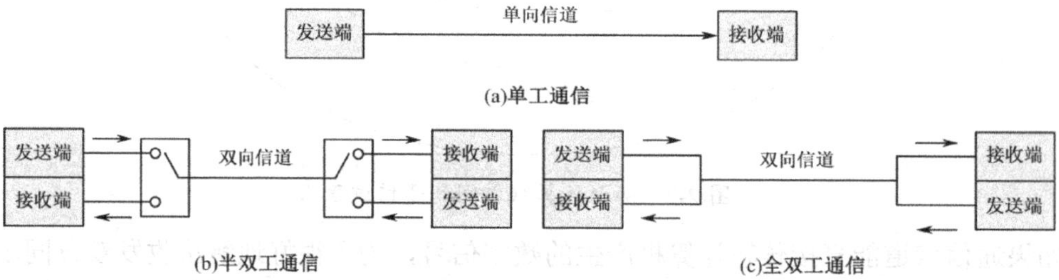

图 2-4　单工通信、半双工通信和全双工通信

3. 同步技术

计算机通信过程与电话通话过程有很多相似点。在正常的通话过程中，人们在拨通电话并确定对方身份后，双方就进入通话状态。在通话过程中，说话的人要说清每个字，并且每说完一句话需要停顿一下。对方也要适应说话人的语速，听清对方讲的每个字，并根据说话人的语气和停顿来判断一句话的开始和结束，这样有可能听懂对方说的每句话，这是人们在电话通信中需要解决的“同步”问题。

同步是数字通信中必须解决的一个重要问题，是指要求通信双方在时间基准上保持一致。如果在数据通信中收发双方同步不好，轻者造成通信质量下降，严重时造成系统无法工作。与人们的电话通话过程相似，数据通信同样需要解决同步问题，只是这个问题更复杂一些。数据通信中的同步包括两种类型：位同步、字符同步。

（1）位同步

如果数据通信的双方是两台计算机，即使它们的时钟频率标值相同（如都是 166 MHz），它们之间也一定存在着频率误差。这种时钟频率误差将导致不同计算机的时钟周期误差。尽管这种差异是微小的，但是在大数据量传输过程中，其累积误差足以造成传输错误。因此，数据通信需要解决收发双方时钟频率一致性问题。解决这个问题的基本方法是：根据发送端发送数据的起止时间和时钟频率，接收端校正自己的时间基准与时钟频率，这个工作过程称为位同步（Bit Synchronous）。

实现位同步的方法主要有两种：外同步法、内同步法。外同步法是指发送端在发送一路数据信号同时，另外发送一路同步时钟信号；接收端根据接收到的同步时钟信号，校正自己的时间基准与时钟频率。内同步法是指从自含时钟编码的发送数据中提取同步时钟的方法。曼彻斯特编码与差分曼彻斯特编码是自含时钟编码方法，这个问题将在介绍数据编码技术时进一步讨论。

（2）字符同步

标准的 ASCII 字符是由 8 位的二进制数字 0、1 组成。发送端以 8 位为一个字符单元来发送，接收端也以 8 位为一个字符单元来接收。字符同步（Character Synchronous）是指保证收发双方正确传输字符的过程。实现字符同步的方法主要有如下两种：

① 同步方式。采用同步方式进行数据传输称为同步传输（Synchronous Transmission）。同步传输将多个数据字符组织成组，以组为单位来连续传输。每组字符之前添加一个或多个同步字符 SYN，每个数据字符内部不添加附加位。接收端接收到同步字符 SYN 后，根据 SYN 来确定数据字符的起始与终止。图 2-5 给出了同步传输的工作原理。

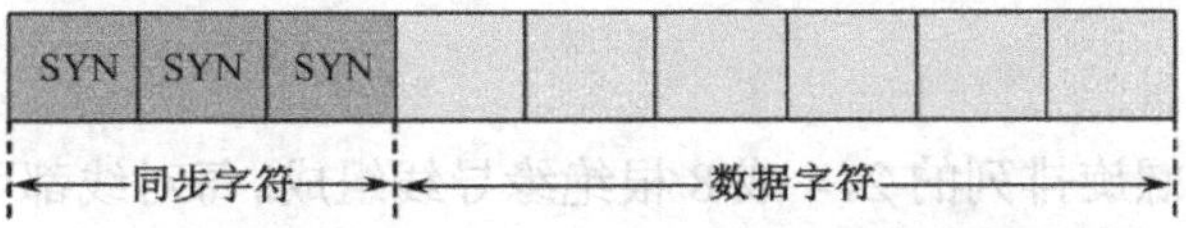

图 2-5 同步传输的工作原理

② 异步方式。采用异步方式进行数据传输称为异步传输（Asynchronous Transmission）。异步传输将每个字符作为一个独立的个体来发送，字符之间的时间间隔可以是任意的。为了实现字符同步，每个字符的第一位前添加 1 位起始位（逻辑“1”），字符的最后一位后添加 1、1.5 或 2 位终止位（逻辑“0”），如图 2-6 所示。

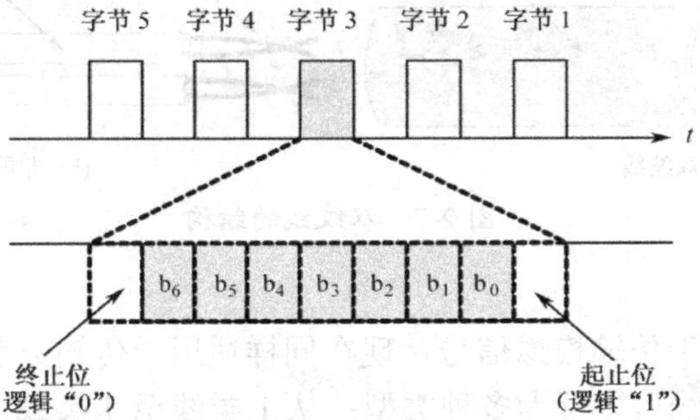

图 2-6 异步传输的工作原理

在实际工作中，人们将同步传输称为同步通信，将异步传输称为异步通信。由于同步通信比异步通信的传输效率高，因此同步通信更适用于高速数据传输。

2.2 传输介质及其主要特性

2.2.1 传输介质的主要类型

1. 主要的传输介质

传输介质是网络中连接收发双方的物理通路，也是通信中实际传送信息的载体。网络中常用的传输介质包括：双绞线、同轴电缆、光缆、无线和卫星信道。

2. 传输介质的特性

传输介质的特性对数据通信质量的影响很大，这些特性主要有如下 6 方面。

- ❖ 物理特性：对物理结构的描述。
- ❖ 传输特性：支持传输数字或模拟信号，以及调制技术、传输容量、频率范围等。
- ❖ 连通特性：支持点 - 点连接还是多点连接。

❖ 地理范围：支持的最大传输距离。

❖ 抗干扰性：降低噪声和电磁干扰对传输影响的能力。

❖ 相对价格：包括设备、安装、维护费用等。

2.2.2 双绞线

双绞线是一种应用非常广泛的传输介质。

1. 物理特性

双绞线由按规则螺旋排列的 2、4 或 8 根绝缘导线组成。每对线都可作为一条通信线路。螺旋排列的目的是为了减小线对之间的电磁干扰。双绞线分为两种：屏蔽双绞线（Shielded Twisted Pair，STP）、非屏蔽双绞线（Unshielded Twisted Pair，UTP）。屏蔽双绞线由外部保护层、屏蔽层、多对双绞线组成；非屏蔽双绞线由外部保护层、多对双绞线组成。图 2-7 给出了双绞线的结构。

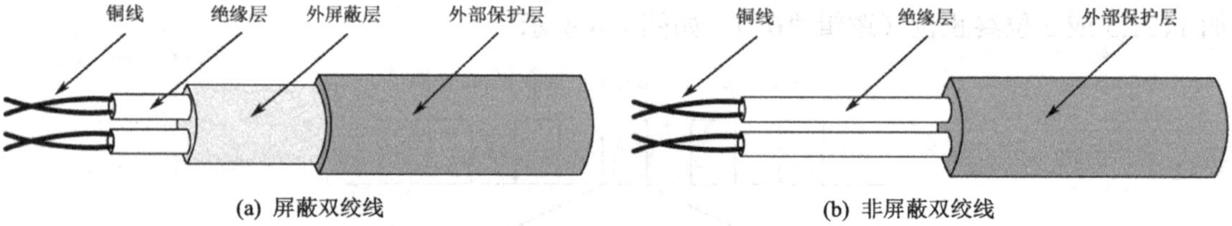

图 2-7 双绞线的结构

2. 传输特性

双绞线过去主要用于传输模拟信号，现在同样适用于传输数字信号。根据线径粗细与支持的传输速率，双绞线可以分为多种类型：从 1 类线至 7 类线。目前，常用的双绞线类型主要包括：3 类线、5 类线、超 5 类线、6 类线等。其中，3 类线常用于 10 Mbps 传统以太网；5 类线可用于 100 Mbps 快速以太网、1 Gbps 千兆以太网；超 5 类线常用于 1 Gbps 千兆以太网；6 类线支持 10 Gbps 万兆以太网。

3. 连通特性

双绞线既支持点 - 点连接，也支持多点连接。

4. 地理范围

双绞线的组网距离不超过 100 m，这里是指没有加以扩展的情况。

5. 抗干扰性

双绞线的抗干扰能力不及同轴电缆与光缆。

6. 相对价格

双绞线的整体造价低于同轴电缆与光缆。

综上所述，双绞线具有安装简便、传输速率高、造价低等特点，成为一种应用越来越广泛的传输介质。

2.2.3 同轴电缆

同轴电缆曾经是一种应用广泛的传输介质。

1．物理特性

同轴电缆由内导体、绝缘层、外屏蔽层、外部保护层组成。同轴电缆的特性参数由内导体、绝缘层的电参数和机械尺寸决定。同轴电缆分为两种：基带同轴电缆、宽带同轴电缆。基带同轴电缆又称为网络同轴电缆，通常仅用于传输计算机网络的数字信号；宽带同轴电缆又称为视频同轴电缆，通常用于传输有线电视网的电视信号。宽带同轴电缆可采用频分多路复用方法，将整个频带划分成多个通信信道，通过多种调制方式支持多路传输。图 2-8 给出了同轴电缆的结构。

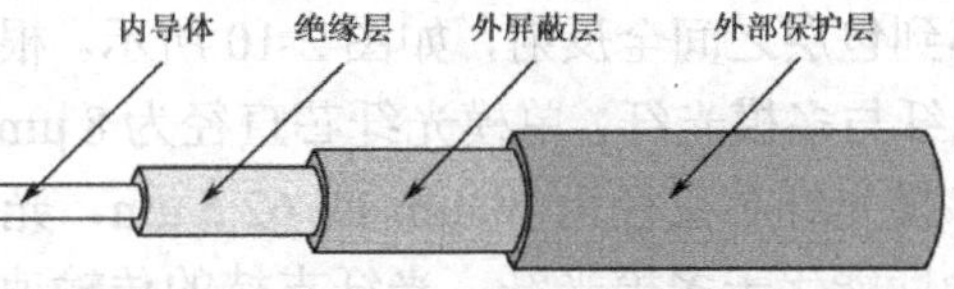

图 2-8　同轴电缆的结构

2．传输特性

基带同轴电缆常用于早期的局域网组网。根据传输阻抗与支持的组网范围，基带同轴电缆分为两类：粗同轴电缆、细同轴电缆。粗同轴电缆（简称粗缆）的阻抗为 75 Ω，细同轴电缆（简称细缆）的阻抗为 50 Ω，它们常用于 10 Mbps 的传统以太网。宽带同轴电缆常用于有线电视网组网，支持的最大传输速率为 1 Gbps。

3．连通特性

同轴电缆既支持点 - 点连接，也支持多点连接。

4．地理范围

粗缆的组网距离不超过 1000 m，细缆的组网距离不超过 185 m，这里是指没有加以扩展的情况。

5．抗干扰性

同轴电缆的抗干扰能力超过双绞线，但是不及光缆。

6．相对价格

同轴电缆的整体造价高于双绞线，但是低于光缆。

综上所述，同轴电缆的安装与维护相对复杂，近年主要用于有线电视网组建。

2.2.4 光缆

光缆是一种应用非常广泛的传输介质。

1．物理描述

光纤是一种直径为 8～62.5 μm 的柔软、能传导光波的介质，多种玻璃与塑料材质（如石英玻璃）可用来制造光纤，实际上被称为光纤芯更准确。在这条折射率较高的光纤芯的外面增加一个折射率较低的包层加以包裹，这样就可以构成一条光纤通道（如图 2-9 所示），光信号在这条光纤通道中进行传输。光缆由光纤、包层及外部保护层组成。外部保护层起到对光纤的屏蔽与保护作用。

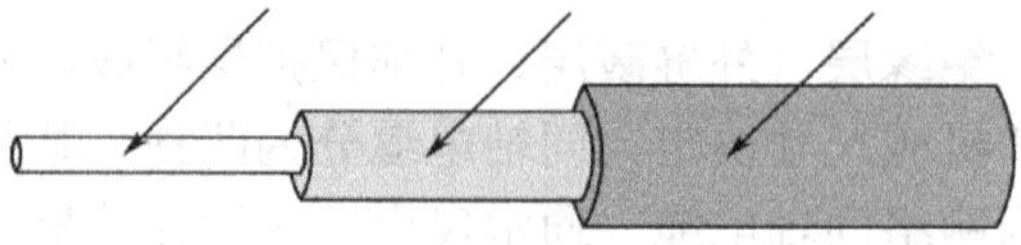

图 2-9　光缆的结构

2. 传输特性

光纤通过内部全反射来传输一束经过编码的光信号。由于光纤的折射系数高于外部的包层，因此光波可在光纤芯到包层之间全反射，如图 2-10 所示。根据信号传输方式的差异，光纤可以分为两种：单模光纤与多模光纤。单模光纤芯直径为 8 μm 或 10 μm，光信号以单个可辨角度的单光线传输；多模光纤芯直径为 50 μm 或 62.5 μm，光信号以多个可辨角度的多光线传输。单模光纤的传输性能优于多模光纤。光纤支持的传输速率从 10 Mbps～10 Gbps。

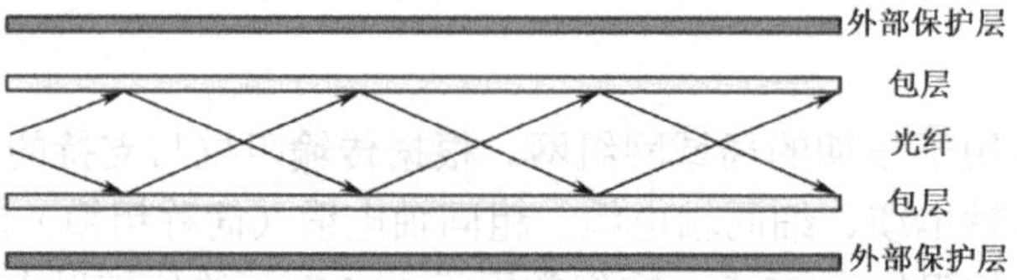

图 2-10　光纤传输的工作原理

3. 连通特性

光缆通常采用点 - 点连接，仅在某些实验系统中支持多点连接。

4. 地理范围

单模光纤的组网距离不超过 3000 m，多模光纤的组网距离不超过 500 m，这里是指没有加以扩展的情况。

5. 抗干扰性

光缆的抗干扰能力超过双绞线、同轴电缆。

6. 相对价格

光缆的整体造价高于双绞线、同轴电缆。

综上所述，光缆具有频带宽、传输速率高、误码率低、安全性好等特点，成为应用越来越广泛的传输介质。

2.3　无线与卫星通信技术

2.3.1　电磁波谱和移动通信

英国物理学家麦克斯韦指出：变化的电场激发变化的磁场，电场与磁场不是彼此孤立，而是相互激发，这样形成了电磁场。1862 年，麦克斯韦从大量实验与理论中推导出描述电磁场的麦克斯韦方程。这个研究成果预言了电磁波的存在，揭示了电磁波传播速度等于光速，并断言光波就是一种电磁波，光现象就是一种电磁现象。他将表面上互不相关的现象统一起来，使人们对无线电波、微波、光波、各种射线的内在联系有深刻的认识，揭示了电磁波谱的秘密。1887 年，德国物理学家赫兹用实验方法产生了电磁波，证明了麦克斯韦的预言，为通信技术的发展奠定了基础。描述电磁波的参数有 3 个：波长（Wavelength）、频率（Frequency）、光速（Speed of Light）。它们之间的关系为：$\lambda f = c$。其中，光速 $c=3\times10^8$ m/s，频率 f 的单位为 Hz，波长 λ 的单位为 m。

电磁波的传播有两种方式：在自由空间中传播（无线传播），在有限的空间内传播（有线传播）。双绞线、同轴电缆和光纤传输都属于有线方式。不同的传输介质可传输不同频率的信号。例如，双绞线可以传输低频和中频信号，同轴电缆可以传输低频到特高频信号，光纤可以传输可见光信号。

图 2-11 是电磁波谱与通信类型的关系。按照频率由低向高排列，不同频率的电磁波可以分为无线电（Radio）、微波（Microwave）、红外（Infrared）、可见光（Visible Light）、紫外线（Utraviolet）、X 射线（X Ray）与γ射线（γ Ray）等。目前，用于通信的主要是无线电、微波、红外、可见光。ITU 根据不同频率（或波长），对不同波段进行划分与命名。

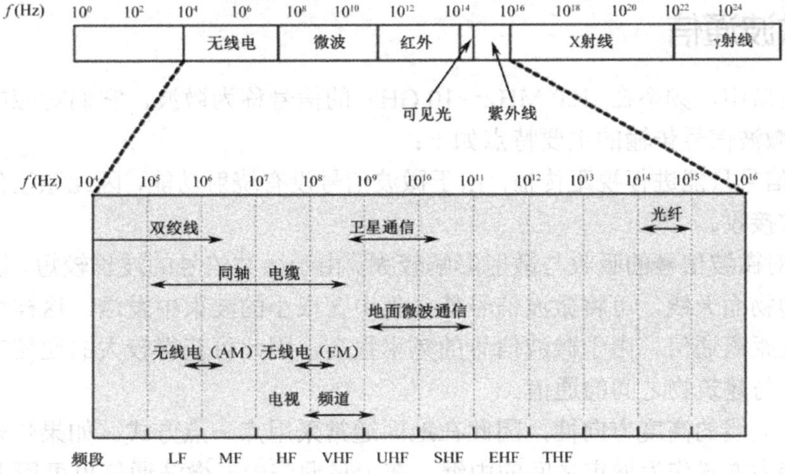

图 2-11 电磁波谱与通信类型的关系

表 2-2 给出了无线电频率与带宽的对应关系。

移动物体与固定物体、移动物体与移动物体之间的通信都属于移动通信，如人、汽车、轮船、飞机等移动物体之间的通信。移动物体之间的通信只能依靠无线通信，主要有 4 种：无线通信系统、微波通信系统、蜂窝移动通信系统、卫星移动通信系统。

表 2-2 无线电频率与带宽的对应关系

频段划分	频率范围
低频（LF）	30～300 kHz
中频（MF）	300 kHz～3 MHz
高频（HF）	3～30 MHz
甚高频（VHF）	30～300 MHz
特高频（UHF）	300 MHz～3 GHz
超高频（SHF）	3～30 GHz
极高频（EHF）	＞30GHz

2.3.2 无线通信

从电磁波谱中可以看出，无线通信使用频段覆盖低频到特高频。其中，调频无线电通信使用中频，调频无线电广播使用甚高频，电视广播使用甚高频到特高频。国际通信组织已对各频段规定了特定的服务。以高频为例，频率覆盖 3 MHz 到 30 MHz，它被划分成多个特定的频段，分别分配给移动通信（空中、海洋和陆地）、广播、无线电导航、业余电台、宇宙通信、射电天文等应用。

高频无线电波由天线发出后，可以沿两条路径在空间传播。其中，地波沿着地表面传播，天波则在地球与电离层之间来回反射。图 2-12 给出了高频无线电波的传播路径。高频与甚高频通信方式类似，它们的主要缺点是：易受天气等因素影响，信号幅度变化较大，容易被干扰。它们的主要优点是：技术成熟，应用广泛，以较小发射功率传输更远距离。

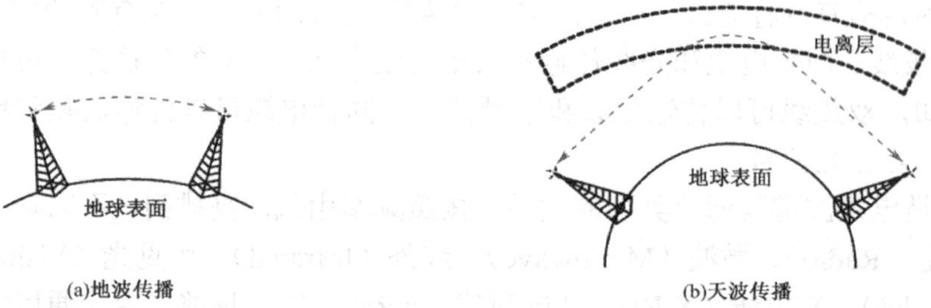

图 2-12　高频无线电波的传播路径

2.3.3　微波通信

在电磁波谱中，频率在 100 MHz～10 GHz 的信号称为微波，它们对应的信号波长为 3 cm～3 m。微波信号传输的主要特点如下：

① 微波信号只能进行视距传播。由于微波信号没有绕射功能，因此微波信号仅在可视情况下能正常接收。

② 大气对微波信号的吸收与散射影响较大。由于微波信号的波长较短，因此利用机械尺寸较小的抛物面天线，可将微波信号能量集中在很小的波束中发送，这样可用很小的发射功率进行远距离通信。由于微波信号的频率很高，因此可获得较大的通信带宽，特别适用于卫星通信与建筑物之间的通信。

由于微波天线的高度方向性，因此在地面通常采用点 - 点方式。如果传输距离较远，可采用微波接力方式作为城市之间的中继。在卫星通信中，微波通信也可用于多点通信。

2.3.4　蜂窝无线通信

1947 年，美国贝尔实验室提出了蜂窝无线移动通信（Cellular Radio Mobile Communication）概念；1958 年，向美国联邦通信委员会（FCC）提出建议；1977 年，完成可行性技术论证；1978 年，完成芝加哥的先进移动电话系统（AMPS）实验；1983 年，AMPS 正式投入运营。微电子学与 VLSI 技术发展促进了蜂窝移动通信发展。

早期的移动通信系统采用大区制的强覆盖区，即建设一个无线电基站，架设很高的天线塔（一般高于 30 m），采用很大的发射功率（一般为 50～200 W），覆盖范围可达 30～50 km。大区制的优点：结构简单，不需要进行交换。大区制的缺点：频道数量较少，覆盖范围有限。

为了提高覆盖区域的系统容量与充分利用频率资源，人们提出了小区制的概念。将大区覆盖区域划分为多个小区（Cell），每个小区中设立一个基站（Base Station），通过基站完成用户的移动站（Mobile Station）之间的通信。小区覆盖的半径较小（一般为 1～20 km），可用较小的发射功率实现双向通信。如果每个基站提供几个频道，可容纳的移动用户数为几十到几百个。由多个小区构成的通信系统将极大地提高总容量，构成的覆盖区称为区群。由于区群的结构酷似蜂窝，因此小区制移动通信系统又被称为蜂窝移动通信系统。图 2-13 给出了蜂窝移动通信系统结构。每个小区中设立一个或多个基站，它们与若干个移动站建立无线通信链路。区群中各小区的基站之间可通过光缆相连，也会与移动交换中心相连。

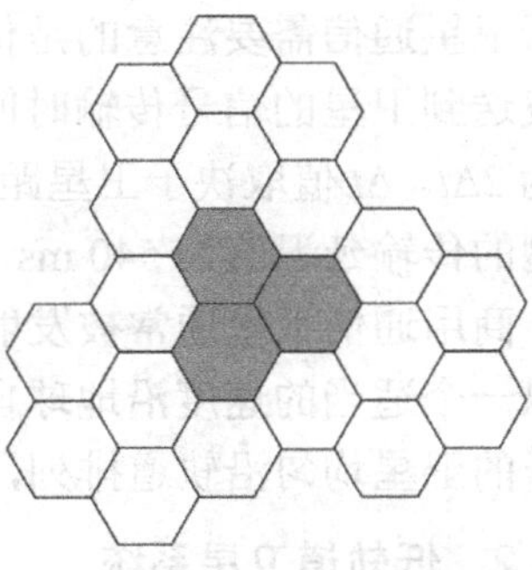

图 2-13　蜂窝移动通信系统的结构

第一代蜂窝移动通信采用模拟方式，用户语音以模拟信号方式传输。第二代蜂窝移动通信采用数字方式，涉及语音信号的数字化和数字信息的处理、传输问题。在蜂窝移动通信网设计中，涉及物理层、数据链路层、网络层等相关层次。

在无线通信中的电磁波覆盖区中，如何建立用户的无线信道连接是多址连接问题。无线通信中用户发送信号均能被其他用户接收，用户如何从接收信号中识别用户地址是多址接入问题。解决多址接入的方法称为多址接入技术。在蜂窝移动通信系统中，多址接入方法主要有 3 种：频分多址接入（FDMA）、时分多址接入（TDMA）、码分多址接入（CDMA）。

2.3.5　卫星通信

1．卫星通信的工作原理

1945 年，英国人克拉克提出卫星通信的设想。1957 年，苏联发射第一颗人造卫星 Sputnik，人们看到实现卫星通信的希望。1962 年，美国发射第一颗通信卫星 Telsat，完成横跨大西洋的电话和电视传输实验。由于卫星通信具有通信距离远、覆盖面积大、不受地理条件限制、信道带宽较宽、可进行多址通信与移动通信等优点，因此它在几十年中获得快速发展，并成为现代主要的通信手段之一。

图 2-14 为卫星通信的工作原理。卫星上可以有多个转发器，作用是接收、放大与发送信息。目前，通常 12 个转发器拥有一个 36 MHz 带宽的信道，不同转发器使用不同频率。发送站使用上行链路（Uplink）向卫星发射微波信号。卫星起到中继器的作用，接收上行链路发送来的微波信号，经过放大后使用下行链路（Downlink）发送回接收站。由于上行链路与下行链路使用的频率不同，因此可将发送信号与接收信号区分。

图 2-14　卫星通信的工作原理

卫星通信需要注意的是传输延时。由于发送站通过卫星转发信号到接收站，如果从地面发送到卫星的信号传输时间为Δt，不考虑转发的处理时间，从信号发送到接收的延迟时间为$2\Delta t$。Δt值取决于卫星距地面的高度，Δt值为250～300 ms（典型值为270 ms）。因此，典型的传输延迟值为540 ms，它是设计卫星通信系统时的重要参数。

商用通信卫星通常被发射在赤道上方 35 900 km 的同步轨道。当地球自转时，同步卫星以一个适当的速度沿地球自转方向绕轨道运行，地球与卫星之间可保持相对静止。三颗这样的卫星均匀沿轨道排列，就可以覆盖整个地球表面。

2．低轨道卫星系统

随着卫星通信需求的快速增长，20 世纪 80 年代初出现一种新的卫星通信系统，即甚小口径天线地球站（VSAT），是指采用小口径卫星天线的地面接收系统。在C频段，天线口径可缩小至1 m；在 Ku 频段，天线口径可缩小至2.4 m。VSAT 主要承担两类服务：以数据传输为主的小型个人地球站（PES）；另一类是以语音传输为主、兼容数据传输的小型电话地球站（TES）。

20 世纪 70 年代后，发射卫星重量越来越重，技术越来越复杂。20 世纪 80 年代初开始出现小卫星，重量和尺寸回到初期的状态。中、低轨道卫星不是同步卫星，作为陆地移动通信系统的补充和扩展，与地面的公用通信网相结合，以实现全球范围的个人移动通信。低轨道移动通信系统的优点：卫星轨道高度低使得传输延迟缩短，由多个卫星组成的系统可以真正覆盖全球。

一个有代表性的低轨道卫星系统是 Motorola 公司的 Iridium，又称为铱卫星移动通信系统。Iridium 最初的设计是将 77 颗小型卫星均匀分布在离地面 785 km 上空的 7 个轨道，通过微波链路来形成全球互联网络。这种结构与元素周期表中铱原子的外层电子分布相似，因此被命名为铱系统。为了减少投资与简化结构，Motorola 公司将卫星数减少到 66 颗，轨道数减少到 6 个，每颗卫星可提供 48 个点波束，每个波束包含 80 个信道，这样每颗卫星可提供 3840 个全双工通道。每颗卫星发射到地面的多个波束，在地球表面形成 48 个蜂窝分组交换区，每个蜂窝的直径约为 667 km。蜂窝随着地球自转而快速扫过地球表面，可提供语音和数据传输、全球定位、个人通信等业务。

2.4 数据编码技术

2.4.1 数据编码的主要类型

数据在计算机中是以离散的二进制数 0、1 序列来表示。传输过程中的数据编码类型主要取决于通信信道支持的数据通信类型。根据数据通信类型的不同，常用的通信信道分为两类：模拟通信信道、数字通信信道。相应的数据编码方式也分为两类：模拟数据编码、数字数据编码。图 2-15 给出了常用的数据编码方式。

2.4.2 模拟数据编码

电话线路是一种典型的模拟通信信道，是目前覆盖面最广、应用最普遍的通信信道。无论网络和通信技术如何发展，电话仍然是基本的通信手段。传统的电话线路是为传输语

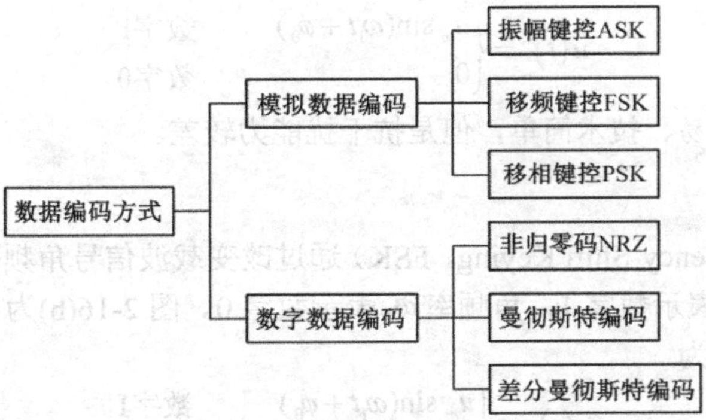

图 2-15　常用的数据编码方式

音信号而设计的，只适合传输音频范围（300～3400 Hz）的模拟信号，无法直接传输计算机的数字信号。利用模拟信道传输数字信号的方法称为频带传输。

为了利用模拟信道的电话交换网来传输数字信号，必须先将数字信号转换成模拟信号。发送端将数字信号转换成模拟信号的过程称为调制（Modulation），实现调制的设备称为调制器（Modulator）；接收端将模拟信号还原成数字信号的过程称为解调（Demodulation），实现解调的设备称为解调器（Demodulator）。同时具备调制和解调功能的设备称为调制解调器（Modem）。

在调制过程中，选择音频范围内的某个角频率ω的正（余）弦信号作为载波，这个正（余）弦信号可以写为$u(t)=u_m\sin(\omega_1 t+\phi_0)$。在载波$u(t)$中，有3个可以改变的电参量：振幅$u_m$、角频率$\omega$与相位$\phi$。可以通过变化3个电参量来实现模拟信号的编码。图2-16为模拟信号的编码方法。

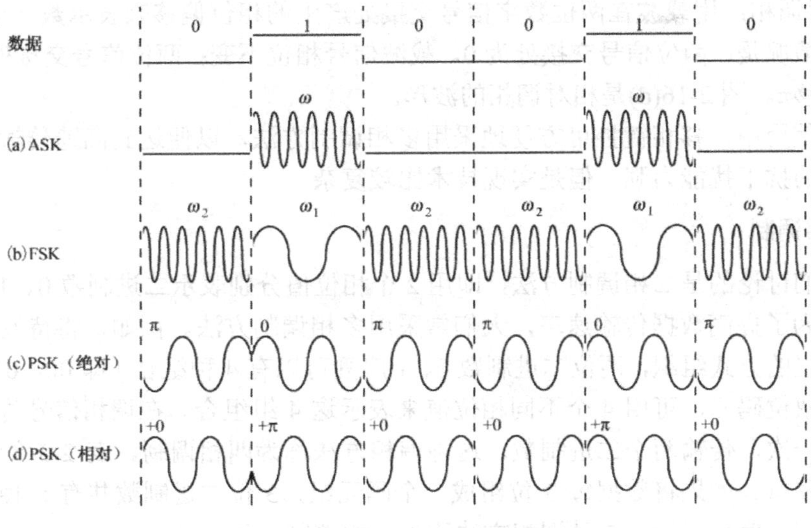

图 2-16　模拟信号的编码方法

1．振幅键控

振幅键控（Amplitude-Shift Keying，ASK）通过改变载波信号振幅来表示数字信号1、0。例如，载波幅度u_m表示数字1，载波幅度0表示数字0。图2-16(a)给出了ASK信号的波形。振幅键控的数学表达式为

$$u(t) = \begin{cases} u_m \sin(\omega_1 t + \phi_0) & 数字1 \\ 0 & 数字0 \end{cases}$$

振幅键控实现容易、技术简单，但是抗干扰能力较差。

2．移频键控

移频键控（Frequency-Shift Keying，FSK）通过改变载波信号角频率来表示数字信号 1、0。例如，角频率 ω_1 表示数字 1，角频率 ω_2 表示数字 0。图 2-16(b)为 FSK 信号的波形。移频键控的数学表达式为

$$u(t) = \begin{cases} u_m \sin(\omega_1 t + \phi_0) & 数字1 \\ u_m \sin(\omega_2 t + \phi_0) & 数字0 \end{cases}$$

移频键控实现容易、技术简单、抗干扰能力较强，是目前常用的调制方法之一。

3．移相键控

移相键控（PSK，Phase-Shift Keying）通过改变载波信号相位来表示数字信号 1、0。如果用相位绝对值表示数字信号 1、0，则称为绝对调相。如果用相位的相对偏移值表示数字信号 1、0，则称为相对调相。

① 绝对调相：在载波信号 $u(t)$中，ϕ_0 为载波信号相位。最简单的情况是：用相位绝对值来表示对应的数字信号。当表示数字 1 时，取$\phi_0 = 0$；当表示数字 0 时，取$\phi_0 = \pi$。这种绝对调相的数学表达式为

$$u(t) = \begin{cases} u_m \sin(\omega t + 0) & 数字1 \\ u_m \sin(\omega t + \pi) & 数字0 \end{cases}$$

接收端通过检测载波相位方法来确定表示的数字信号值。图 2-16(c)是绝对调相的波形。

② 相对调相：用载波在两位数字信号交接处产生的相位偏移来表示数字信号 1、0。最最简单的情况是：两位信号交接处为 0，载波信号相位不变；两位信号交接处为 1，载波信号相位偏移π。图 2-16(d)是相对调相的波形。

在实际使用中，移相键控可方便地采用多相调制方法，以便达到高速传输的目的。移相键控方法的抗干扰能力强，但是实现技术比较复杂。

4．多相调制

以上我们讨论的是二相调制方法，即用 2 个相位值分别表示二进制数 0、1。在模拟数据通信中，为了提高数据传输速率，人们常采用多相调制方法。例如，将待发送的数字信号按两位一组的方式组织，两位二进制数 0、1 序列可以有 4 种组合（即 00、01、10、11）。每组是一个双位码元，可用 4 个不同相位值来表示这 4 组组合。在调相信号传输过程中，相位每改变一次，传输两个二进制数。这种调相方法称为四相调制。表 2-3 给出了四相调制的相位偏移量。如果将数据每 3 位组成一个码元组，3 位二进制数共有 8 种组合，则可用 8 种不同相位值来表示。这种调相方法称为八相调制。

表 2-3　四相调相的相位偏移量

双位码元	00	01	10	11
相位偏移量	0°	90°	180°	270°

图 2-17 给出了四相调相的波形。可以看出，传输的数字信号是 00101110。四相调相的

载波调制状态每变化一次，传送构成数据的二进制位数为 2。同理，八相调相的载波调制状态每变化一次，传送构成数据的二进制位数为 3。

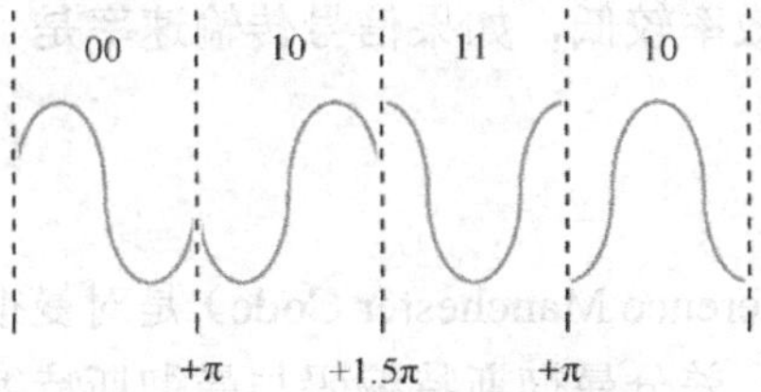

图 2-17　四相调相的波形

2.4.3　数字数据编码

在数据通信技术中，利用数字信道直接传输数字信号的方法称为基带传输。基带传输在基本不改变数字信号频带（即波形）的情况下直接传输数字信号，可以达到很高的数据传输速率。图 2-18 给出了不同数字信号编码方式的波形。

数字信号的编码方式主要有以下几种。

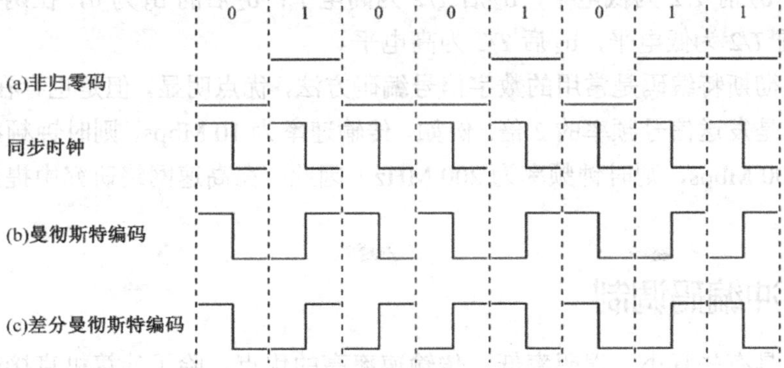

图 2-18　不同数字信号编码方式的波形

1．非归零码

非归零码（Non-Return to Zero，NRZ）是早期使用的编码方法。图 2-18(a)为非归零码的波形。NRZ 码可用低电平表示二进制数 0，高电平表示二进制数 1；也可以有其他表示方法。NRZ 码的缺点是无法判断一位的开始与结束，数据的收发双方不能保持同步。为了保证收发双方的同步，必须在发送 NRZ 码的同时，用另一个信道传输同步信号。

2．曼彻斯特编码

曼彻斯特编码（Manchester Code）是目前应用广泛的编码方法之一。图 2-18(b)为曼彻斯特编码的波形。曼彻斯特编码的规则是：每位的周期 T 分为前 $T/2$ 与后 $T/2$ 两部分；通过前 $T/2$ 传输该位的反码，后 $T/2$ 传输该位的原码。

曼彻斯特编码的优点如下：

① 每位的中间有一次电平跳变，两次电平跳变的间隔可以是 $T/2$ 或 T，利用电平跳变可产生收发双方的同步信号。因此，曼彻斯特编码又称为自含钟编码，发送曼彻斯特编码

时无须另发同步信号。

② 曼彻斯特编码信号不含直流分量。

曼彻斯特编码的缺点是效率较低，如果信号传输速率是 10 Mbps，则发送时钟信号频率为 20 MHz。

3．差分曼彻斯特编码

差分曼彻斯特编码（Difference Manchester Code）是对曼彻斯特编码的改进。图 2-18(c) 为差分曼彻斯特编码的波形。差分曼彻斯特编码与曼彻斯特编码的差别在于：每位的中间跳变仅用来同步；每位的值根据开始位置是否发生跳变来决定。一位的开始位置出现电平跳变表示二进制数 0；不发生跳变表示二进制数 1。

通过图 2-18 比较两种曼彻斯特编码的区别。在这个例子中，最低位 $b_1 = 0$，第 2 位 $b_2 = 1$，第 3 位 $b_3 = 0$，以此类推。这里，0 用低电平表示，1 用高电平表示。根据曼彻斯特编码规则，b_1 前 $T/2$ 取 0 的反码（高电平），b_1 后 $T/2$ 取 0 的原码（低电平）；b_2 前 $T/2$ 取 1 的反码（低电平），b_2 后 $T/2$ 取 1 的原码（高电平）。根据差分曼彻斯特编码规则，b_1 前 $T/2$ 取 0 的反码（高电平），b_1 后 $T/2$ 取 0 的原码（低电平）；b_1 后的 b_2 为 1，在两位交接处不发生跳变，则 b_2 前 $T/2$ 为低电平，b_2 后 $T/2$ 为高电平；b_2 后的 b_3 为 0，在两位交接处发生跳变，则 b_3 前 $T/2$ 为低电平，b_2 后 $T/2$ 为高电平。

这两种曼彻斯特编码是常用的数字信号编码方法，优点明显，但是也存在自身的缺点：时钟信号频率是发送信号频率的 2 倍。例如，传输速率为 10 Mbps，则时钟频率为 20 MHz；传输速率为 100 Mbps，则时钟频率为 200 MHz。因此，在高速网络研究中提出了其他数字信号编码方法。

2.4.4 脉冲编码调制

数字信号具有失真小、误码率低、传输速率高的优点。除了计算机直接产生的数字信号外，语音、图像等信息的数字化已成为发展趋势。脉冲编码调制（Pulse Code Modulation，PCM）是模拟数据数字化的主要方法。图 2-19 为脉冲编码调制的工作原理。

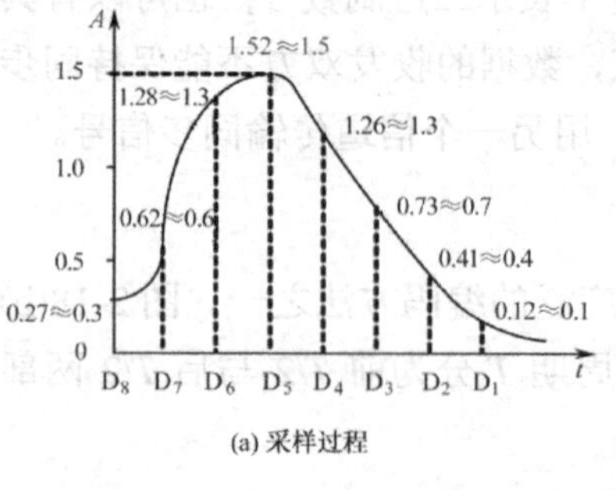

(a) 采样过程

样本	量化级	二进制编码	编码信号
D_1	1	0001	
D_2	4	0100	
D_3	7	0111	
D_4	13	1101	
D_5	15	1111	
D_6	13	1101	
D_7	6	0110	
D_8	3	0011	

(b) 编码过程

图 2-19　脉冲编码调制的工作原理

PCM 的典型应用是语音数字化。为了在计算机网络中传输语音信息，需要先进行语音信号数字化。发送端用 PCM 编码器将语音信号转换为数字信号，并将数字信号通过计算机网络传输到接收端，接收端用 PCM 解码器将它还原成语音信号。

PCM 操作主要包括如下 3 个步骤。

1．采样

采样是模拟信号数字化的第一步。模拟信号是电平连续变化的信号。采样是间隔一定的时间，取模拟信号的电平幅度值作样本，用来表示原来的信号。采样频率 f 应为

$$f \geqslant 2B \quad 或 \quad f=1/T \geqslant 2f_{max}$$

式中，B 为信道带宽，T 为采样周期，f_{max} 为信道允许通过的信号最高频率。如果以大于或等于 2 倍带宽的速率对信号定时采样，样本可包含足以重构原信号的所有信息。

2．量化

量化是将样本幅度按量化级取值的过程。经过量化的样本幅度为离散的量级值，已经不是连续值。首先，需要规定将信号分为若干量化级，如 8 级、16 级或更多级，主要取决于精度要求。同时，需要规定每级对应的幅度范围，然后将样本与量化级幅值比较，并通过取整来定级。例如，1.28 取值为 1.3，1.52 取值为 1.5。

3．编码

编码是用二进制数表示量化后的样本量级。如果有 K 个量化级，则二进制位数为 $\log_2 K$。例如，量化级为 16 个，需要使用 4 位编码。在常用的语音数字化系统中，多数采用的是 128 个量级，需要使用 7 位编码。每个样本都用相应的编码脉冲表示。例如，D5 采样幅度为 1.52，取整后为 1.5，量化级为 15，则样本编码为 1111。

当 PCM 用于语音数字化时，将声音分为 128 个量化级，每个量化级采用 7 位编码表示。由于采样速率为 8000 样本/秒，因此传输速率可达 7×8000 = 56 kbps。另外，PCM 可以用于图像数字化。PCM 编码的主要缺点是：采用的二进制位数多，编码效率较低。

2.5 数据传输中的重要概念

2.5.1 传输速率的定义

数据传输速率是每秒钟传输构成数据的二进制位数，单位为位/秒，记作 bps。对于二进制数据，数据传输速率的计算公式为 $S=1/T$，其中 T 为发送 1 位所需的时间。例如，如果在通信信道上发送 1 位所需的时间是 0.001 ms，则该信道的数据传输速率为 1×10^6 bps，记作 1 Mbps。实际中常用的数据传输速率单位有 kbps、Mbps、Gbps、Tbps，1 kbps=1×10^3 bps，1 Mbps=1×10^6 bps，1 Gbps=1×10^9 bps，1 Tbps= 1×10^{12} bps。

2.5.2 传输速率和信道带宽

在现代网络技术的讨论中，人们经常以“带宽”表示信道的传输速率，“带宽”与“传输速率”几乎成为同义词。信道带宽对基带信号的传输有较大的影响。但是，信道带宽与传输速率之间的关系可用奈奎斯特（Nyquist）准则和香农（Shannon）定律来回答。这两

个定律从定量角度描述“带宽”与“传输速率”的关系。

任何信道都不是理想的，信道带宽总是有限的。由于信道带宽限制和信道干扰存在，信道中的传输速率总有一个上限。1924 年，奈奎斯特推导出具有理想低通矩形特性的信道，在无噪声情况下的最大传输速率与信道带宽关系的公式，这就是奈奎斯特准则。

奈奎斯特准则指出：如果时间间隔为 π/ω（$\omega=2\pi f$），通过理想的通信信道传输窄脉冲信号，则前后码元之间不会相互产生窜扰。因此，对于二进制数据的最大传输速率 R_{max} 与通信信道带宽 B（$B=f$，单位 Hz）的关系可以写为 $R_{max}=2\times f$。对于二进制数据，如果信道带宽 B=3000 Hz，则最大传输速率为 6000 bps。

奈奎斯特定理描述了有限带宽、无噪声信道的最大传输速率与信道带宽的关系。香农定理描述了有限带宽、有随机热噪声信道的最大传输速率与信道带宽、信号噪声功率比之间的关系。

香农定理指出：在有随机热噪声的信道上传输数据时，传输速率 R_{max} 与信道带宽 B、信号与噪声功率比（简称信噪比）S/N 的关系为

$$R_{max}=B\times\log_2(1+S/N)$$

根据香农定理，如果 S/N=1000、B=3000 Hz，则 $R_{max}\approx$30 kbps。香农定律给出了一个有限带宽、有热噪声信道的最大传输速率的极限值，表示对于一个带宽为 3000 Hz 的通信信道，在信噪比 S/N=1000 时，无论数据采用二进制或更多的离散电平值表示，都不能获得超过 30 kbps 的最大传输速率。

由于最大传输速率与信道带宽之间存在明确的关系，因此人们可以用“带宽”来代替“传输速率”。例如，人们通常将网络的“高速率”用“高带宽”来表述。因此，“带宽”与“传输速率”在网络技术讨论中几乎成为同义词。

2.6 多路复用技术

2.6.1 多路复用技术的分类

研究多路复用技术主要有两个原因：架设通信线路的费用相当高，需要充分利用通信线路的容量；无论在广域网还是在局域网中，传输介质的带宽通常超过单一信道的通信量。为了充分利用传输介质的带宽，需要研究在一条物理线路上建立多条信道的技术，即多路复用技术。多路复用（Multiplexing）是将多个用户的信息通过多路复用器汇集，并将汇集后的信息通过一条物理线路传输到接收端，再通过多路复用器将信息分离并分发给多个用户，如图 2-20 所示。

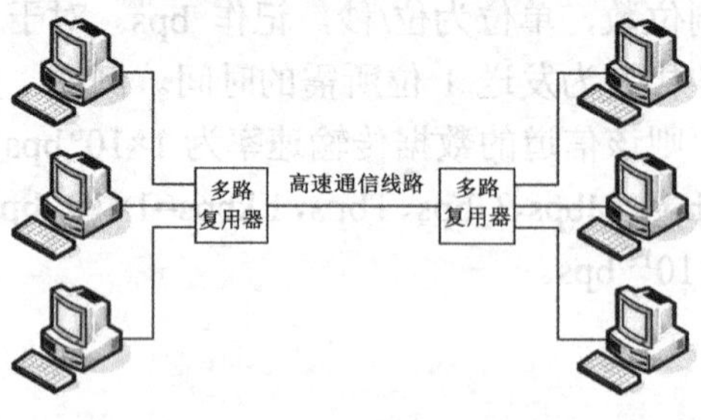

图 2-20 多路复用的工作原理

多路复用可以分为 3 种：频分多路复用（Frequency Division Multiplexing，FDM），波分多路复用（Wavelength Division Multiplexing，WDM），时分多路复用（Time Division

Multiplexing，TDM）。

2.6.2 频分多路复用

通信线路的可用带宽通常会超过传输信息所需的带宽。频分多路复用的基本原理：如果每路信号以不同的载波频率进行调制，并且每个频率是完全独立的（即各信道占用的频带不相互重叠），则每个信道就能独立传输一路信号。图 2-21 是频分多路复用的工作原理。如果单个信道的带宽为 B_m，警戒信道的带宽为 B_g，则每个信道实际占用带宽 $B = B_m + B_g$，由 N 个信道组成的 FDM 系统占用总带宽为 $B_{总} = NB = NB_m + NB_g$。

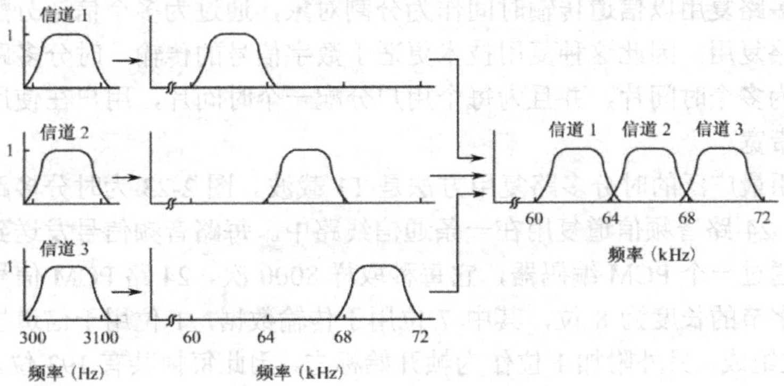

图 2-21　频分多路复用的工作原理

由于频分多路复用以信道频带作为分割对象，通过为多个信道分配互不重叠的频率范围来实现多路复用，因此这种复用技术更适于模拟信号的传输。

2.6.3 波分多路复用

光纤通道（Fiber Optic Channel）技术采用波长分隔多路复用方法，简称为波分多路复用。实际上，波分多路复用也是一种频分多路复用方法，如图 2-22 所示。图中所示的两束光波的频率不同，它们通过光栅（或棱镜）后使用一条光纤来传输，到达目的节点后经过光栅重新分成两束光波。

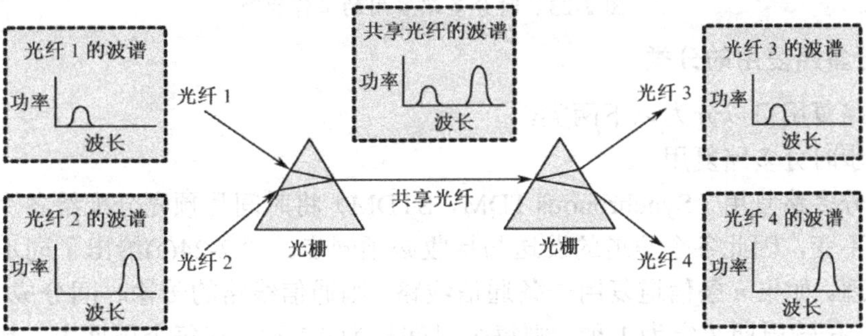

图 2-22　波分多路复用的工作原理

只要每个信道有各自频率范围并且互不重叠，就能以多路复用方式通过共享光纤来远距离传输。波分多路复用与频分多路复用的不同点：利用衍射光栅来实现多路光波信号的合成与分解。在波分多路复用系统中，光纤 1 进入的光波将传送到光纤 3；光纤 2 进入的光波将传送到光纤 4。由于波分复用系统是固定的，因此光纤 1 进入的光波不能传送到光纤 4。在交换式的波分复用系统中，可以有多条输入光纤与输出光纤，它们都连接到无源、星型的中心耦合器。每条输入光纤的光波通过中心耦合器分送到多条输出光纤。在未来的高速光纤网络中，交换式波分复用系统将会有广泛的应用前景。

2.6.4 时分多路复用

1. 时分多路复用的工作原理

由于时分多路复用以信道传输时间作为分割对象，通过为多个信道分配互不重叠的时间片来实现多路复用，因此这种复用技术更适于数字信号的传输。时分多路复用将信道的传输时间划分为多个时间片，并且为每个用户分配一个时间片，用户在使用的时间片中独占信道的全部带宽。

目前，应用最广泛的时分多路复用方法是 T1 载波。图 2-23 为时分多路复用的工作原理。T1 载波将 24 路音频信道复用在一条通信线路中。每路音频信号发送到多路复用器之前，首先需要通过一个 PCM 编码器，它每秒取样 8000 次。24 路 PCM 信号轮流将 1 字节插入帧中，每字节的长度为 8 位，其中 7 位用于传输数据，1 位用于信道控制。由于每帧由 24×8=192 位组成，另外附加 1 位作为帧开始标志，因此每帧共有 193 位。由于发送一帧需要 125 微秒，因此 T1 载波的传输速率为 1.544 Mbps。

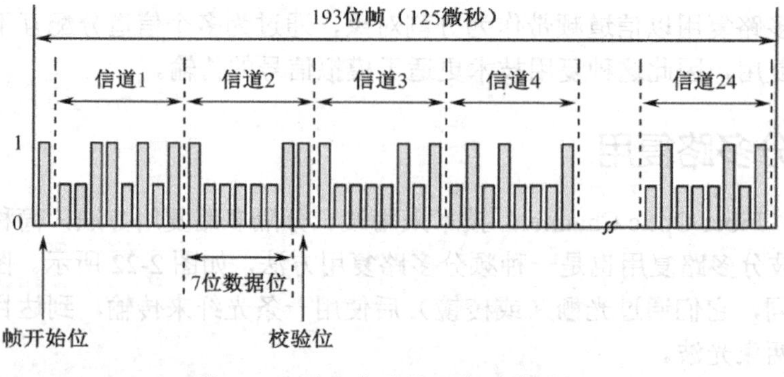

图 2-23　时分多路复用的工作原理

2. 时分多路复用的分类

时分多路复用可以分为以下两类。

（1）同步时分多路复用

同步时分多路复用（Synchronous TDM，STDM）将时间片预先分配给各个信道，并且时间片固定不变，因此各个信道的发送与接收必须同步。图 2-24(a)给出了同步时分多路复用的工作原理。如果 n 条信道复用一条通信线路，则通信线路的传输时间分成 n 个时间片。假设 $n = 10$，传输周期 T 定为 1 秒，则每个时间片为 0.1 秒。在每个周期内，都将 1 号时间片分配给第 1 路信号，将 2 号时间片分配给第 2 路信号，以此类推。这样，接收端只需保证严格的时间同步，按相同顺序接收就能将多路信号复原。同步时分多路复用将时间片固定分配给各信道，而不考虑这些信道是否有数据发送，这种方法势必造成信道资源的浪费。

（2）异步时分多路复用

为了克服同步时分多路复用的缺点，人们提出了异步时分多路复用（Asynchronous TDM，ATDM），又称为统计时分多路复用。这种复用方法允许动态地分配时间片。图 2-24(b)给出了统计时分多路复用的工作原理。假设复用的信道数为 m，每个周期分为 n 个时间片。考虑到 m 个信道并不总是同时工作，为了提高通信线路的利用率，因此允许 $m>n$。这样，每个周期中的各时间片只分配给那些需要发送数据的信道。在第一个周期，可将 1 号时间片分配给第 2 路信号，将 2 号时间片分配给第 3 路信号，以此类推。在第二个周期，可将 1 号时间片分配给第 1 路信号，将 2 号时间片分配给第 5 路信号，以此类推。

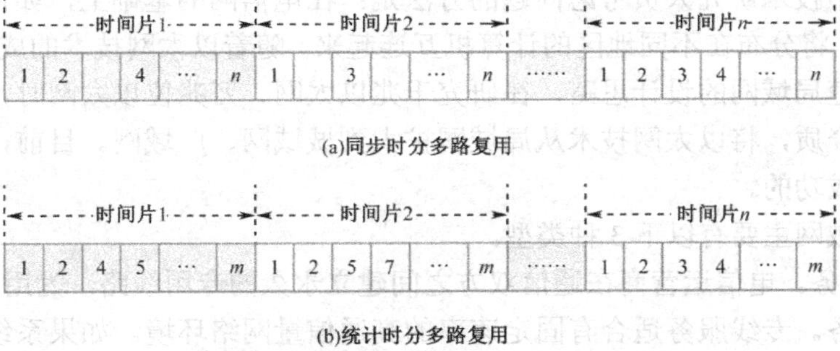

图 2-24　两种时分多路复用的工作原理

显然，在统计时分多路复用中，时间片与信道号之间不存在固定关系。这种方法可以避免通信线路资源的浪费，但接收端无法确定信号需要发送到的信道。由于统计时分多路复用没有周期的概念，因此各信道发送数据需要带有双方地址，由通信线路两端的多路复用器来确定输出信道。多路复用设备也可以采用存储转发方式，以调节通信线路的平均传输速率，使其更接近通信线路的额定传输速率，这样可以提高通信线路的利用率。统计时分多路复用为 ATM 技术的研究奠定了理论基础。

2.7　广域网中的数据交换技术

2.7.1　广域网的主要特点

局域网通常属于一个单位所有，组建成本低、易于建立和维护，因此局域网通常采用自建、自管与自用的方式。广域网的建设投资很大、管理困难，通常由电信运营商来负责组建与维护，为需要远距离通信的用户提供高质量的传输服务，并为广大用户提供接入广域网的服务与技术，因此它实际上是一种公共数据网络（Public Data Network，PDN）。如果用户需要使用广域网服务，必须向广域网的运营商去购买服务。当然，有特殊需要的国家部门也可能组建自己的广域网

早期的广域网主要用于大型计算机的互连，用户通过终端来访问远程计算机的资源。因此，人们提出资源子网与通信子网的两级结构，当时的通信子网就是指广域网。广域网的核心技术主要是电信运营商负责的通信子网采用的技术，它的覆盖范围遍及全球，采用的传输技术涉及光纤、无线与卫星传输等。在 Internet 大规模接入的初期，广域网与城域网的界限还比较模糊。随着接入网技术的成熟，将核心交换技术与接入技术分开，由城域网

承担用户接入任务已成为共识。这时，广域网主要研究远距离、宽带核心交换技术。

通过研究广域网技术的发展历史，发现研究与开发广域网技术的有两类人员：电信网技术研究人员和计算机网络技术研究人员。电信网技术研究人员考虑问题的方法是：如何在技术成熟、使用广泛的电信网基础上，将传统的语音传输业务与数据传输业务结合，这就出现了 X.25、DDN、ISDN 与 ATM 等技术。例如，ATM 网络的概念最初由电信网技术人员提出，试图将语音与数据传输在一个网络中完成，并且覆盖从局域网到广域网的整个领域。但是这条技术路线不成功，尽管很多广域网主干网在使用 ATM，但是它的发展空间已经比较小。

计算机网络技术研究人员考虑问题的方法是：在电信网的基础上，如何利用已有的通信设备与线路，将分布在不同地区的计算机互连起来。随着以太网技术的成熟和广泛使用，他们调整了高速局域网的设计思路，在研究千兆以太网、万兆位以太网时，开始考虑利用光纤作为传输介质，将以太网技术从局域网扩大到城域网、广域网。目前，这条技术路线看起来是十分成功的。

目前，广域网主要有以下 3 种类型。

① 专线服务。电信运营商在通信双方之间建立永久的专用线路，为用户提供 7×24 小时的不间断服务。专线服务适合有固定速率的高通信量网络环境。如果系统之间的数据通信量大，对服务质量要求较高，这种情况通常需要申请专线服务。专线服务由点 - 点串行链路（如 DDN）提供，数据链路层一般采用 PPP 协议。由于专线服务通常采用包月付费方式，因此用户需考虑如何充分利用信道带宽。

② 线路交换服务。公共电话交换网（PSTN）和综合业务数字网（ISDN）都采用线路交换技术。早期的广域网普遍采用的是线路交换技术。与专线服务相比，线路交换是一种费用低廉的服务。家庭和小型企业用户可使用 PSTN 接入 Internet。

③ 分组交换服务。分组交换服务的特征是：将需要传输的数据形成分组，每个分组携带源地址、目的地址、控制信息。通过存储转发设备，分组在通信网中独立寻址与传输，直至到达目的节点。分组交换技术出现标志着现代电信时代到来。

2.7.2 线路交换方式

1. 线路交换的工作原理

线路交换（Circuit Exchanging）与电话交换的工作过程相似。两台计算机进行数据交换之前，首先在通信子网中建立实际的物理线路连接。图 2-25 给出了线路交换的工作原理。线路交换方式的工作过程分为三个阶段。

（1）线路建立阶段

如果主机 A 向主机 B 传输数据，先在两台主机之间建立线路连接。主机 A 向通信子网中的节点 A 发送呼叫请求，其中包含需建立线路连接的源主机与目的主机地址。节点 A 执行路由选择算法，选择下一跳节点为 B，则向节点 B 转发呼叫请求。节点 B 执行路由选择算法，选择下一跳节点为 C，则向节点 C 转发呼叫请求。节点 D 接收到呼叫请求后，向与它直接连接的 B 转发呼叫请求。如果 B 接受 A 的连接请求，则通过线路连接 D、C、B、A 向 A 发送呼叫应答。至此，这条物理线路连接成功建立，专用于主机 A 与 B 之间的数据交换。

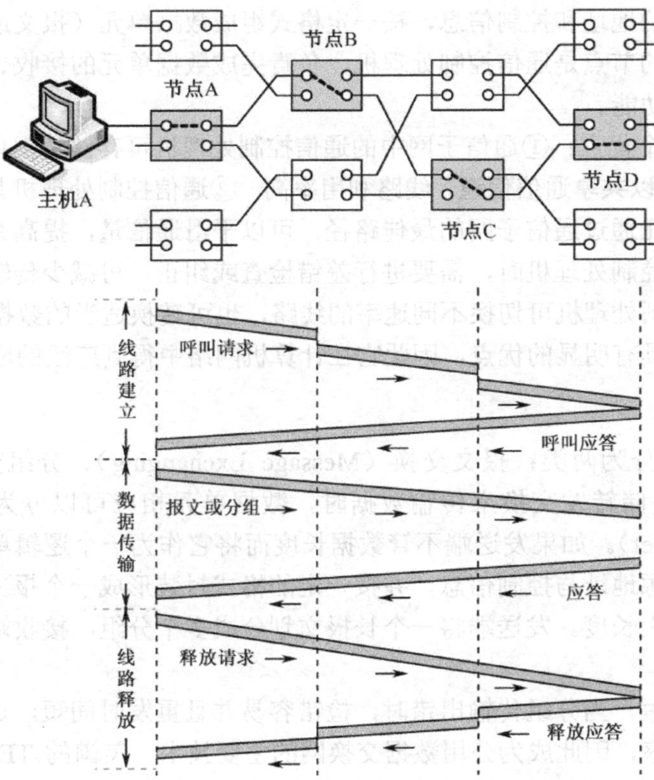

图 2-25　线路交换的工作原理

（2）数据传输阶段

在两台主机之间的物理线路连接建立后，主机 A 与主机 B 通过该连接双向交换数据。

（3）线路释放阶段

在数据传输完成后，需要进入线路释放阶段。由主机 A 向主机 B 发送释放请求，主机 B 同意释放线路并发送释放应答，然后按照节点 D、C、B、A 的顺序，依次将建立的物理连接释放。至此，主机 A 与主机 B 的本次通信结束。

2．线路交换的特点

线路交换方式的主要特点：通信子网中的节点是电子的交换设备，用来完成输入与输出线路的物理连接。两台主机之间建立的物理连接专用于本次通信。通信子网中的节点不存储数据，不改变数据内容，并且不具备差错控制能力。

线路交换方式的优点：通信实时性强，适用于交互式会话类通信。线路交换方式的缺点：不适应突发性通信，系统效率低；没有存储数据的能力，难以平滑通信量；不具备差错控制能力，无法发现与纠正传输差错。因此，在研究线路交换方式的基础上，人们又提出了存储转发交换方式。

2.7.3　存储转发交换方式

1．存储转发的概念

存储转发交换（Store-and-Forward Exchanging）与线路交换的区别主要表现在：发送数

据需要携带源地址、目的地址和控制信息，按一定格式组成数据单元（报文或分组）进入通信子网；通信子网中的节点是通信控制处理机，负责完成数据单元的接收、差错校验、存储、路由选择与转发功能。

存储转发方式有 4 个优点：①通信子网中的通信控制处理机可存储数据单元（报文或分组），多个数据单元可以共享通信信道，线路利用率高；②通信控制处理机具有路由选择功能，动态选择数据单元通过通信子网的最佳路径，可以平滑通信量，提高系统效率；③数据单元通过每个通信控制处理机时，需要进行差错检查或纠正，可减少传输错误，提高系统可靠性；④通信控制处理机可切换不同速率的线路，也可转换适当的数据格式。

存储转发交换方式具有明显的优点，因此它在计算机网络中得到广泛的应用。

2．存储转发的分类

存储转发交换可以分为两类：报文交换（Message Exchanging）、分组交换（Packet Exchanging）。在利用存储转发交换来传输数据时，数据单元相应可以分为两类：报文（Message）、分组（Packet）。如果发送端不管数据长度而将它作为一个逻辑单元，则可以为数据添加目的地址、源地址与控制信息，并按一定的格式封装形成一个报文。另一种方法是限制数据单元的最大长度。发送端将一个长报文划分成多个分组，接收端根据顺序将多个分组重组成报文。

由于分组的长度较短，当分组传输出错时，检错容易并且重发时间短，这有利于提高存储转发节点的传输效率，因此成为公用数据交换网的主要技术。美国的 TELENET 与中国的 CHINAPAC 都采用分组交换技术，这类通信子网被称为分组交换网。

存储转发交换技术分为两种：数据报（Datagram，DG），虚电路（Virtual Circuit，VC）。

2.7.4 数据报方式

1．数据报的工作原理

数据报方式是存储转发交换的一种类型。数据报方式中不需预先在源主机与目的主机之间建立线路连接。源主机发送的每个分组可独立选择传输路径，因此分组在通信子网中可通过不同路径到达目的主机。图 2-26 为数据报方式的工作原理。

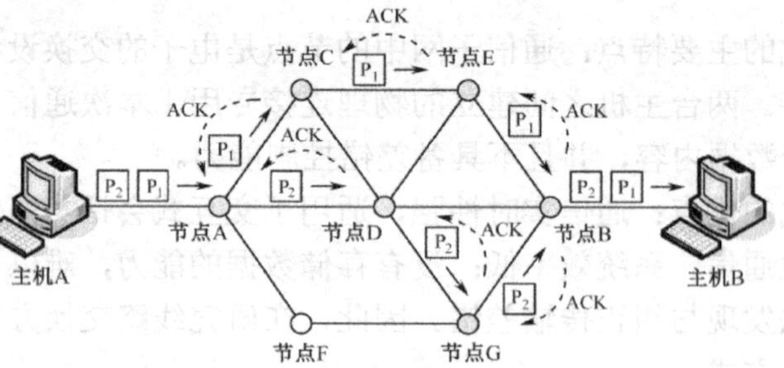

图 2-26 数据报方式的工作原理

数据报方式的工作过程分为以下几个步骤：

<1> 源主机（主机 A）将报文分成多个分组 P_1、P_2、…、P_n，依次发送到与它直接相连的通信控制处理机（节点 A）。

<2> 节点 A 接收到分组 P_1、P_2、…、P_n 后，对每个分组进行差错检测与路由选择。由于网络的连接状态是不断变化的，分组 P_1 的下一跳节点可能是节点 C，分组 P_2 的下一跳节点可能是节点 D，因此不同分组通过通信子网的路径可能不同。

<3> 节点 C 接收到分组 P_1 后，对分组 P_1 进行差错检测。如果分组 P_1 传输正确，则向节点 A 发送确认信息；节点 A 接收到节点 C 的确认后，则丢弃废弃分组 P_1 的副本。分组 P_1 经过通信子网中多个节点存储转发，最终正确到达目的节点（主机 B）。

2. 数据报的特点

数据报方式主要有以下 4 个特点：① 同一报文的不同分组可经过不同传输路径通过通信子网；② 同一报文的不同分组到达目的节点时可能发生乱序、重复与丢失；③ 每个分组在传输过程中都必须携带源地址与目的地址；④ 传输时延较大，适于突发性通信，不适于长报文、会话式通信。

在研究数据报方式的基础上，人们进一步提出虚电路方式。

2.7.5 虚电路方式

1. 虚电路的工作原理

虚电路方式将数据报与线路交换相结合，发挥这两种方法的优点，以达到更好的数据交换效果。图 2-27 为虚电路方式的工作原理。数据报方式在发送数据之前，源主机与目的主机之间无需预先建立连接。虚电路方式在发送数据之前，源主机与目的主机之间需要建立一条逻辑连接的虚电路。在这点上，虚电路方式与线路交换相似。

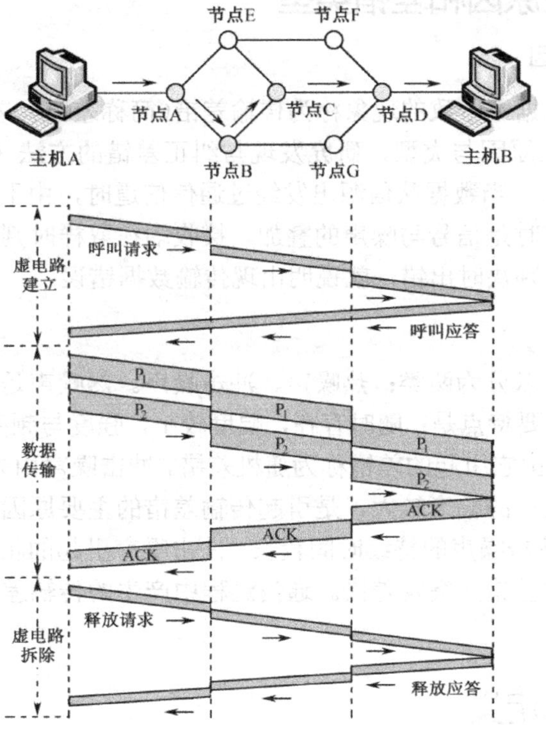

图 2-27　虚电路方式的工作原理

虚电路方式的工作过程分为三个阶段：虚电路建立阶段，数据传输阶段，虚电路拆除阶段。在虚电路建立阶段，节点 A 通过路由算法确定下一跳节点（节点 B），并向节点 B 发送呼叫请求；同样，节点 B 通过路由算法确定下一跳节点。这样，呼叫请求可能经过节点 A、B、C、D 的路径来传输。节点 D 向节点 A 发送呼叫应答，这条虚电路成功建立。在数据传输阶段，通过已建立的虚电路来顺序发送分组。在所有的数据传输结束后，进入虚电路拆除阶段，按照节点 D、C、B、A 的顺序来拆除虚电路。

2．虚电路的特点

虚电路方式主要有以下 4 个特点：① 源节点与目的节点之间建立一条逻辑连接，而不是建立一条实际的物理连接；② 一次通信的所有分组都通过虚电路顺序传送，分组不需携带源地址、目的地址等信息，同一报文的不同分组到达目的节点时不会发生乱序、重复或丢失；③ 分组通过虚电路上的每个节点时，节点只进行差错检测，不需进行路由选择；④ 通信子网中的每个节点可与任何节点建立多条虚电路连接。

虚电路方式与线路交换的区别在于：虚电路是在传输分组前建立的逻辑连接，称为“虚电路”是因为这种电路不是专用的。每个节点可与多个节点之间建立多条虚电路，每条虚电路支持两个节点之间的数据传输。由于虚电路方式具有分组交换与线路交换的优点，因此在计算机网络中得到了广泛的应用。

2.8 差错控制方法

2.8.1 差错产生原因和差错类型

1．差错产生的原因

接收数据与发送数据不一致的现象称为传输差错（简称差错）。差错产生是不可避免的，用户需要分析差错产生原因与类型，研究发现与纠正差错的方法（即差错控制方法）。图 2-28 为差错产生的过程。当数据从信源出发经过通信信道时，由于通信信道总有一定的噪声存在，信号到达信宿时是信号与噪声的叠加。接收端在取样时判断信号电平。如果噪声对信号叠加结果在电平判决时出错，就说明出现传输数据错误。

2．差错的类型

通信信道的噪声可以分为两类：热噪声、冲击噪声。热噪声是由传输介质的电子热运动而产生。热噪声的主要特点是：随时存在，幅度较小，强度与频率无关，但是频谱很宽。热噪声是随机的噪声，由它引起的差错称为随机差错。冲击噪声由外界的电磁干扰而产生。与热噪声相比，冲击噪声的幅度较大，是引起传输差错的主要原因。与数据传输中每比特发送时间（T）相比，冲击噪声的持续时间较长，冲击噪声引起的相邻多个数据位出错呈突发性。冲击噪声引起的差错为突发差错。通信过程中产生的传输差错由随机差错和突发差错构成。

2.8.2 误码率的定义

误码率是指二进制码元在传输中出错的概率，它在数值上近似满足以下等式：

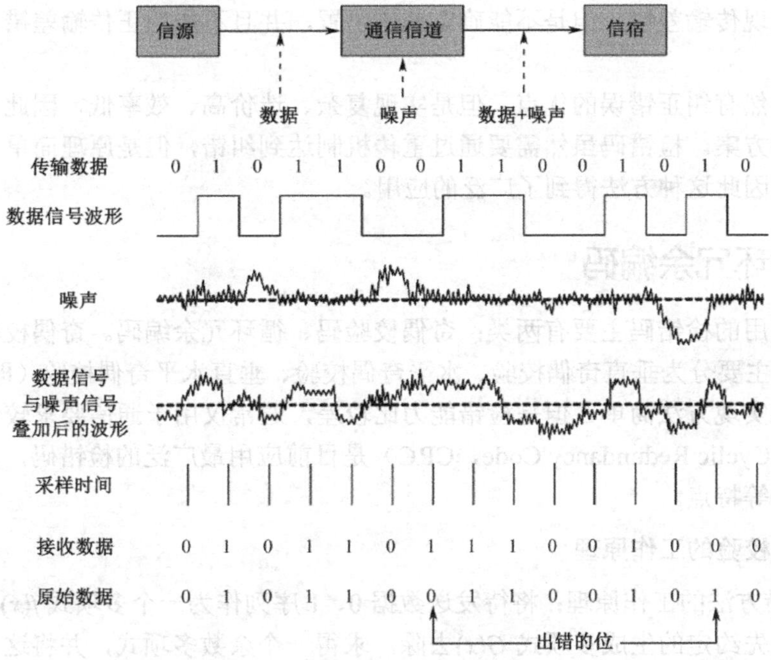

图 2-28 差错产生的过程

$$P_e = N_e / N$$

式中，N 为传输的二进制码元总数，N_e 为传错的二进制码元数。

在理解误码率的定义时，需要注意以下 3 个问题：

① 误码率是衡量数据传输系统在正常工作状态下传输可靠性的参数。

② 对于一个实际的数据传输系统来说，不能笼统地说误码率越低越好，需要根据实际传输要求提出误码率要求。在数据传输速率确定后，要求的误码率越低，则数据传输系统的设备越复杂，相应的造价越高。

③ 如果数据传输系统传输的不是二进制码元，需要折合成二进制码元来计算。

传输差错的出现具有随机性。在实际测试一个数据传输系统时，只有被测量的二进制码元数越多，则越接近真正的误码率值。

实际的数据传输系统需要对通信信道进行大量、重复的测试，以便获得该信道的平均误码率，或者某些特殊情况下的平均误码率。根据测试结果显示，传输速率为 300～2400 bps 时，电话线路的平均误码率为 10^{-4}～10^{-6}；传输速率为 4800～9600 bps 时，电话线路的平均误码率为 10^{-2}～10^{-4}。计算机通信的误码率低于 10^{-9}，如果没有采取某种差错控制技术，电话线路难以满足计算机通信要求。

2.8.3 检错码与纠错码

在计算机通信中，人们提出在承认传输过程会产生差错的前提下，有效地检测出错误并进行纠正的方法。这种方法被称为差错检测与校正（简称差错控制）。差错控制的主要目的是减少通信信道的传输错误，目前还不可能检测和校正所有错误。

设计差错控制方法主要有两种策略：① 为每个分组添加足够的冗余信息，使接收端能够发现并自动纠正传输差错，这种方法是纠错码；② 为每个分组添加一定的冗余信息，使接收端能够发现传输差错，但是不能确定差错位置，并且不能纠正传输差错，这种方法是检错码。

纠错码虽然有纠正错误的优点，但是实现复杂、造价高、效率低，因此目前各类系统很少采用这种方案。检错码虽然需要通过重传机制达到纠错，但是原理简单、实现容易、工作效率高，因此这种方法得到了广泛的应用。

2.8.4 循环冗余编码

目前，常用的检错码主要有两类：奇偶校验码、循环冗余编码。奇偶校验码是一种常见的检错码，主要分为垂直奇偶校验、水平奇偶校验、垂直水平奇偶校验（即方阵码）等。奇偶校验码的实现方法简单，但是检错能力比较差，通常仅用于通信要求较低的环境。循环冗余编码（Cyclic Redundancy Code，CRC）是目前应用最广泛的检错码，具有检错能力强、实现容易等特点。

1. CRC 校验的工作原理

CRC 检错方法的工作原理：将待发送数据 0、1 序列作为一个多项式 $f(x)$ 的系数，在发送端用双方预先约定的生成多项式 $G(x)$ 去除，求得一个余数多项式，并将这个余数多项式加到待发送数据的后面。在接收端，用同样的生成多项式 $G(x)$ 去除接收数据 $f'(x)$，求得一个余数多项式。如果计算出的余数多项式与接收的余数多项式相同，表示传输过程没有出错；否则，表示传输过程出错，需要发送端来重发数据。图 2-29 为 CRC 校验的工作原理。

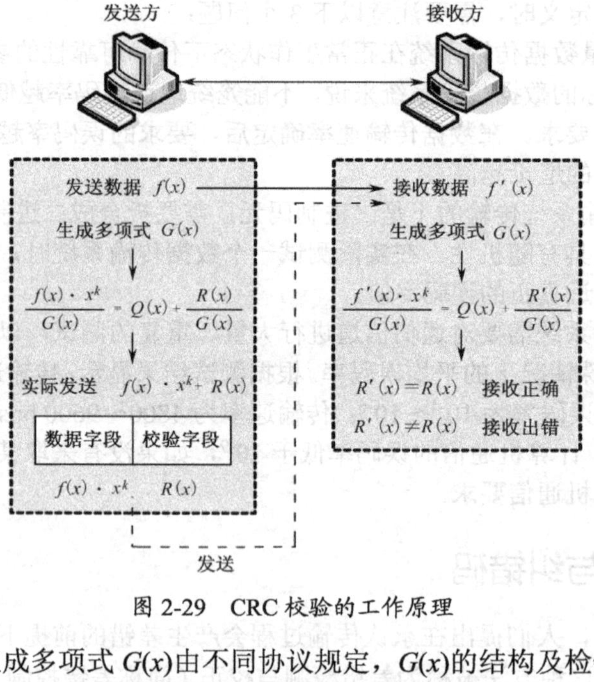

图 2-29 CRC 校验的工作原理

CRC 校验中的生成多项式 $G(x)$ 由不同协议规定，$G(x)$ 的结构及检错效果经过严格的数学分析与实验。目前，已有多种生成多项式列入国际标准，如

CRC—12 $G(x) = x^{12} + x^{11} + x^3 + x^2 + x + 1$

CRC—16 $G(x) = x^{16} + x^{15} + x^2 + 1$

CRC—CCITT　　$G(x) = x^{16} + x^{12} + x^5 + 1$

CRC—32　　$G(x) = x^{32} + x^{26} + x^{23} + x^{22} + x^{16} + x^{12} + x^{11} + x^{10} + x^8 + x^7 + x^5 + x^4 + x^2 + x + 1$

CRC 校验的工作过程如下：

<1> 在发送端，发送数据为 $f(x) \cdot x^k$，其中 k 为生成多项式的最高幂值，如 CRC-12 的最高幂值为 12，则为 $f(x) \cdot x^{12}$；对于二进制数乘法，$f(x) \cdot x^{12}$ 的意义是将发送数据的比特序列左移 12 位，用于放入余数。

<2> 将 $f(x) \cdot x^k$ 除以生成多项式 $G(x)$，得

$$\frac{f(x) \cdot x^k}{G(x)} = Q(x) + \frac{R(x)}{G(x)}$$

式中，$R(x)$为余数多项式。

<3> 将 $f(x) \cdot x^k + R(x)$作为整体，从发送端通过通信信道传送到接收端。

<4> 接收端对接收数据 $f'(x)$采用同样的运算，即

$$\frac{f'(x) \cdot x^k}{G(x)} = Q(x) + \frac{R'(x)}{G(x)}$$

求得余数多项式 $R'(x)$。

<5> 接收端判断计算出的余数多项式 $R'(x)$是否等于接收的余数多项式 $R(x)$，以确定传输过程是否出错。

2．CRC 校验的例子

CRC 校验过程采用二进制数模二算法，即减法不错位、加法不进位，这是一种异或操作。下面通过例子说明 CRC 校验码（余数多项式）的生成过程：

<1> 待发送数据为 110011（6 位）。

<2> 生成多项式为 11001（5 位，$k = 4$）。

<3> 将待发送数据乘以 2^4，得到 1100110000。

<4> 将乘积除以生成多项式，得到余数多项式为 1001。

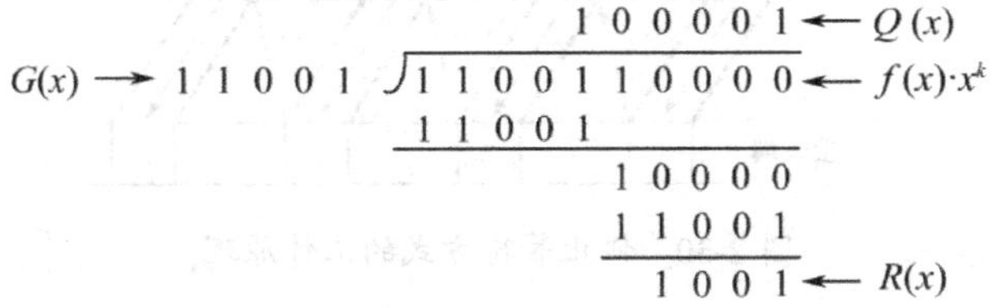

<5> 将余数多项式加到乘积中

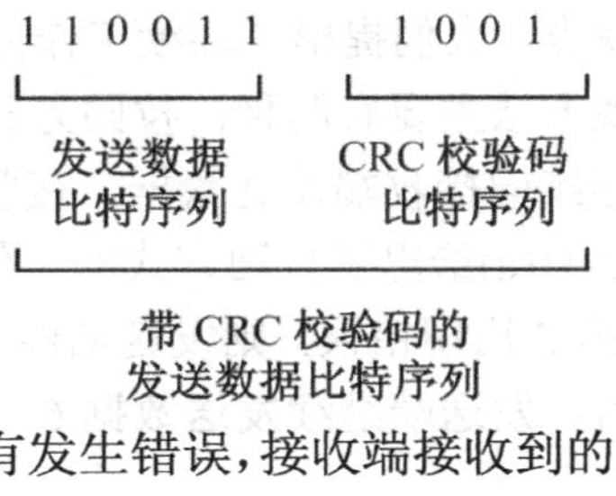

<6> 如果在传输过程中没有发生错误，接收端接收到的带 CRC 校验码的接收数据一定能被相同的生成多项式整除

```
               1 0 0 0 0 1
1 1 0 0 1 ╱ 1 1 0 0 1 1 1 0 0 1
            1 1 0 0 1
            ─────────────────────
                     1 1 0 0 1
                     1 1 0 0 1
                     ────────────
                             0
```

在实际的网络应用中，CRC 校验码的生成与校验过程可通过软件或硬件来实现。目前，很多集成电路芯片中有相应的硬件，可方便、快速地实现 CRC 校验码的计算。

3. CRC 校验的特点

CRC 校验具有以下这些检错能力：① CRC 校验能检查出全部单个错；② CRC 校验能检查出全部离散的二位错；③ CRC 校验能检查出全部奇数个错；④ CRC 校验能检查出全部长度小于或等于 k 位的突发错；⑤ CRC 校验能以 $1-(1/2)^{k-1}$ 的概率检查出长度为 $k+1$ 位的突发错。例如，如果 $k=16$，则 CRC 校验能检查出长度小于或等于 16 位的所有突发差，并能以 $1-(1/2)^{16-1}=99.997\%$的概率检查出长度为 17 位的突发错。

2.8.5 差错控制机制

接收端可通过检错码来检查数据是否出错，如果发现数据在传输过程中出错，通常采用反馈重发（Automatic Request for Repeat，ARQ）方法来纠正。反馈重发方法可以分为两类：停止等待方式、连续工作方式。

1. 停止等待方式

图 2-30 给出了停止等待方式的工作原理。发送端在发送完一个数据后，需要等待接收端的应答信息到来。如果发送端接收到应答，表示上一数据已正确接收，开始发送下一数据，否则发送端重发出错的数据。停止等待方式的协议简单，但是工作效率低。

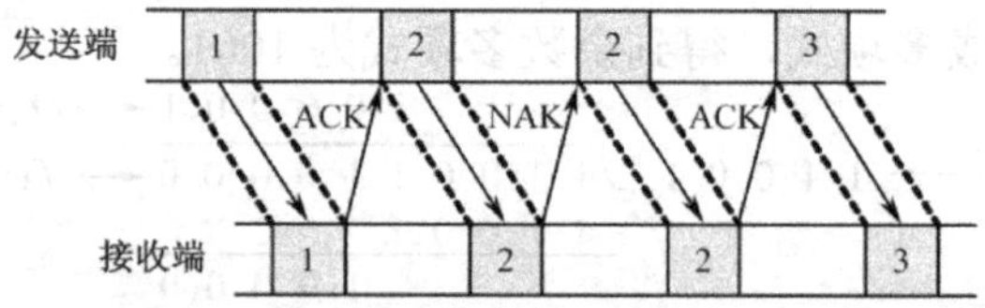

图 2-30　停止等待方式的工作原理

2. 连续工作方式

为了克服停止等待方式的缺点，人们提出了连续工作方式。图 2-31 给出了连续工作方式的工作原理。连续工作的实现方法主要有两种：拉回方式、选择重发方式。

在拉回方式中，发送端可连续向接收端发送数据，接收端对接收的数据进行校验，然后向发送端返回应答信息。图 2-31(a)给出了拉回方式的工作原理。如果发送端在连续发送数据 0～5 后，从应答中得知数据 2 出现错误，则发送端停止当前数据的发送，并重发数据 2、3、4、5。在拉回状态结束后，发送端继续发送数据 6。

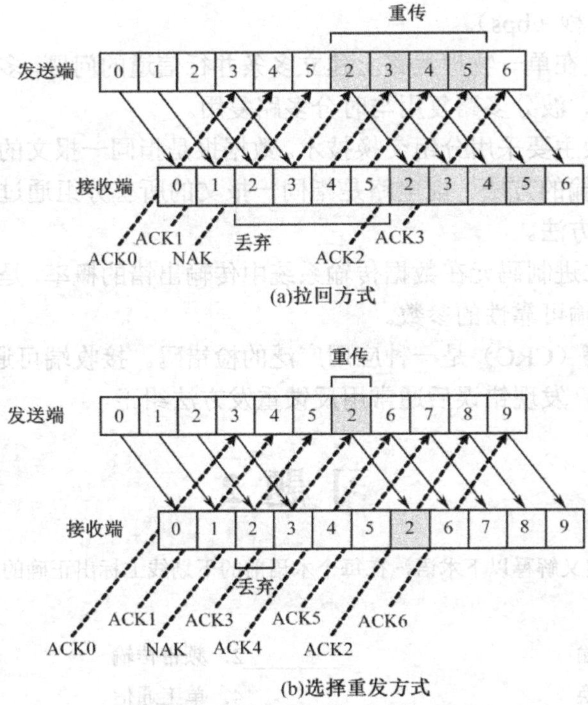

图 2-31　连续工作方式的工作原理

选择重发方式与拉回方式区别在于：如果发送端在发送完编号为 5 的数据后，收到数据 2 出现错误的应答，则发送端仅重发出错的数据 2。在选择重发状态结束后，发送端继续发送数据 6。图 2-31(b)给出了选择重发方式的工作原理。显然，选择重发方式的工作效率高于拉回方式。

小　结

本章主要讲述了以下内容：

① 数据通信是在计算机之间传输表示字符、数字、语音、图像的二进制 0、1 序列的过程。目前，应用最广泛的编码标准是 ASCII。

② 信号是数据在传输过程中的电信号表示形式。按照在传输介质上的传输类型，信号可以分为两类：模拟信号和数字信号。数据通信系统相应也可以分为两类：模拟通信系统、数字通信系统。

③ 设计数据通信系统首先需要确定：采用串行通信或并行通信；采用单工通信、半双工通信或全双工通信；采用位同步或字符同步。

④ 传输介质是网络中连接通信双方的物理通路，也是通信中实际传输信息的载体。常用的传输介质包括：双绞线、同轴电缆、光缆、无线和卫星信道。传输介质的特性对网络中数据通信质量的影响很大。

⑤ 频带传输是指使用调制解调器通过模拟信道传输经转换的数字信号；基带传输是指利用数字信道直接传输数字信号。

⑥ 传输速率是描述数据传输系统的重要技术指标之一，等于每秒钟传输构成数据的二

进制位数，单位为位/秒（bps）。

⑦ 多路复用解决在单一物理线路上建立多条并行信道的问题。多路复用主要分为 3 种类型：频分多路复用、波分多路复用与时分多路复用。

⑧ 网络数据交换主要采用分组交换技术。数据报是指同一报文的不同分组可经过通信子网中的不同路径传输的方法。虚电路是指同一报文的所有分组通过预先在通信子网中建立的逻辑链路传输的方法。

⑨ 误码率是指二进制码元在数据传输系统中传输出错的概率，是衡量数据传输系统在正常工作状态下的传输可靠性的参数。

⑩ 循环冗余编码（CRC）是一种应用广泛的检错码。接收端可通过生成的 CRC 校验码检查数据是否出错，发现错误后通常用反馈重发方法纠正。

习题 2

一、名词解释（用所给定义解释以下术语，在每个术语前的下划线上标出正确的定义）

术语：

________1．基带传输	________2．频带传输
________3．线路交换	________4．单工通信
________5．数据报	________6．半双工通信
________7．虚电路	________8．全双工通信

定义：

A．两台计算机进行通信前，在通信子网中建立实际的物理连接。

B．同一报文中的所有分组通过在通信子网中预先建立的逻辑连接来传输。

C．在数字信道上直接传输数字信号的方法。

D．在通信线路中仅能向一个方向传输数据。

E．在通信线路中可双向传输数据，但一个时间只能向一个方向传送。

F．利用模拟信道上传输经过转换的数字信号的方法。

G．同一报文中的分组可由不同的传输路径通过通信子网。

H．在通信线路中可同时双向传输数据。

二、单项选择

1．在常用的传输介质中，信号衰减最小、抗干扰能力最强的是________。

A．双绞线　　B．光缆　　C．同轴电缆　　D．无线信道

2．通过改变载波信号频率来表示数字信号 1、0 的方法称为________。

A．绝对调相　　B．振幅键控　　C．相对调相　　D．移频键控

3．两台计算机利用电话线路传输数据信号时需要的设备是________。

A．第三层交换机　　B．代理服务器　　C．调制解调器　　D．集线器

4．在以下几种数字数据编码中，属于自含时钟方式的是________。

A．非归零码　　B．曼彻斯特编码　　C．脉冲编码　　D．ASCII 编码

5．在脉冲编码调制中，如果规定量化级是 64 个，则使用的编码位数是________。

A．6 位　　B．7 位　　C．8 位　　D．9 位

6．以下关于误码率的描述中，错误的是________。

A．误码率是衡量数据通信系统在正常工作状态下传输可靠性的参数

B．如果一个数据通信系统采用 CRC 校验，该系统的平均误码率可达到 0

C．采用光纤作为传输介质的数据通信系统的误码率难以达到 0

D．如果传输 1KB 数据没出现错误，不能说该通信系统的误码率为 0

7．以下关于 CRC 校验的描述中，错误的是________。

A．CRC 是循环冗余编码的英文缩写　　B．CRC 校验能检查出全部单个错

C．CRC 生成多项式通常由用户随机产生　　D．CRC 校验过程采用二进制数模二算法

8．以下关于数据报方式的描述中，错误的是________。

A．属于存储转发方式的一种类型　　B．报文可经不同路径穿过通信子网

C．报文在传输过程中可能出现乱序　　D．报文在传输过程中不会出现重复

三、判断题（判断下列描述是否正确，正确的在下划线上写 Y，错误的写 N）

____1．多模光纤的传输性能优于单模光纤。

____2．在脉冲编码调制中，第一步需要对模拟信号进行量化。

____3．时分多路复用是以信道传输时间作为分割对象，通过为不同用户分配互不重叠时间片的方法来实现多路复用。

____4．在线路交换、数据报与虚电路方式中，都需经过线路建立、数据传输与线路拆除过程。

____5．同轴电缆由外部保护层、屏蔽层与多对绝缘导线构成。

____6．在数据传输过程中，差错主要由通信中的噪声引起。

____7．误码率是衡量数据传输系统在不正常状态下传输可靠性的参数。

____8．如果在传输过程中发生错误，接收端收到的带 CRC 校验码的数据一定能被发送端的生成多项式整除。

四、问答题

1．举例说明信息、数据与信号之间的关系。

2．双绞线、同轴电缆与光缆的主要特点是什么？

3．如果控制字符 SYN 的 ASCII 编码为 0010110，请画出 SYN 的 FSK、NRZ、曼彻斯特编码、差分曼彻斯特编码 4 种信号波形。

4. 对于脉冲编码调制方法，如果需采样 600 Hz 频率的语音信号，传输 PCM 信号的信道带宽为 3000 Hz，为了使样本能够重构原来的信号，采样频率 f 应取什么值？

5．多路复用技术主要分为几种类型？

6．广域网采用的数据交换技术主要分为几种类型？

7．某个数据通信系统采用 CRC 校验，生成多项式 $G(x)$为 11001，目的节点接收的数据为 110111001（含 CRC 校验码）。那么，在传输过程中是否出错？

8．对于一个实际的数据通信系统，完整的差错控制机制应包括哪些内容？

第 3 章　网络体系结构与网络协议

本章学习要求

⌘　**掌握：网络体系结构的基本概念**

⌘　**掌握：OSI 参考模型的内容**

⌘　**掌握：TCP/IP 参考模型的内容**

⌘　**了解：OSI 参考模型与 TCP/IP 参考模型的比较**

网络体系结构和网络协议是网络技术中两个基本概念，也是初学者比较难以理解的概念。本章将从普通信件邮递过程的分析中引出层次、功能、协议和接口的概念，并对 OSI 参考模型、TCP/IP 参考模型及各层功能进行分析，以便帮助读者循序渐进地学习并掌握上述基本内容。

3.1　网络体系结构的概念

1．网络协议的概念

计算机网络是由多个互连的节点组成，节点之间需要不断地交换数据和控制信息。为了做到有条不紊地交换数据，每个节点必须遵守一些事先约定好的规则，即明确规定所交换数据的格式和时序。这些为网络数据交换而制定的规则、约定和标准被称为协议（Protocol）。协议主要由以下三个要素组成。

❖ 语法：用户数据与控制信息的结构和格式。

❖ 语义：需要发出何种控制信息，以及完成的动作和响应。

❖ 时序：对事件实现顺序的详细说明。

认真观察现实社会中的邮政系统结构，以及如何利用该系统完成信件的发送和接收，将有助于增进对网络体系结构与网络协议的了解。图 3-1 为邮政系统的信件发送和接收过程。例如，一位在南开大学读书的大学生想给在广州的父母写一封信时，所做的第一步是书写一封信；第二步是按国内的信封书写标准，在信封左上角书写收信人的地址，在信封中部写上收信人的姓名，在信封右下角书写发信人的地址；第三步是将信件封入信封并贴上邮票；第四步是将信件投入邮箱中。这样，发信人的工作已经完成，他并不需要了解如何处理信件。

邮递员定时从每个邮箱中收集信件，检查信件上的邮票是否符合要求，并在加盖邮戳后运送到该地区的邮政枢纽。工作人员根据信件的目的地址，将送往相同地区的邮件打成一个邮包，并在邮包上粘贴运输和中转信息。如果从天津到广州不需要中转，当天从天津到广州

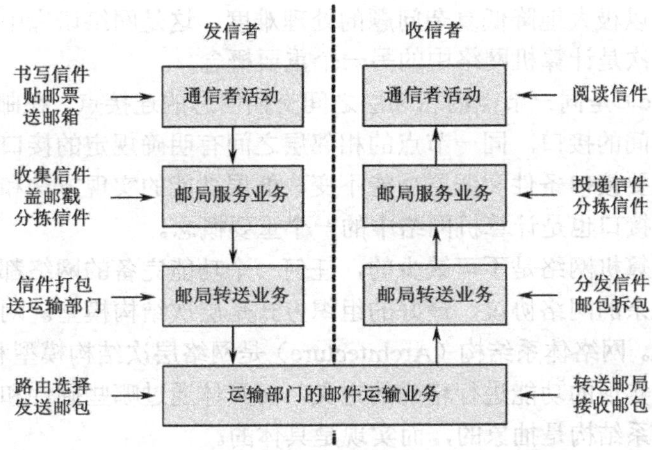

图 3-1　邮政系统的信件发送和接收过程

的所有信件将封装在一个包中，并通过公路、铁路或航空运输到广州。这个邮包被送到广州地区的邮政枢纽后，邮件分拣员将这个邮包拆开，并将信件按目的地址进行分拣，然后运输到各个区县下属的邮局网点，最后由邮递员将信件送到收信人的邮箱。当收信人从邮箱中取出信件后，可以拆开并阅读信件。至此，一次完整的信件发送和接收过程完成。

实际的邮政系统是一个复杂的系统，它与计算机网络有很多相似之处。通过分析邮政系统的组织结构和工作流程，对我们理解网络体系结构有很多有益的启示。

2．几个重要的概念

现实生活中的邮政系统与计算机网络相似，都涉及以下 4 个重要的概念：协议（Protocol）、层次（Layer）、接口（Interface）、体系结构（Architecture）。

协议（Protocol）是一种通信规约。邮政系统中存在着很多通信规约。例如，写信人在写信之前需要确定使用中文、英文还是其他语言。如果收件人只懂英文，而你使用的是中文，那么对方难以理解信件内容。无论你选择中文还是英文，在书写时都要遵照相应的写作规范（包括语义、语法等）。实际上，语言本身就是一种协议。另一个协议的例子是信封的书写方法。如果你的信件只是在国内邮寄，那么信封的书写规则如前面所述。如果你的信件需要发送往美国，那么你的信封需要用英文书写，并且信封右上角应书写发信人姓名和地址，信封中间是收信人姓名和地址。显然，中文信件与英文信件的信封书写格式不同，这本身也是一种通信规约。普通的邮递员也许不懂英文，他可以不管信件是寄到哪里，只需要收集信件并移交到邮政枢纽，由懂英文的分拣人员来确定信件目的地。从广义的角度来说，人们之间的交往是一种信息交互的过程，每件事都必须遵循事先规定好的规则和约定。为了保证网络中的大量计算机之间有条不紊地交换数据，必须事先制定一系列的通信协议。因此，协议是计算机网络中的一个重要概念。

层次（Layer）是人们处理复杂问题的基本方法。人们对于那些难以处理的复杂问题，通常是分解为多个容易处理的小问题。邮政系统是涉及全国甚至世界各地亿万人之间信件传输的复杂问题，它采用的解决方法是：将需要实现的功能分配在不同层次，对每个层次完成的服务及实现过程都有明确的规定；不同地区的系统分成相同的层次；不同系统的同等层具有相同功能；高层使用低层提供的服务时，不需知道低层服务的实现方法。邮政系统的层次结构与计算机网络的结构有很多相似点。层次结构体现对复杂问题“分而治之”

的模块化方法，可以极大地降低复杂问题的处理难度，这是网络研究中采用层次结构的直接动力。因此，层次是计算机网络中的另一个重要概念。

接口（Interface）是同一节点内相邻层之间交换信息的连接点。在邮政系统中，邮箱是发信人与邮递员之间的接口。同一节点的相邻层之间有明确规定的接口，低层通过接口向高层提供服务。只要接口条件和低层功能不变，低层功能的实现方法和技术变化不会影响高层运行。因此，接口也是计算机网络中的一个重要概念。

网络协议对计算机网络是不可缺少的，任何一个功能完备的网络都需要一套复杂的协议集。对于结构复杂的网络协议，最好的组织方式是层次结构模型。网络协议就是按照层次结构模型来组织。网络体系结构（Architecture）是网络层次结构模型和各层协议的集合。体系结构对网络应实现的功能进行精确的定义，而具体通过哪些硬件和软件来完成这些功能是实现问题。体系结构是抽象的，而实现是具体的。

3. 网络体系结构的提出

计算机网络采用层次结构具有以下优点：

① 各层之间相互独立，高层不需要知道低层如何实现，而只需知道通过层次之间的接口提供怎样的服务。

② 当其中任何一层发生变化时，如实现技术改变，只要接口保持不变，那么该层之上各层均不受影响。另外，如果不需要某层提供的服务，甚至可以取消相应层。

③ 各层都可以采用最合适的技术来实现，实现技术的改变不影响其他层。

④ 由于整个系统被分解为多个易于处理的部分，这种结构使得庞大、复杂系统的实现和维护变得容易。

⑤ 由于每层的功能和提供的服务已有准确的说明，因此这样设计有利于促进网络协议的标准化。

1974 年，IBM 公司提出了第一个网络体系结构，即系统网络体系结构（System Network Architecture，SNA）。此后，一些大公司陆续提出各自的网络体系结构。它们的共同点是采用分层技术，但是层次划分、功能分配和实现技术各不相同。随着计算机网络技术的飞速发展，各种计算机联网和各种网络互连成为迫切需要解决的问题。OSI 参考模型就是在这个背景下提出并开展研究的。

3.2 OSI 参考模型

3.2.1 OSI 参考模型的概念

1. OSI 参考模型的提出

从历史上来看，在制定计算机网络标准方面起着很大作用的两大国际组织是：国际电报与电话咨询委员会（Consultative Committee on International Telegraph and Telephone，CCITT）和国际标准化组织（International Standards Organization，ISO）。CCITT 与 ISO 的工作领域不同，CCITT 主要从通信角度考虑一些标准制定问题，ISO 则更关注计算机网络的体系结构语协议。随着计算机技术的发展，通信与信息处理之间的界限变得模糊。于是，它们成为 CCITT 和 ISO 共同关心的领域。

1974 年，ISO 发布了著名的ISO/IEC 7498 标准，定义了网络互连的七层框架，即开放系统互连（Open System Internetwork，OSI）参考模型。在 OSI 框架下，进一步详细规定了每层的功能，以实现开放环境中的互连（Interconnection）、互操作（Interoperation）和应用的可移植（Portability）。CCITT 的 X.400 建议书也定义了一些相似内容。

2. OSI 参考模型的定义

OSI 参考模型中的“开放”是指只要遵循这个标准，该系统可以与位于世界上任何地方、遵循相同标准的其他系统之间通信。在 OSI 标准的制定过程中，采用的方法是将整个庞大、复杂的问题划分为多个容易处理的小问题，这就是分层的体系结构处理方法。在 OSI 标准中，采用的是三级抽象：体系结构（Architecture）、服务定义（Service Definition）、协议说明（Protocol Specification）。

OSI 参考模型定义了开放系统的层次结构、层次之间的相互关系，以及各层可能提供的服务，是作为一个框架来协调和组织各层协议而制定的，也是对网络内部结构的精炼概括和描述。OSI 标准中的各种协议定义了需要发送的控制信息，以及通过用哪种过程来解释这个控制信息。协议规程的说明具有严格的约束。

OSI 参考模型的服务定义详细说明了各层提供的服务。某层提供的服务是指该层及以下各层的一种能力，这种服务通过接口提供给相邻高层。各层提供的服务与这些服务的具体实现无关。同时，OSI 参考模型定义了层次之间的接口和各层使用的原语，但是并不涉及相应接口或原语的实现方法。

OSI 参考模型并没有提供一个具体的实现方法，只是描述了一些概念，用于协调进程之间通信标准的制定。在 OSI 参考模型的范围内，只有各种协议是可以实现的，而各种产品只有遵循 OSI 的协议时可以互连。也就是说，OSI 参考模型并不是一个标准，而是一种在制定标准时使用的概念性框架。

3.2.2 OSI 参考模型的结构

OSI 参考模型采用的是典型的分层结构。OSI 参考模型的层是一个模块，用于执行某种基本功能，并且具有一套相应的协议。不同节点的相同层之间的通信协议对等。根据分而治之的原则，OSI 参考模型将通信功能划分为 7 层，其划分层次的主要原则是：网络中的各节点拥有相同的层次，不同节点的同等层具有相同的功能，同一节点中的相邻层之间通过接口来通信，每层使用相邻下层提供的服务并向它的相邻上层提供服务。不同节点的同等层通过协议来通信。

图 3-2 为 OSI 参考模型的结构。信息从某层传输到下层是通过命令来实现，这里的命令称为原语（Primitive），传输信息称为协议数据单元（Protocol Data Unit，PDU）。在 PDU 进入下层前，为 PDU 添加该层的控制信息，称为协议控制信息（Protocol Control Information，PCI）。接着，为 PDU 添加交给下层的指令，称为接口控制信息（Interface Control Information，ICI）。PDU、PCI 和 ICI 共同组成接口数据单元（Interface Data Unit，IDU）。当下层接收到 IDU 后，就会从 IDU 中去掉 ICI。随着 PDU 逐层向下传输，每层都要加入自己的信息。

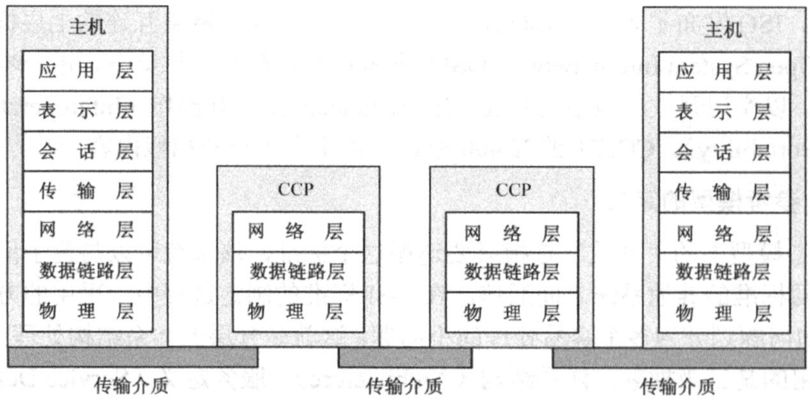

图 3-2 OSI 参考模型的结构

3.2.3 OSI 参考模型各层功能

1. 物理层

物理层（Physical Layer）是 OSI 参考模型的底层，是网络通信的传输介质，由连接不同节点的电缆和设备等共同构成。物理层的主要功能是：利用传输介质为数据链路层提供物理连接，以便实现数据流的透明传输。

2. 数据链路层

数据链路层（Data Link Layer）是 OSI 参考模型的第 2 层。数据链路层的主要功能是：在物理层提供的服务基础上，数据链路层在通信实体之间建立数据链路连接，传输以“帧”为单位的数据包，并采用差错控制、流量控制等方法，将有差错的物理线路转变成无差错的数据链路。

3. 网络层

网络层（Network Layer）是 OSI 参考模型的第 3 层。网络层的主要功能是：为数据在节点之间的传输创建逻辑上的链路连接，通过路由选择为分组，通过通信子网选择最适当的路径，并且实现网络互连、流量控制等功能。

4. 传输层

传输层（Transport Layer）是 OSI 参考模型的第 4 层。传输层的主要功能是：为分布式的应用进程之间的通信提供可靠的端 - 端服务。传输层向高层屏蔽下层的数据通信细节，是网络体系结构的关键层。

5. 会话层

会话层（Session Layer）是 OSI 参考模型的第 5 层。会话层的主要功能是：维护节点之间针对一次会话而建立的连接，并且提供数据管理等功能。

6. 表示层

表示层（Presentation Layer）是 OSI 参考模型的第 6 层。表示层的主要功能是：处理不同系统之间交换信息的表示方式，主要包括数据格式转换、数据加密与解密、数据压缩与恢复等功能。

7. 应用层

应用层（Application Layer）是 OSI 参考模型的最高层。应用层的主要功能是：为用户提供各种网络应用或服务，如 Web、电子邮件、FTP、DNS 等服务。

3.2.4 OSI 环境中的数据传输过程

1. OSI 环境的概念

在研究 OSI 参考模型时，需要搞清它所描述的作用范围，这个范围称为 OSI 环境（OSI Environment，OSIE）。OSI 环境主要包括：主机中从应用层到物理层的 7 层和通信子网，即图 3-3 中虚线覆盖的范围。用于连接不同节点的传输介质不包括在 OSI 环境中。

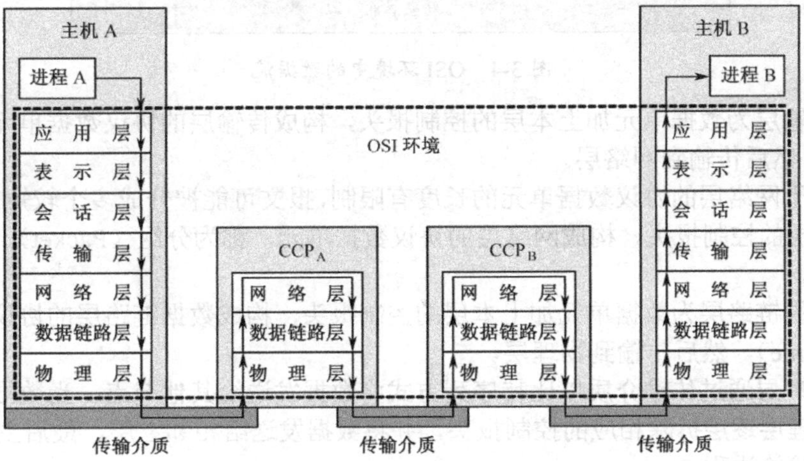

图 3-3 OSI 环境示意

主机 A 和主机 B 在连接到网络之前不需要实现应用层到物理层功能的硬件和软件。如果它们希望连接到计算机网络，这时必须增加相应的硬件和软件。一般情况下，物理层、数据链路层和网络层可由硬件实现，高层基本通过软件方式来实现。

假设应用进程 A 与应用进程 B 之间需要交换数据。进程 A 与进程 B 分别处于主机 A 和主机 B 的本地系统中，即处于 OSI 环境之外。进程 A 首先通过本地主机系统来调用实现应用层功能的软件模块，应用层模块将主机 A 的通信请求传输到表示层；表示层再向会话层传输，这样逐层传输直至物理层。物理层通过传输介质将数据传输到 CCP_A，其物理层在接收到主机 A 传输的数据后，通过数据链路层检查是否存在传输错误；如果没有错误，CCP_A 通过网络层来确定将数据传输给哪个 CCP。如果通过路由选择确定下一个节点是 CCP_B，则 CCP_A 就将数据传输给 CCP_B，其网络层用相同方法将数据传输给主机 B。当主机 B 接收到数据时，逐层向上传输直至应用层。最后，主机 B 的应用层再将数据传输给进程 B。

2. OSI 环境中的数据传输过程

图 3-4 为 OSI 环境中的数据流。在 OSI 环境中，数据传输过程包括以下 6 步。

<1> 当进程 A 的数据传输到应用层时，应用层为数据加上本层的控制报头，构成应用层的协议数据单元，然后传输到表示层。

<2> 表示层为数据加上本层的控制报头，构成表示层的协议数据单元，然后传输到会话层。以此类推，数据被传输到传输层。

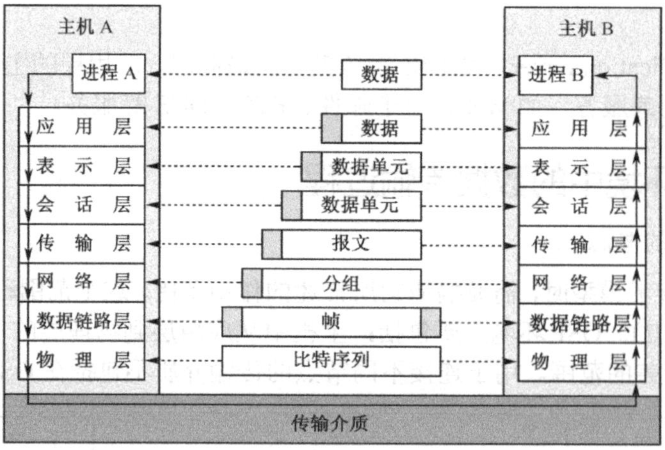

图 3-4 OSI 环境中的数据流

<3> 传输层为数据单元加上本层的控制报头，构成传输层的协议数据单元，称为报文（Message），然后传输到网络层。

<4> 由于网络层的协议数据单元的长度有限制，报文可能被分成多个较短的数据部分，分别加上本层的控制报头，构成网络层的协议数据单元，称为分组（Packet），然后传输到数据链路层。

<5> 数据链路层为数据单元加上本层的控制报头，构成数据链路层的协议数据单元，称为帧（Frame），然后传输到物理层。

<6> 物理层通过传输介质以比特序列方式将数据发送给其他节点。当数据到达目的节点时，从物理层逐层拆除相应的控制报头，并将数据发送给相邻上层，最后主机 B 的应用层将数据传输给进程 B。

在 OSI 环境中，进程 A 的数据经过复杂的处理过程传输给另一台主机的进程 B。但是，对于每台主机的应用进程来说，OSI 环境中复杂的数据流处理过程是透明的。进程 A 的数据就像直接传输给进程 B，这是开放系统在网络通信中的作用。

3.3 TCP/IP 参考模型

3.3.1 TCP/IP 参考模型的发展

1. TCP/IP 的起源

在讨论 OSI 参考模型的基本内容后，我们需要回到网络发展的现实状况中。研究 OSI 参考模型的初衷是为网络体系结构与协议发展提供一种国际标准。但是，我们必须看到 Internet 在世界范围的飞速发展，以及 TCP/IP 广泛应用的影响。

ARPANET 是最早出现的计算机网络之一，现代网络的很多概念和方法是在它的基础上发展而来的。美国国防部高级研究计划局（ARPA）研究 ARPANET 的目的是：当部分主机、通信控制处理机和通信线路遭到攻击而损坏时，其他部分仍然保证能正常运行，同时希望满足从文件传输到实时传输的各种需求。因此，ARPANET 需要的是一种灵活的体系结构，实现异型网的互连（Interconnection）和互通（Intercommunication）。

最初 ARPANET 使用的是租用线路，在卫星通信和电信网络发展起来后，ARPANET 最初的协议在可靠性较差的通信子网中出现了不少问题，这导致了新的网络协议即 TCP/IP

的出现。虽然 TCP/IP 并不是 OSI 标准，但它是当前最流行的商业化协议，并被公认是工业标准或“事实上的标准”。在 TCP/IP 出现后，研究人员在它的基础上提出 TCP/IP 参考模型。1974 年，Kahn 定义了最早的 TCP/IP 参考模型。1985 年，Leiner 等人对它进一步开展研究。1988 年，Clark 对它的设计思想进行了讨论。

2. TCP/IP 的特点

TCP/IP 能迅速发展并成为事实上的标准，不仅因为它是美国军方指定使用的协议，更重要的是它恰好适应世界范围的数据通信需求。

TCP/IP 主要有以下 4 个特点：① 开放的协议标准，可免费使用，并独立于特定的计算机硬件与操作系统；② 独立于特定的网络硬件，可运行在局域网和广域网，更适用于互联网；③ 统一的网络地址分配方案，每台设备在网络中具有唯一的地址；④ 标准化的高层协议，可提供多种可靠的服务。

3.3.2 TCP/IP 参考模型各层功能

1. TCP/IP 参考模型的层次

在如何用分层模型描述 TCP/IP 的问题上争论很多，但共同的观点是 TCP/IP 参考模型的层数比 OSI 参考模型的少。图 3-5 是 TCP/IP 参考模型与 OSI 参考模型的层次对应关系。

图 3-5　TCP/IP 参考模型与 OSI 参考模型的层次对应关系

TCP/IP 参考模型可以分为 4 层：应用层（Application Layer），传输层（Transport Layer），互连层（Internet Layer），主机-网络层（Host-to-Network Layer）。其中，TCP/IP 参考模型的应用层与 OSI 参考模型的应用层对应；TCP/IP 参考模型的传输层与 OSI 参考模型的传输层对应；TCP/IP 参考模型的互连层与 OSI 参考模型的网络层对应；TCP/IP 参考模型的主机-网络层与 OSI 参考模型的数据链路层和物理层对应。在 TCP/IP 参考模型中，OSI 参考模型的表示层、会话层没有对应的层次。

（1）主机-网络层

主机-网络层是 TCP/IP 参考模型的最低层，通过底层网络来发送和接收数据。主机-网络层并没有规定使用哪种协议，采取了开放性的策略，允许使用广域网、城域网和局域网的各种协议。任何流行的底层网络协议都可为网络层的 IP 协议提供接口。这体现了 TCP/IP 协议体系的开放性和兼容性，也是 TCP/IP 成功的基础。

（2）互连层

互连层是 TCP/IP 参考模型的第二层，通过使用主机-网络层提供的服务，由 IP 提供“尽力而为(Best Effort)”的数据传输服务。互连层的核心协议是 Internet 协议(Internet Protocol, IP)。目前，常用的 IP 是 IPv4。IPv6 是下一代 IP，它在地址空间、路由寻址、安全性和 QoS 等方面有很大改进。

互连层的主要功能包括：

① 处理来自传输层的数据发送请求。在接收到数据发送请求后，将传输层的报文封装成互连层的分组，通过路由选择算法选择发送路径，然后将分组发送到下一个节点。

② 处理接收到的分组。在接收到其他主机发送的分组后，检查分组中的目的 IP 地址，如果该地址与本地 IP 地址不一致，说明该分组需要转发，则选择发送路径并转发；否则，说明该分组不需要转发，则拆除报头并交给传输层处理。

③ 处理互连层的流量控制和拥塞控制。

（3）传输层

传输层是 TCP/IP 参考模型的第三层，在对等实体的应用进程之间建立和维护端到端通信，以便实现分布式进程通信的目的。传输层定义了如下两种协议。

① 传输控制协议（Transport Control Protocol，TCP）：一种可靠的面向连接协议，可将源主机的字节流无差错传输到目的主机。TCP 需要完成流量控制功能，协调收发双方的发送和接收速度，以达到保证正确传输的目的。

② 用户数据报协议（User Datagram Protocol，UDP）：一种不可靠的无连接协议，常用于不要求分组顺序到达的传输服务，分组顺序检查与排序由应用层完成。

（4）应用层

应用层是 TCP/IP 参考模型的最高层。应用层包括了所有的高层协议，并且一直不断有新的协议加入本层。表 3-1 给出了主要的应用层协议。

表 3-1　主要的应用层协议

协议名称	英文描述	功能说明
超文本传输协议	Hyper Text Transfer Protocol，HTTP	用于 WWW 服务
文件传输协议	File Transfer Protocol，FTP	用于文件传输服务
简单文件传输协议	Trivial File Transfer Protocol，TFTP	用于文件传输服务
远程登录	Telnet	用于远程登录服务
简单邮件传输协议	Simple Mail Transfer Protocol，SMTP	用于电子邮件服务
邮局协议	Post Office Protocol，POP	用于电子邮件服务
交互式邮件访问协议	Interactive Mail Access Protocol，IMAP	用于电子邮件服务
域名系统	Domain Name System，DNS	用于域名解析服务
简单网络管理协议	Simple Network Management Protocol，SNMP	用于网络管理服务
动态主机配置协议	Dynamic Host Configuration Protocol，DHCP	用于主机地址配置
路由信息协议	Routing Information Protocol，RIP	用于路由信息交换
网络文件系统	Network File System，NFS	用于文件共享服务
网络时间协议	Network Time Protocol，NTP	用于主机时间同步

应用层协议可以分为 3 种：仅依赖于面向连接的 TCP，如 Telnet、FTP、SMTP、POP3、HTTP 等；仅依赖于无连接的 UDP，如 SNMP、TFTP 等；可依赖于 TCP 或 UDP，如 DNS。

2．TCP/IP 协议栈的概念

按照层次结构的设计思想，对计算机网络进行模块化研究，最终形成了从上到下单向依赖关系的一组协议，它们的集合称为协议栈（Protocol Stack）或协议族（Protocol Suite）。

图 3-6 为 TCP/IP 参考模型与协议栈的关系。

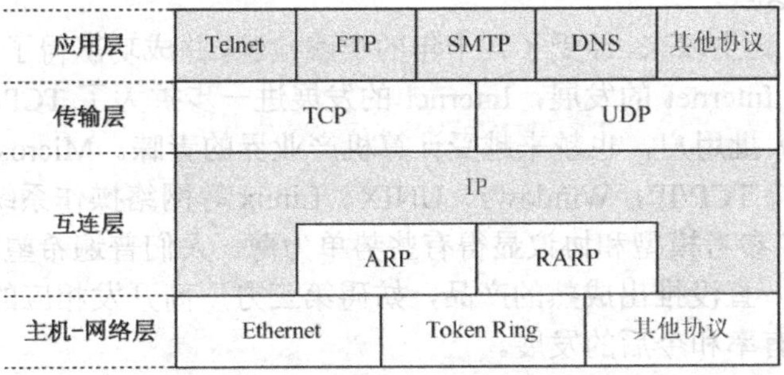

图 3-6 TCP/IP 参考模型与协议栈的关系

地址解析协议（Address Resolution Protocol，ARP）和反向地址解析协议（Reverse Address Resolution Protocol，RARP）并不属于单独的一层，介于物理地址与 IP 地址之间，起到屏蔽物理地址细节的作用。IP 可以建立在 ARP、RARP 上，也可以直接建立在网络硬件接口上。IP 是整个 TCP/IP 协议栈的核心，TCP 和 UDP 都要通过 IP 来传输数据。TCP 提供可靠的面向连接服务，UDP 提供高效的无连接服务。

3.4 OSI 参考模型与 TCP/IP 参考模型的比较

1. 对 OSI 参考模型的评价

OSI 参考模型与 TCP/IP 参考模型的共同点主要表现在：它们都采用层次结构的概念，在传输层都定义了相似的功能。但是，它们在层次划分和协议上有很大区别。无论 OSI 参考模型还是 TCP/IP 参考模型都不完美，对两者的批评与意见都比较多。20 世纪 80 年代，几乎所有专家都认为 OSI 参考模型将风靡世界，但是事实却相反。

造成 OSI 参考模型不流行的原因之一是模型和协议的自身缺陷。大多数人认为，OSI 参考模型的层次数量和内容可能是最佳选择，其实并不是这样。会话层在大多数应用中很少使用，表示层几乎是空的。在数据链路层与网络层中插入了很多子层，每个子层都被用于不同功能。OSI 参考模型将“服务”和“协议”的定义相结合，使参考模型变得格外复杂，实现起来困难。同时，寻址、流量和差错控制在每层重复出现，必然降低系统效率。数据安全性、加密和网络管理等方面的问题也在设计初期被忽略。

有人批评参考模型设计更多的是被通信的思想所支配，选择了很多不适用于计算机和软件的工作方式。很多“原语”在软件的高级语言中容易实现，但是严格按照层次模型编程时效率很低。尽管 OSI 参考模型和协议存在一些问题，至今仍然有不少组织对它感兴趣，尤其是欧洲一些国家的通信管理部门。

2. 对 TCP/IP 参考模型的评价

TCP/IP 参考模型和协议也有自身的缺陷，主要表现在以下两方面：

① 在服务、接口和协议的区别上不是很清楚。一个好的软件工程应该将功能与实现方法相互区分，TCP/IP 参考模型恰恰没有很好地做到这点，使得 TCP/IP 参考模型对新技术的指导作用不够。另外，TCP/IP 参考模型不适用于非 TCP/IP 协议族。

② 主机 - 网络层本身并不是实际的一层，定义了涉及物理层与数据链路层的接口。物

理层与数据链路层的划分是必要和合理的，一个好的参考模型应该将它们区分开，而TCP/IP参考模型没有做到这点。

但是从TCP/IP诞生以来，经受了几十年的实践检验，并成功赢得了大量的用户和投资。TCP/IP的成功促进Internet的发展，Internet的发展进一步扩大了TCP/IP的影响。TCP/IP首先在学术界争取大批用户，也越来越受计算机产业界的青睐。Microsoft、Intel、IBM等大公司纷纷宣布支持TCP/IP，Windows、UNIX、Linux等网络操作系统争相支持TCP/IP。

相比之下，OSI参考模型和协议显得有些势单力薄。人们普遍希望网络能实现标准化，但是OSI参考模型一直没推出成熟的产品，妨碍第三方厂商开发相应的硬件和软件，进而影响OSI的市场占有率和今后的发展。

3. 一种建议的参考模型

OSI参考模型和TCP/IP参考模型都有成功与不足的一面。ISO本来计划通过推动OSI参考模型和协议研究来促进网络标准化，但是事实上这个目标并没有达到。TCP/IP利用正确的策略并抓住了有利的时机，伴随着Internet的发展而成为目前公认的标准。在网络标准化的进程中，我们面对的就是这样一个事实。由于OSI参考模型要照顾各方面的因素，造成OSI参考模型变得大而全并且效率很低。尽管这样，它的很多研究成果、方法和概念对今后网络发展仍具有很好的指导意义。TCP/IP的应用相当广泛，但是它在参考模型方面的研究比较薄弱。

为了保证计算机网络教学的科学性和系统性，本章将采纳Andrew S. Tanenbaum建议的一种层次参考模型，一种只包括5层的参考模型，比OSI参考模型少了表示层和会话层，用数据链路层和物理层取代了主机－网络层。

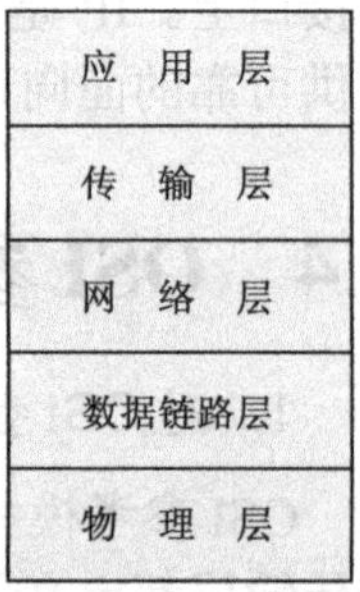

图3-7 一种层次参考模型的建议

图3-7是一种层次参考模型的建议，它是本书在后续讨论中使用的参考模型。

小 结

本章主要讲述了以下内容：

① 计算机网络技术中的几个重要概念：协议、层次、接口和体系结构。

② 计算机网络是由多个互连的计算机组成的，它们之间要做到有条不紊地交换数据，每台主机必须遵守一些事先约定好的规则。这些为网络中数据交换而制定的规则、约定和标准被称为网络协议。

③ 对于结构复杂的计算机网络，最佳组织方式是采用层次结构模型。网络层次结构模型与各层协议的集合称为网络体系结构。

④ OSI参考模型分为7层，从下到上依次为：物理层、数据链路层、网络层、传输层、会话层、表示层和应用层。其中，每层使用相邻下层的服务，并向相邻上层提供服务。每层都定义了相应的功能、协议和数据单元。

⑤ TCP/IP参考模型分为4个层次，从下到上依次为：主机－网络层、互连层、传输层和应用层。TCP/IP协议的出现早于TCP/IP参考模型，利用正确的策略，并且抓住了有利时机，伴随Internet发展而成为目前公认的标准。

习题 3

一、**名词解释**（用所给定义解释以下术语，在每个术语前的下划线上标出正确的定义）

术语：

________1．OSI 参考模型　　________5．数据链路层

________2．网络体系结构　　________6．网络层

________3．通信协议　　________7．传输层

________4．接口　　________8．应用层

定义：

A．网络层次结构模型与各层协议的集合。

B．通过差错控制方法将有差错的物理线路变成无差错的数据链路的层次。

C．OSI 参考模型的最高层。

D．为用户提供可靠的端 - 端服务的层次。

E．由 ISO 制定的网络层次结构模型。

F．为分组通过通信子网寻找适当路径的层次。

G．为网络中的数据交换而制定的规则、约定和标准。

H．同一节点内相邻层之间交换信息的连接点。

二、**单项选择**

1．在计算机网络中，为网络中的数据交换而制定的规则被称为________。

A．接口　　B．体系　　C．层次　　D．协议

2．在网络协议的要素中，用于描述控制信息格式的是________。

A．语法　　B．语义　　C．逻辑　　D．时序

3．在 OSI 参考模型中，处于模型最低层的是________。

A．传输层　　B．物理层　　C．数据链路层　　D．网络层

4．在 OSI 参考模型中，数据链路层的协议数据单元是________。

A．分组　　B．比特序列　　C．帧　　D．报文段

5．在 TCP/IP 参考模型中，与 OSI 参考模型的网络层对应的是________。

A．主机 - 网络层　　B．互连层　　C．应用层　　D．传输层

6．以下关于 UDP 的描述中，错误的是________。

A．它是一种传输层协议　　B．支持无连接的服务类型

C．不提供拥塞处理机制　　D．为数据链路层提供服务

7．以下关于应用层协议的描述中，错误的是________。

A．FTP 采用 TCP 服务　　B．SMTP 采用 TCP 服务

C．SNMP 采用 TCP 服务　　D．TELNET 协议采用 TCP 服务

8．以下关于 TCP/IP 参考模型的描述中，错误的是________。

A．最低层是传输层　　B．最高层是应用层

C．互连层为传输层提供服务　　D．互连层的主要功能是路由选择

三、**判断题**（判断下列描述是否正确，正确的在下划线上写 Y，错误的写 N）

____1．网络协议的三个要素是层次、接口和服务。

____2．如果一台计算机可与其他计算机通信，则该计算机一定是遵循 OSI 标准的开放系统。

____3．OSI 参考模型划分层次的基本原则：不同节点都有相同层次，不同节点相同层的功能可以不同。

____4．TCP 属于传输层协议，而 UDP 属于网络层协议。

____5．在 TCP/IP 协议栈中，TCP 提供可靠的面向连接服务，UDP 提供不可靠的无连接服务。

____6．传输层的基本功能是向用户提供可靠的点 - 点服务以及解决数据加密、身份认证等关键问题。

____7．TCP 需要完成流量控制功能，协调通信双方的发送和接收速度。

____8．DNS 协议仅依赖于无连接的 UDP。

四、问答题

1．举例说明“协议”的基本含义。

2．计算机网络采用层次结构模型有什么好处？

3．OSI 参考模型的层次划分原则是什么？

4．说明 OSI 参考模型各层的主要功能。

5．网络层与传输层之间的关系是什么？

6．描述 OSI 环境中数据传输的基本过程。

7．TCP/IP 参考模型的主要特点是什么？

8．比较 OSI 参考模型与 TCP/IP 参考模型的异同点。

第 4 章　局域网技术

本章学习要求

- ⌘ 了解：局域网的基本概念
- ⌘ 了解：IEEE 802 参考模型和协议
- ⌘ 掌握：共享介质局域网的工作原理
- ⌘ 掌握：高速局域网技术的发展
- ⌘ 掌握：交换式局域网和虚拟局域网技术
- ⌘ 了解：无线局域网的工作原理

局域网技术的发展速度非常快，在网络信息系统方面得到广泛应用，是读者应该重点学习、掌握的内容。本章在介绍局域网概念的基础上，系统讨论共享介质局域网、高速局域网、交换式局域网、无线局域网的工作原理。

4.1　局域网的概念

4.1.1　局域网技术的发展

局域网是继广域网技术之后，网络研究与应用的下一个热点。20 世纪 80 年代，随着微型机技术的发展和广泛应用，用户共享硬件、软件和数据的愿望日益强烈，这种社会需求导致局域网技术出现突破性进展。在局域网研究领域中，Ethernet（以太网）技术并不是最早的，但它是最成功的技术。

20 世纪 70 年代初，欧美一些大学和研究所开始研究局域网技术。早期的局域网主要是令牌环网。1972 年，美国加州大学研究 Newhall 环网。1974 年，英国剑桥大学研究 Cambridge Ring 环网。这些研究成果对局域网技术的发展起到重要作用。20 世纪 80 年代，局域网领域出现 Ethernet 与 Token Bus、Token Ring 三足鼎立局面，并且各自都形成相应的国际标准。到 20 世纪 90 年代，Ethernet 开始受到业界认可和广泛应用。21 世纪，Ethernet 已成为局域网领域的主流技术。

介质访问控制（Media Access Control，MAC）是所有“共享介质”类型的局域网必须解决的共性问题。早期的 Ethernet 用一条作为总线的同轴电缆连接多台计算机，对应的物理层协议是 10BASE-2 和 10BASE-5。在这种局域网结构中，这条公共的同轴电缆被称为“共享介质”。多台主机通过一条“共享介质”传输数据被称为“多路访问”或“多路存取”。

如果有两个或两个以上主机同时在共享介质上发送数据，那么信号之间就会出现相互干扰，造成每台接收主机都无法正确接收到数据，这种现象被称为“冲突”。

解决“冲突”有两种基本方法。一是在网络中设立一个中心主机，由它决定主机发送数据的顺序。这种控制方法的优点是简单、有效，缺点是中心主机是影响性能和可靠性的瓶颈。二是采取分布式控制方法，由每个主机各自决定是否发送数据，以及出现冲突时如何处理。该方法被称为“介质访问控制方法”，需要解决以下三个基本问题：什么时候发送数据？如何发现冲突？出现冲突后怎么办？

4.1.2 介质访问控制方法的比较

1. 局域网的主要类型

在局域网技术讨论中经常涉及3种介质访问控制方法以及对应的3种局域网类型：① 采用带冲突检测的载波侦听多路访问（Carrier Sense Multiple Access / Collision Detection，CSMA/CD）访问控制方法的总线型 Ethernet，简称“以太网”；② 采用令牌控制的总线型（Token Bus）局域网，简称“Token Bus”或“令牌总线网”；③ 采用令牌控制的环形（Token Ring）局域网，简称“Token Ring”或“令牌环网”。

为了全面了解局域网的发展历程，必须比较这3种局域网的结构、介质访问控制方法、工作原理以及优缺点等方面。3种局域网的共同点主要表现在：① 体系结构都遵循IEEE802层次结构模型；② 传输介质主要采用同轴电缆、双绞线或光纤；③ 采用共享介质方式发送和接收数据；④ 介质访问控制都采用分布式控制方法，网络中没有中心主机。

2. Ethernet 与 Token Bus、Token Ring 的区别

从物理结构的角度来看，Ethernet 和 Token Bus 是总线型拓扑的局域网，Token Ring 是环形拓扑的局域网。

（1）Ethernet 的主要特点

理解 Ethernet 的工作原理时，需要注意以下问题：

① 所有主机连接到一条作为公共介质的总线上，主机都通过总线发送或接收数据，同一时刻只允许一台主机发送数据。

② 当一台主机通过总线以“广播”方式发送数据时，其他主机只能以“收听”方式接收数据。

③ 由于总线作为公用介质被多个主机共享，可能出现同时有两个或两个以上主机通过总线发送数据的情况，因此就会出现冲突（Collision），造成传输失败。

④ 由于主机需要通过“竞争”总线的方法来获取发送权，每个主机能够得到总线发送权的时间是不确定的，因此 CSMA/CD 属于随机型介质访问控制方法。

图4-1是 Ethernet 物理结构和拓扑结构。IEEE802.3 标准定义了总线型拓扑 Ethernet 的 CSMA/CD 介质访问控制方法和相应的物理层规范。CSMA/CD 的算法简单，易于实现，是一种随机访问控制方法，适用于对传输实时性要求不高的办公环境。目前，很多 VLSI 可实现 CSMA/CD 方法，这样有利于降低 Ethernet 组网成本。

（2）Token Bus 的主要特点

理解 Token Bus 的工作原理时，需要注意以下问题：

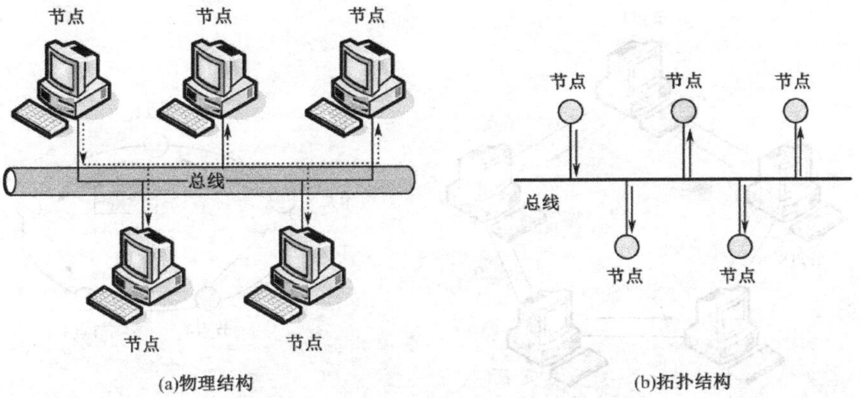

图 4-1　Ethernet 物理结构和拓扑结构

① 所有主机连接到一条作为公共介质的总线上，主机都通过总线发送或接收数据，同一时刻只允许一台主机发送数据。

② 令牌是一种特殊结构的控制帧，用于控制主机对总线的访问权。任何一台主机只有获得令牌后才能使用总线去发送数据。

③ 通过预先确定主机可获得令牌的顺序，连接在总线上的多台主机在传输过程中形成逻辑上的环形。

④ 通过限定每台主机获取令牌与发送数据的时间，可限制每台主机每次发送的数据量。

⑤ 通过令牌协调各主机之间的通信关系，各主机之间不会发生冲突，在重负载情况下信道利用率高，并且能够支持优先级服务。

图 4-2 是 Token Bus 物理结构和拓扑结构的示意。IEEE802.4 标准定义了总线拓扑的令牌总线介质访问控制方法与相应的物理层规范。与 CSMA/CD 方法相比，令牌总线方法比较复杂，需要完成大量的环与令牌维护工作。

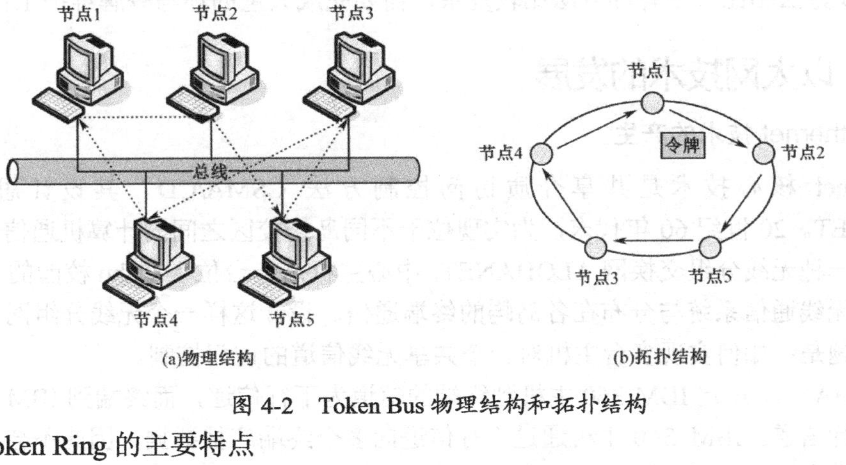

图 4-2　Token Bus 物理结构和拓扑结构

（3）Token Ring 的主要特点

图 4-3 是 Token Ring 物理结构和拓扑结构的示意。理解 Token Ring 工作原理时，需要注意以下问题：

① 所有主机通过网卡和点 - 点线路，逐个连接构成闭合的环型结构，环中数据沿着一个方向绕环逐站传输。

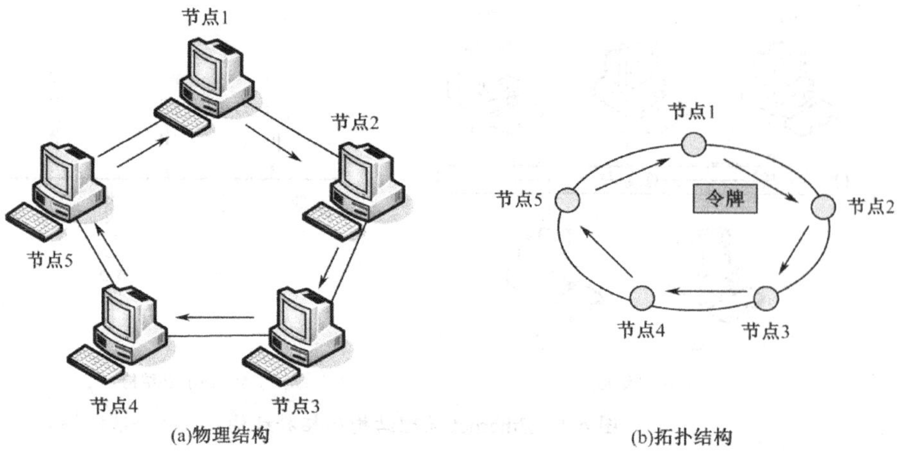

图 4-3　Token Ring 物理结构和拓扑结构

② 令牌是一种特殊结构的控制帧，帧头中有一位用于标志令牌状态。当环正常工作时，令牌沿着物理环单向逐站传输，传输顺序与主机在环中的排列顺序相同。

③ 如果节点 1 有数据帧要发送，需要等待空闲令牌到来。当节点 1 获得空闲令牌后，将令牌状态标记为“忙”，然后传输数据帧。节点 2、3、4、5 依次接收到数据帧。如果该数据帧的目的地址是节点 3，则节点 3 正确接收数据后，标记数据帧已正确接收。当节点 1 接收到自己发送的数据帧时，回收该数据帧，并将令牌状态标记为“闲”，再将令牌发出。

④ 通过限定每台主机获取令牌和发送数据的时间，可限制每台主机每次发送的数据量。

⑤ 通过令牌协调各主机之间的通信关系，各主机之间不会发生冲突，在重负载情况下信道利用率高，并且能够支持优先级服务。

IEEE802.5 标准定义了总线型 Token Ring 介质访问控制方法和相应的物理层规范。与 CSMA/CD 方法相比，令牌环方法比较复杂，需要完成大量的环与令牌维护工作。

4.1.3　以太网技术的发展

1. Ethernet 技术的产生

Ethernet 核心技术是共享介质访问控制方法 CSMA/CD，其设计思想来源于 ALOHANET。20 世纪 60 年代末，为实现位于不同岛屿校区之间的计算机通信，夏威夷大学研究了一种无线分组交换网 ALOHANET。中心主机是一台位于 Oahu 校园的 IBM 360 主机，通过无线通信系统与分布在各岛屿的终端通信。设计这样一个无线分组网，首先需要解决的问题是：如何实现多台主机对一个共享无线信道的访问控制。

ALOHANET 规定 IBM 360 主机到终端的信道为下行信道，而终端到 IBM 360 主机的信道为上行信道。IBM 360 主机通过下行信道向多个终端广播数据，因此不会出现冲突。但是，当多个终端利用上行信道向 IBM 360 主机传输数据时，可能出现两个或两个以上终端同时争用通信信道而“冲突”的情况。解决“冲突”的办法只有两种：集中控制的方法、分布控制的方法。集中控制需要在系统中设置一个中心主机，由它来决定哪个终端可使用上行信道发送数据。ALOHANET 采用的是分布式控制方法。

1973 年 5 月，Metcalfe 和 Boggs 在“Alto Ethernet”中提出了 Ethernet 设计方案。在

Ethernet 中不存在中心主机，所有主机必须平等地争用发送时间，这种访问控制属于随机争用型方法。1977 年，Metcalfe 和同事申请了 Ethernet 专利。1980 年，Xerox、DEC 和 Intel 等公司合作，第一次公布 Ethernet 的物理层、数据链路层规范。1981 年， Ethernet V2.0 规范公布。IEEE802.3 标准是在 Ethernet V2.0 的基础上制定的，它的出现推动了 Ethernet 技术发展。1982 年，第一片支持 IEEE802.3 的大规模集成电路芯片（即 Ethernet 控制器）问世。很多软件公司开发支持 IEEE802.3 标准的操作系统及各种应用软件。

20 世纪 80 年代，Ethernet 与 Token Ring、Token Bus 之间竞争激烈。早期的 Ethernet 使用的传输介质是同轴电缆，造价比较高，并且故障率高。1990 年，物理层标准 10Base-T 的推出，使非屏蔽双绞线可作为 10 Mbps 的 Ethernet 传输介质。在使用非屏蔽双绞线后，Ethernet 组网的造价降低，可靠性提高，性价比提升很大，使 Ethernet 在竞争中占据明显优势。同年，Ethernet 交换机面世，标志着交换式 Ethernet 出现。1993 年，Kalpana 研究全双工 Ethernet，改变了传统 Ethernet 的半双工模式，使 Ethernet 带宽增加了 1 倍。在此基础上，利用光纤作为传输介质的物理层 10Base-F 标准的出现，使 Ethernet 最终从三足鼎立中脱颖而出。

2．高速局域网发展背景

传统的局域网技术建立在“共享介质”基础上，所有主机共享一条共用的传输介质。介质访问控制方法保证每台主机“公平”使用传输介质。如果 Ethernet 中有 N 台主机，则每台主机平均获得带宽为 10/N Mbps。显然，随着局域网规模的不断扩大，主机数的不断增加，每台主机平均分配的带宽越来越少。当网络通信负荷比较重时，冲突与重发次数增长，线路利用率下降，传输延迟增大，服务质量将显著下降。

为了克服网络规模与性能之间的矛盾，人们提出了以下 3 种可能的解决方案：

① 提高 Ethernet 的传输速率，从 10 Mbps 提高到 100 Mbps、1 Gbps、10 Gbps、40 Gbps 或 100 Gbps，这就导致高速局域网技术的研究。在这个方案中，无论传输速率提高到 100 Mbps 还是 10 Gbps，仍保持 Ethernet 基本特征（帧结构、最大或最小帧长度）。

② 将共享介质方式改为交换方式，导致交换式局域网技术的研究。交换局域网的核心设备是局域网交换机，在交换机的多个端口之间可建立并发连接。这时，局域网技术开始分为两类：共享式局域网、交换式局域网。

③ 将一个大型局域网划分成通过网桥或路由器互连的多个小型局域网，这就导致局域网互连技术的发展。网桥、路由器可隔离子网之间的广播通信量。通过减少每个子网内部主机数的方法，改善每个局域网的网络性能。

1995 年，传输速率为 100 Mbps 的 Fast Ethernet 标准出现。1998 年，传输速率为 1 Gbps 的 Gigabit Ethernet 标准出现。1999 年，Gigabit Ethernet 产品问世，并成为建设主干网的首选方案。2002 年，传输速率为 10 Gbps 的 Ethernet 标准出现。2010 年，传输速率为 40 Gbps 和 100 Gbps 的 Ethernet 标准完成。这些进展增强 Ethernet 在局域网应用中的竞争优势。在局域网工程领域中，经常将 Fast Ethernet、Gigabit Ethernet、10 Gbps 的 Ethernet、40 Gbps 的 Ethernet、100 Gbps 的 Ethernet 分别简称为 FE、GE、10GbE、40GbE、100GbE，而将 10 Mbps 的 Ethernet 简称为传统 Ethernet 或 Ethernet。

4.1.4 IEEE802 参考模型与协议

1980 年，IEEE 成立局域网标准委员会（简称 IEEE802 委员会），专门从事局域网标准化工作，并制定了 IEEE802 参考模型与标准。IEEE802 研究重点是解决局部范围的计算机连网问题，因此研究者只需面对 OSI 参考模型中的数据链路层和物理层，网络层及以上高层不属于局域网协议研究的范围。这是 IEEE802 标准只制定数据链路层和物理层协议的原因。

IEEE802 委员会刚成立时，局域网领域已有三类典型技术：以太网、令牌总线网、令牌环网。同时，市场上还有很多厂商的局域网产品，它们的数据链路层和物理层的协议各不相同。面对这样一个复杂的局面，要想为多种局域网技术和产品制定一个公用模型，IEEE802 标准设计者提出将数据链路层分为两个子层：逻辑链路控制（Logical Link Control，LLC）、介质访问控制（Media Access Control，MAC）子层。

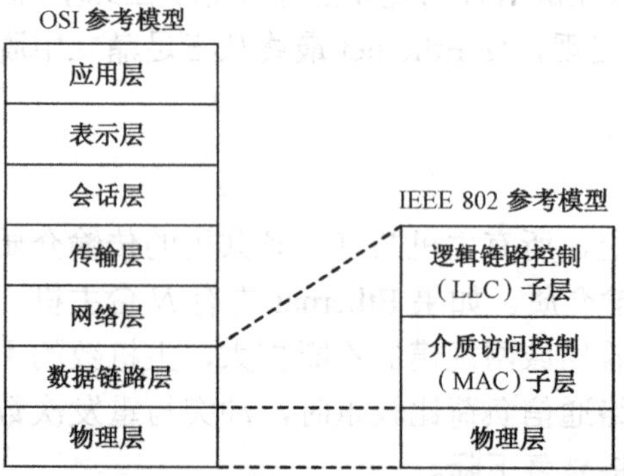

图 4-4 IEEE802 与 OSI 参考模型的对应关系

图 4-4 是 IEEE802 与 OSI 参考模型的对应关系。不同局域网在 MAC 子层和物理层可采用不同协议，但在 LLC 子层必须采用相同协议。这与网络层 IP 的设计思路相似。不管局域网的介质访问控制方法与帧结构，以及采用的物理传输介质有什么不同，LLC 子层统一将它们封装到固定格式的 LLC 帧中。LLC 子层与低层采用的传输介质、访问控制方法无关，网络层可以不考虑局域网采用哪种传输介质、访问控制方法和拓扑构型。这种方法在解决异构的局域网互联问题上是有效的。

经过多年激烈的市场竞争，从以太网、令牌总线网、令牌环网的三足鼎立局面，最终以太网突出重围形成“一枝独秀”格局。从目前局域网的实际应用情况，在办公自动化中大量应用的局域网（如企业网、校园网）几乎都采用以太网，因此局域网中是否使用 LLC 子层已不重要，很多硬件和软件厂商已不使用 LLC 协议，而是直接将数据封装在以太网的 MAC 帧中。网络层 IP 协议直接将分组封装到以太帧中，整个协议处理过程变得更简洁，因此人们已很少讨论 LLC 协议。

IEEE802 委员会为制定局域网标准而成立一系列组织，如制定某类协议的工作组（WG）或技术行动组（TAG），它们制定的标准统称为 IEEE802 标准。随着局域网技术的快速发展，IEEE802 很多工作组已停止工作。目前活跃的工作组有 IEEE802.3、IEEE802.10、IEEE802.11 等。IEEE802 委员会公布了很多标准，分为 3 类：① IEEE802.1 标准，定义局域网体系结构和网络互连等基本功能；② IEEE802.2 标准，定义逻辑链路控制子层的功能与服务；③ IEEE802.3～IEEE802.16 标准，定义不同介质访问控制技术的相关标准。第 3 类标准曾经多达 14 个。随着局域网技术的快速发展，目前应用最多与仍在发展的标准主要有 4 个，其中 3 个是无线局域网标准，其他标准目前已很少使用。这 4 个 IEEE802 标准包括：① IEEE802.3 标准，定义 Ethernet 的介质访问控制子层和物理层标准；② IEEE802.11 标准，定义无线局域网的介质访问控制子层和物理层标准；③ IEEE802.15 标准，定义无线个人区域网的介质访问控制子层和物理层标准；④ IEEE802.16 标准，定义宽带无线网的介质访问控制子层和物理层标准。

在早期常用的标准中，IEEE802.4 标准定义了令牌总线网的介质访问控制子层和物理层标准，IEEE802.5 标准定义了令牌环网的介质访问控制子层和物理层标准。图 4-5 为简化的 IEEE802 协议结构。

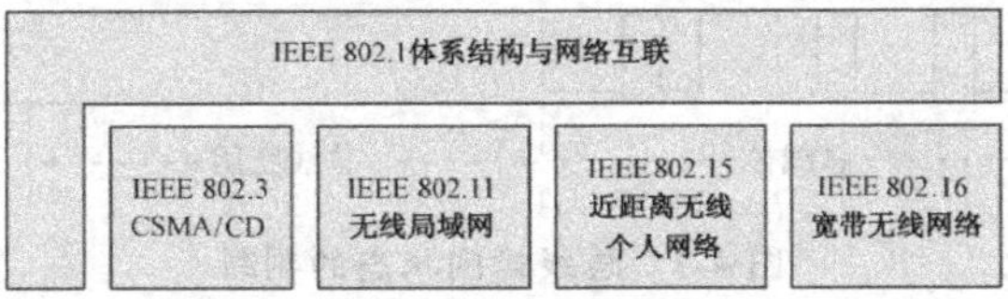

图 4-5　简化的 IEEE802 协议结构

4.2　共享介质局域网技术

4.2.1　以太网的工作原理

共享介质局域网的典型技术是以太网（Ethernet）。为了有效地实现对多个主机访问公共介质的控制策略，CSMA/CD 发送流程可简单概括为四步：先听后发，边听边发，冲突停止，延迟重发。图 4-6 是 Ethernet 主机的数据发送流程。

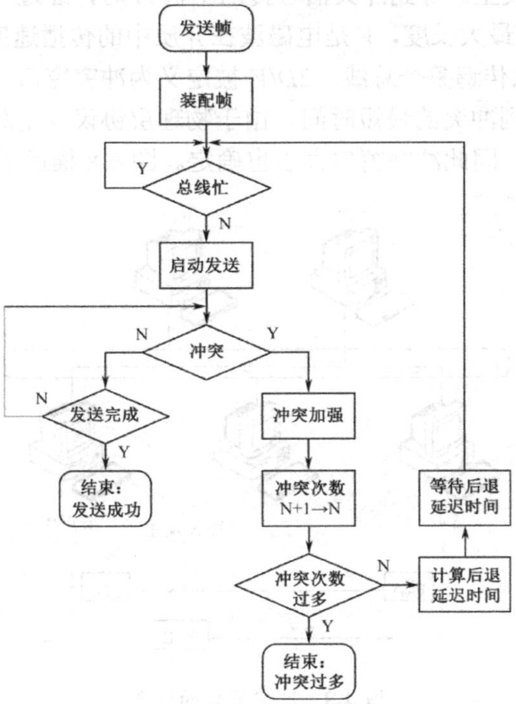

图 4-6　Ethernet 主机的数据发送流程

1．载波侦听过程

Ethernet 中每台主机利用总线发送数据时需要先侦听总线是否空闲。物理层规定发送的数据采用曼彻斯特编码方式。图 4-7 给出了总线忙闲状态的判断。如果总线上已有数据在传输，总线电平按曼彻斯特编码规律跳变，则判定此时“总线忙”。如果总线上没有数据在传输，总线电平将不发生跳变，则判定此时“总线闲”。如果一台主机准备好发送数据，并且总线处于空闲状态，则该节点可“启动发送”。

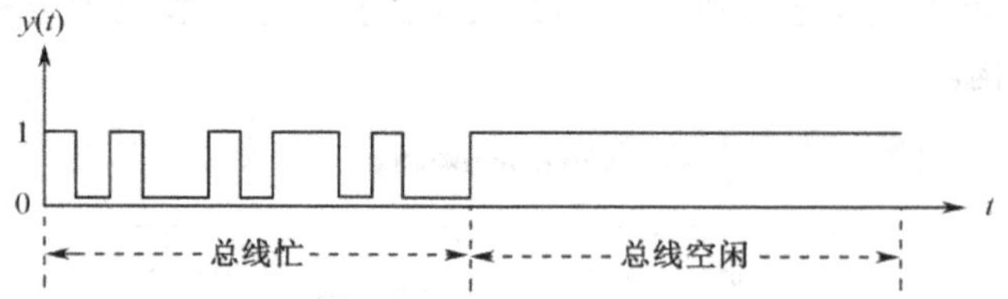

图 4-7 总线忙闲状态的判断

2．冲突检测方法

载波侦听并不能完全消除冲突。数字信号以一定速率在介质中传输。电磁波在同轴电缆中传播速度是光速的 2/3 左右，即 2×10^8 m/s。例如，局域网中相隔最远的两台主机 A 和 B 相距 1000 m，主机 A 向 B 发送一帧要经过约 5 μs 传播延迟。也就是说，主机 A 开始发送数据后 5 μs，主机 B 可能接收到这个帧。在这个 5 μs 时间内，主机 B 不知道主机 A 已发送数据，可能也向主机 A 发送数据。当出现这种情况时，主机 A 与 B 的本次发送出现“冲突”。因此，多台主机利用公共介质发送数据需要“冲突检测”。

有一种极端的情况是：主机 A 向主机 B 发送数据，在信号快达到主机 B 时，主机 B 也发送数据，此时冲突发生。等到冲突信号传回主机 A 时，经过 2 倍的传播延迟 2τ，其中 $\tau=D/V$，D 为总线介质的最大长度，V 是电磁波在介质中的传播速度。传播延迟的 2 倍时间（$2D/V$）内，冲突帧可以传遍整个总线。$2D/V$ 被定义为冲突窗口（Collision Window），是总线上所有主机能检测到冲突的最短时间。由于物理层协议规定总线最大长度，电磁波在介质中的传播速度确定，因此冲突窗口大小也确定。图 4-8 描述了冲突窗口的概念。

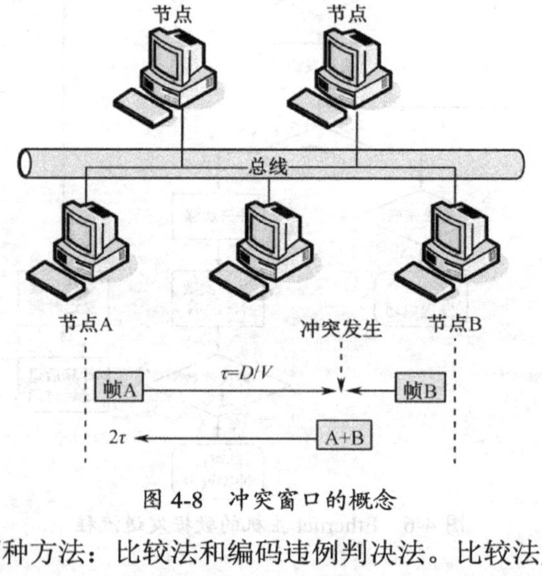

图 4-8 冲突窗口的概念

冲突检测可以有两种方法：比较法和编码违例判决法。比较法是指发送主机在发送帧的同时，将发送信号波形与总线上接收信号波形比较。如果发送主机发现这两个信号波形不一致，表示已出现冲突。如果总线上同时出现两个或以上发送信号，它们叠加的信号波形不等于任意一台主机的发送信号。编码违例判决法是指检查从总线上接收的信号波形。接收信号波形不符合曼彻斯特编码规律，则说明已出现冲突。如果总线上同时出现两个或以上发送信号，它们叠加的信号波形将不符合曼彻斯特编码规律。

3. 发现冲突

如果在发送数据过程中检测出冲突，为了解决信道争用冲突，发送主机进入停止发送、随机延迟后重发的流程。随机延迟重发的第一步是发送冲突加强干扰序列信号。发送这种信号的目的是：确保有足够的冲突持续时间，网络中所有主机都能检测出冲突，并立即丢弃冲突帧，减少由于冲突浪费的时间，提高信道利用率。

4. 随机延迟重发

Ethernet 规定一个帧的最大重发次数为 16。如果重发次数超过 16，则认为线路故障，进入"冲突过多"结束状态。如果重发次数不超过 16，则允许主机随机延迟后重发。为了公平地解决信道争用问题，需要确定后退延迟算法。典型的后退延迟算法是截止二进制指数后退延迟（Truncated Binary Exponential Backoff）算法。算法可以表示为：

$$\tau = 2k \times R \times a$$

其中，τ 为重新发送所需的后退延迟时间，a 是冲突窗口值，R 是随机数。如果一台主机需要计算后退延迟时间，以地址为初始值产生一个随机数 R。

主机重发后退的延迟时间是冲突窗口值的整数倍，并与以冲突次数为二进制指数的幂值成正比。为了避免延迟过长，该算法限定作为二进制指数 k 的范围，定义了 $k=\min(n, 10)$。如果重发次数 $n<10$，则 k 取值为 n；如果重发次数 $n \geqslant 10$ 时，则 k 取值为 10。例如，第一次冲突发生，则重发次数 $n=1$，取 $k=1$，即冲突后 2 个时间片后重发。如果第二次冲突发生，则重发次数 $n=2$，取 $k=2$，即冲突后 4 个时间片后重发。在后退延迟时间到达后，主机重新判断总线状态，重复发送流程。当冲突次数超过 16 时，表示发送失败。

从以上讨论中可以看出，任何主机发送数据都要用 CSMA/CD 方法争取总线使用权，从准备到成功发送的等待时间不确定。因此，CSMA/CD 是一种随机争用型访问控制方法，可有效控制多主机对共享总线的访问，方法简单并且容易实现。

4.2.2 以太网帧的结构

帧（Frame）是以太网中数据传输的基本单位，通常又称为 Ethernet 帧。发送节点在发送数据的前后各添加特殊的字符构成帧，这些特殊的字符是帧头与帧尾。IEEE802.3 标准是在 Ethernet V2.0 规范的基础上制定，但 Ethernet V2.0 规范与 IEEE802.3 标准的 Ehternet 帧结构有一些差别。本书按 IEEE802.3 标准的帧结构进行讨论。图 4-9 为 Ethernet 帧的基本结构。Ethernet 帧的长度单位是字节（Byte），简写为 B。

前导码 (7B)	帧前定界符 (1B)	目的地址 (2B/6B)	源地址 (2B/6B)	长度 (2B)	数据 (46 B～1500 B)	帧校验字段 (4B)

图 4-9　Ethernet 帧的基本结构

IEEE802.3 标准的 Ethernet 帧结构包括以下 5 部分。

1. 前导码与帧前定界符

前导码由 7B（56 位）的 0、1 序列组成，换算成十六进制编码是 7 个 0xaa。从以太网物理层的角度来看，从网卡开始接收到达到稳定状态需要一定时间。设置该字段的目的是保证网卡在目的地址到来前达到稳定状态。帧前定界符可视为前导码的延续。帧前定界符由 1 B（8 位）的 0、1 序列组成，换算成十六进制编码是 1 个 0xab。前导码和和帧前定界符主要起到接收同步的作用，这 8 B 数据在接收后不需要保留，也不计入长度字段值中。

2．目的地址和源地址

目的地址和源地址分别是接收节点、发送节点的硬件地址。网络节点之间通信需要使用硬件地址，在数据链路层使用网络设备接口的 MAC 地址。MAC 地址在出厂时固化在网卡 EPROM 中，并保证该地址在全球范围内是唯一的。MAC 地址与 IP 地址是不同的概念，无论网卡被连接在哪个局域网中，或计算机被移动到哪个位置，网卡 MAC 地址固定不变。

在研究 Ethernet 帧结构时，主要讨论以下两个问题：

① 目的地址和源地址长度可以是 2 B 或 6 B。早期的以太网使用过 2 B 地址。目前，所有以太网都使用 6 B（48 位）地址。MAC 地址由两部分组成：3 B 的公司唯一标识（OUI）、3 B 的扩展唯一标识（EUI）。图 4-10 为 MAC 地址的表示方法。MAC 地址由十六进制数用连字符隔开表示，如 08-01-00-2A-10-C3。

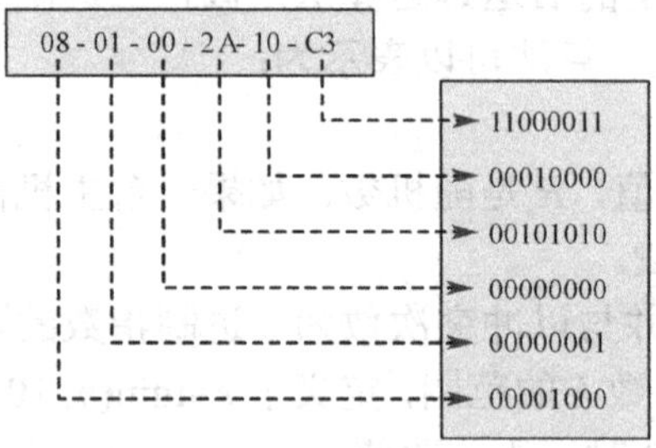

图 4-10　MAC 地址的表示方法

② 目的地址主要有 3 种：单播地址（Unicast Address）、多播地址（Multicast Address）、广播地址（Broadcast Address）。其中，目的地址的第一位为 0 表示单播地址，第一位为 1 表示多播地址，目的地址为全 1 表示广播地址。如果目的地址是单播地址，表示该帧仅被与目的地址相同的节点接收。

3．长度字段

长度（2 B）字段表示数据字段包含的字节数。数据字段的最小长度为 46 B，最大长度为 1500 B。由于帧头长度为 18 B（前导码与帧前定界符不计入长度），因此帧的最小长度为 64 B，最大长度为 1518 B。IEEE802.3 标准规定最小长度的目的是保证接收节点有足够时间检测冲突，并通知源节点重新传输。

4．数据字段

数据字段保存发送给目的节点的实际数据。由于数据部分最小长度为 46 B，如果数据部分长度少于 46 B，则应将数据字段填充至 46 B。填充字符可以是任意字符，在实际应用中经常用 0 填充。但是，填充部分不计入长度字段值。数据部分最大长度为 1500 B。

5．帧校验字段

帧校验字段（4 B）用于判断帧传输是否出错。IEEE802.3 标准规定的校验范围包括：目的地址、源地址、长度、数据。前导码与帧前定界符不进行校验。Ethernet 帧校验采用 CRC-32 算法，生成多项式为

$$G(x)=x^{32}+x^{26}+x^{23}+x^{22}+x^{16}+x^{12}+x^{11}+x^{10}+x^{8}+x^{7}+x^{5}+x^{4}+x^{2}+x+1。$$

4.2.3　以太网的组网方法

1．以太网物理层标准

IEEE802.3 标准定义 Ethernet 介质访问控制子层和物理层标准。介质访问控制子层统一使用 CSMA/CD 方法和相同的帧结构，但是物理层技术可以不同。物理层标准不同，表示

它采用的传输介质、传输速率、覆盖范围与组网方式不同。Ethernet 的物理层命名方法是：IEEE802.3 X Type-Y Name。其中，X 表示传输速率，单位为 Mbps；Y 表示网段最大长度，单位为 100 m；Type 表示传输方式是基带还是频带；Name 表示局域网名称。

在讨论 Ethernet 物理层标准的命名方法时，需要注意以下问题：

① IEEE802.3 10BASE-5 表示传输速率为 10 Mbps、基带传输、使用粗同轴电缆，最大长度为 500 m 的 Ethernet 物理层标准。

② IEEE802.3 10BASE-2 表示传输速率为 10 Mbps、基带传输、使用细同轴电缆，最大长度为 200 m 的 Ethernet 物理层标准。

③ IEEE802.3 10BASE-T 表示传输速率为 10 Mbps、基带传输、使用双绞线的 Ethernet 物理层标准。

2．以太网组网设备

在 Ethernet 发展的初期，使用的传输介质主要是同轴电缆。数字信号在同轴电缆中传输时有衰减，并且信号波形发生畸变。传输介质长度和信号衰减与传输延迟相关。因此，在使用同轴电缆的物理层协议中，需要限制单根同轴电缆最大长度、接入的主机数量。单根同轴电缆也称为缆段（Segment）。根据物理层 10Base-5 标准规定，粗同轴电缆的一个缆段最大长度为 500 m，接入主机数量不超过 100 台。为了增加同轴电缆的总长度，人们设计了中继器（Repeater）。中继器需要对接收信号进行放大、整形，使信号波形和幅度达到协议规定的要求，然后将它发送到连接的另一个缆段。

随着 10Base-T 协议的出现，使用廉价的双绞线和 RJ-45 接口可实现 10 Mbps 传输速率，该技术大大推动了 Ethernet 的广泛应用。在使用 10Base-T 协议组网时，集线器（Hub）是局域网组网的核心设备。作为 Ethernet 的中心连接设备，所有主机通过双绞线与集线器连接。这种 Ethernet 的物理结构是星形，但在逻辑上仍然是总线型，在 MAC 层采用 CSMA/CD 方法。当集线器接收到某台主机发送的帧时，立即将帧以广播方式转发到其他端口，所有连接在该集线器上的主机都能接收到该帧。如果有两台或以上主机同时发送就会冲突，因此集线器上所有主机属于同一“冲突域”或“广播域”。

网络接口卡（Network Interface Card，NIC）简称网卡，是局域网组网所需的基本设备。网卡的一端通过收发器与传输介质连接，另一端通过接口电路与计算机连接。图 4-11 为网卡与连网计算机之间的关系。

网卡实现发送数据编码、接收数据解码、CRC 产生与校验、帧装配与拆封、CSMA/CD 功能。网卡的上述功能可由专用的 VLSI 芯片实现。例如，利用 Intel 公司的 82586 Ethernet 协处理器、82501 Ethernet 串行接口、82502 收发器芯片，可简单地构成实现 Ethernet 功能的网卡。

3．集线器组网结构

早期的 Ethernet 组网主要使用同轴电缆（包括粗同轴电缆和细同轴电缆），因此使用中继器比较多。随着组网设备和传输介质的发展，近年在实际的局域网组建中，使用同轴电缆作为总线连接多台主机的方法已很少使用。在很长一段时间内，基于 10BASE-T 标准，使用集线器、网卡和双绞线曾经是常用的组网方法。

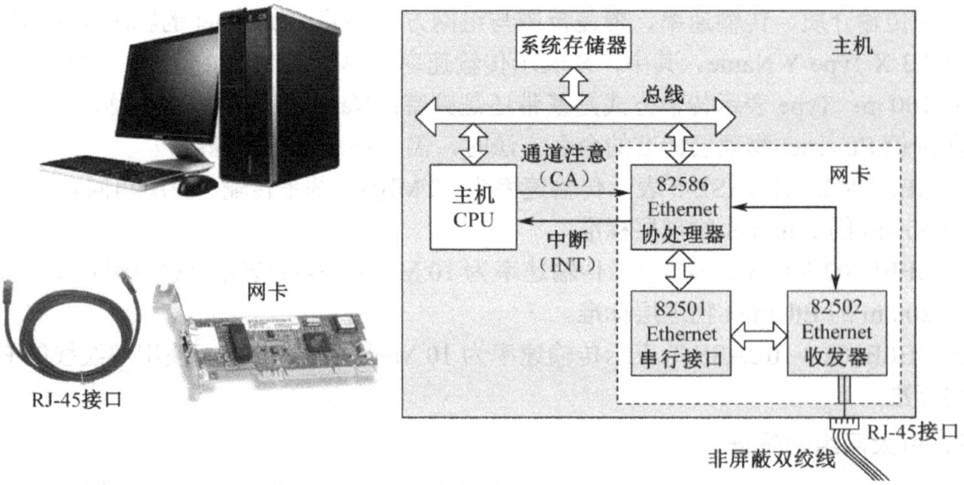

图 4-11　网卡与连网计算机之间的关系

集线器通常有 4～24 个 RJ-45 端口。如果主机数超过单一集线器的端口数，可采用多集线器的级联结构。普通集线器通常提供两类端口：连接主机的 RJ-45 端口，用于级联的上连端口。多集线器级联通常有两种方法：使用双绞线，通过 RJ-45 端口实现级联；使用同轴电缆或光缆，通过上连端口实现级联。图 4-12 是两个集线器通过 RJ-45 端口的级联结构。这里，单根双绞线的最大长度为 100 m。

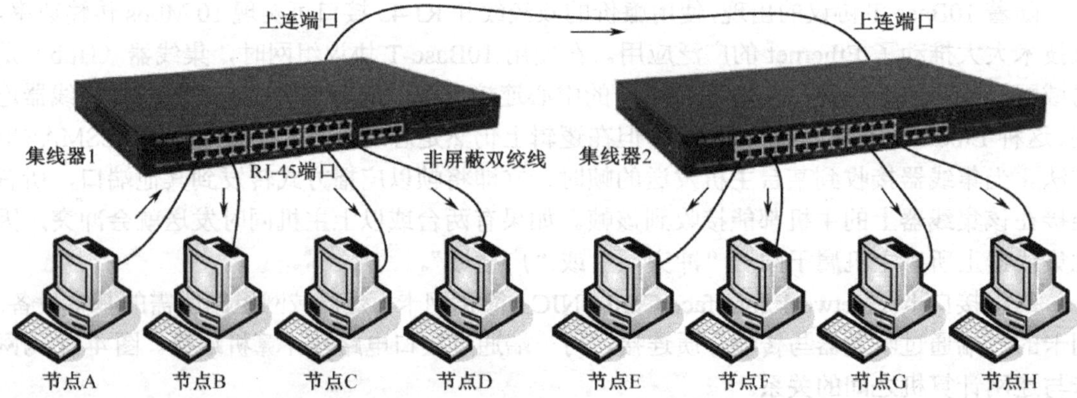

图 4-12　两个集线器通过 RJ-45 端口的级联结构

4.3　交换局域网和虚拟局域网

4.3.1　交换式局域网技术

1. 交换式局域网的概念

交换式局域网技术在高速局域网中占据重要的地位。在传统的共享介质局域网中，所有主机共享一条共用的传输介质，因此不可避免会发生冲突。随着局域网规模的扩大，网络中的主机数量不断增加，当网络通信负荷加重时，网络效率就会急剧下降。为了克服网络规模与性能之间的矛盾，人们提出将共享介质方式改为交换方式，从而使交换式局域网技术得到了研究和发展。局域网交换机通常被简称为交换机（Switch），它是一种工作在数据链路层的网络设备，根据接收帧的 MAC 地址来过滤和转发数据。交换机可将多台计算机以星形结构来形成交换式局域网。

交换机主要有以下基本功能：① 建立和维护一个表示 MAC 地址与交换机端口号对应关系的映射表；② 在发送主机与接收主机的端口之间建立虚连接；③ 完成帧的过滤和转发；④ 执行生成树协议，防止出现环路。

2. 交换机的工作原理

局域网交换机的设计灵感来源于早期的网桥。网桥可通过不同端口连接多个缆段，网桥不转发每个缆段的内部主机之间交换的帧。交换式局域网的核心设备是交换机，它的功能相当于局域网桥。局域网桥利用存储转发方式，在不同缆段主机之间实现帧的交换；交换机利用交换芯片在多对端口之间建立多个虚连接，在多对端口之间实现帧的并发传输。

图 4-13 为交换机结构和工作原理。交换机有 6 个端口，端口 1、4、5、6 分别连接主机 A、B 与 C、D、E。端口号/MAC 地址映射表简称为端口转发表，用于记录端口号与主机 MAC 地址的对应关系。如果主机 A 和 E 同时发送数据，则分别在目的地址字段中填写目的地址。例如，主机 A 向 D 发送数据，该帧的目的地址字段写入“0E1002000013”；主机 E 向 B 发送数据，该帧的目的地址字段写入“0C21002B0003”。主机 A、E 分别通过端口 1 和 6 同时发送数据，交换机根据端口转发表找出对应的输出端口，将主机 A 发送的帧转发到端口 5；同时，将主机 E 发送的帧转发到端口 4。

交换机端口可以连接单一的主机，也可以连接集线器、交换机或路由器。在图 4-13 中，端口 1 仅与主机 A 连接，则端口 1 是主机 A 的独占端口；端口 4 通过集线器与主机 B、C 连接，则端口 4 是主机 B、C 的共享端口。

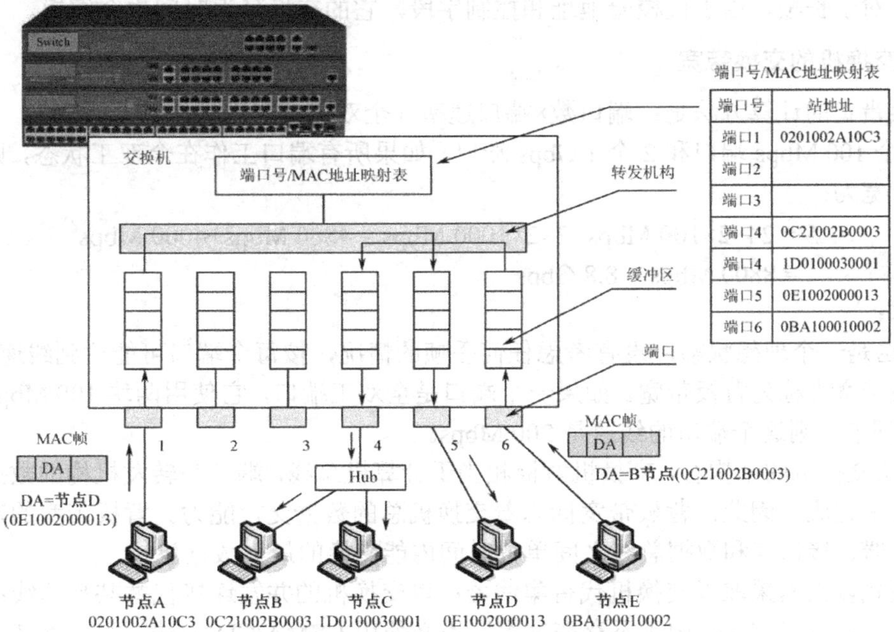

图 4-13　交换机结构及工作原理

3. 端口转发表的处理

由于交换机是根据端口转发表来转发帧，因此端口转发表的建立和维护很重要。这时需要解决两个问题：① 交换机如何知道主机连接的端口；② 当主机从一个端口转移到另一个端口时，交换机如何更新端口转发表。解决这两个问题的基本方法是“地址学习”。

地址学习是交换机通过检查帧的源地址与帧进入的端口号之间的对应关系，不断完善端口转发表的方法。例如，主机 A 通过端口 1 发送帧。这个帧的源地址是 0201002A10C3，则交换机可建立“端口号 1 - MAC 地址 0201002A10C3”的对应关系。交换机检查端口转发表中是否已存在该对应关系。如果该对应关系不存在，则将该关系加入端口转发表；如果该对应关系已存在，交换机将更新该表项。

在每次加入或更新端口转发表时，加入或更改的表项被赋予一个计时器，使该端口与 MAC 地址的对应关系能存储一段时间。如果计时器到时之后没有捕获该端口与 MAC 地址的对应关系，该表项将会被删除。通过不断删除过时、已不使用的表项，交换机能够维护一个动态的端口转发表。

4. 交换机的交换方式

交换机的交换方式主要有 3 种。

① 直接交换（Cut Through）：交换机只要接收并检测到目的地址，立即转发该帧，而不执行差错校验。这种方式的优点是交换延迟时间短，缺点是缺少差错检测能力。

② 存储转发（Store and Forward）：交换机需要完整接收整个帧，并执行差错校验。如果接收帧没有出错，则转发该帧。这种方式的优点是有差错检测能力，并支持不同速率端口之间的帧转发，缺点是交换延迟时间将会增大。

③ 改进的直接交换：这种方式将上述两种方式相结合，在接收到帧的前 64 字节后，判断帧头字段是否正确，如果正确就转发该帧。对于短帧，它的交换延迟时间接近直接交换方式；对于长帧，由于仅校验地址和控制字段，它的交换延迟时间也会缩短。

5. 交换机的交换带宽

交换带宽的计算方法是：端口数×端口速率（全双工模式再乘以 2）。例如，一台交换机有 24 个 100 Mbps 端口和 2 个 1 Gbps 端口，如果所有端口工作在全双工状态，则交换机的交换带宽为：

$$\begin{aligned} S &= 24\times2\times100\ \text{Mbps}+2\times2\times1000\ \text{Mbps} = 4800\ \text{Mbps}+4000\ \text{Mbps} \\ &= 8800\ \text{Mbps} = 8.8\ \text{Gbps} \end{aligned}$$

注意：

① 这是一个理想状态，没有考虑任何丢帧的情况，按每个端口可能达到线速来计算，因此交换带宽也称为背板带宽。如果一个端口是全双工端口，它使用两块 100 Mbps 的 Fast Ethernet 网卡，则这个端口的线速是 200 Mbps。

② 从交换机的结构看，交换机背板相当于计算机总线，端口与转发机构的数据交换都通过背板来完成。因此，背板带宽标志着交换机总的数据交换能力。背板带宽的定义是：接口处理器、接口卡和数据总线之间单位时间内能交换的最大数据量。

交换式以太网采取以交换机代替集线器；以交换机的并发连接代替共享总线；以全双工方式取代半双工方式；由于不存在冲突，不必使用 CSMA/CD 方法。为了保持与传统共享式以太网的兼容性，交换式以太网保留了传统以太网的帧结构、最小/最大帧长度。交换技术极大地提高了局域网的性能，促使交换式局域网得到了广泛应用。

4.3.2 虚拟局域网技术

1. 虚拟局域网的概念

在实际组建一个局域网时，如果公司财务总监在四楼办公，而财务报销办公室在一楼，财务结算办公室在三楼，为了将这几个办公室的主机组建在同一局域网中，需要将一到四楼之间完成布线。但是，如果某个办公室搬到五楼，则需要重新布线。如果公司需要为财务、销售、设计等部门分别建立局域网，布线造价高、管理工作量大。技术人员提出两个解决思路：一是在盖办公楼时预先在所有可能的位置布好线；二是在计算机之间组成“逻辑工作组”，并通过软件设置方法来实现。针对这两个思路产生了两项技术：结构化布线技术、虚拟局域网（Virtual LAN，VLAN）技术。

虚拟局域网建立在交换机之上，以软件方式实现逻辑工作组的管理。图 4-14 是传统局域网与虚拟局域网的对比。图 4-14(a)给出了三个楼层分别用集线器组建局域网，然后通过交换机将三个局域网互连的结构。网络中的所有主机可以相互通信，如果出于网络安全的需要，将它们隔离成几个独立的局域网很困难，只能按楼层的物理位置来划分。如果希望将一台主机转移到另一个局域网，则只能重新布线。

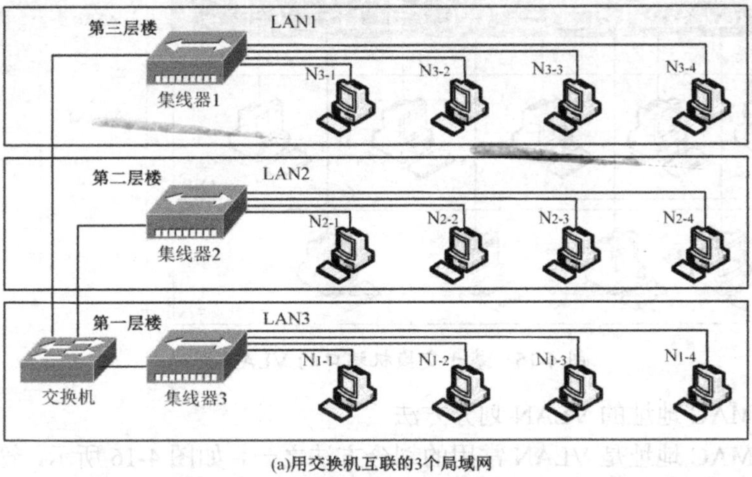

(a)用交换机互联的3个局域网

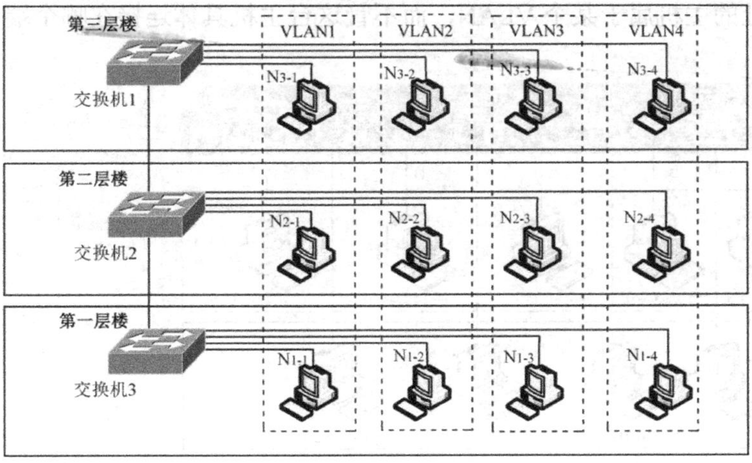

(b)用交换机组建的4个VLAN

图 4-14 传统局域网与虚拟局域网的对比

虚拟局域网技术可方便地解决这个问题。如图 4-14(b)所示，12 台主机分别连接在交换机 1、2、3 的 3 个缆段，分布于 3 个楼层。如果希望将 N1-1、N2-1、N3-1 组成 VLAN1，将 N1-2、N2-2、N3-2 组成 VLAN2，将 N1-3、N2-3、N3-3 组成 VLAN3，将 N1-4、N2-4、N3-4 组成 VLAN4 等 4 个工作组，分别分配给公司的不同部门使用，最简单的办法是通过软件在交换机上设置 4 个 VLAN。

3. 逻辑工作组的划分方法

VLAN 可基于端口、MAC 地址、IP 地址或网络层协议等方式来划分。

（1）基于端口的 VLAN 划分方法

基于交换机端口是静态 VLAN 最常用的划分方法。图 4-15 是基于交换机端口的 VLAN 划分。管理员将端口 1、4、7、11、15 连接的 5 台主机组成 VLAN1，将端口 2、5、9、13 连接的 4 台主机组成 VLAN2，它们是相互隔离的两个虚拟工作组。交换机中保存的“VLAN 与端口映射表”也被称为“VLAN 成员表”。

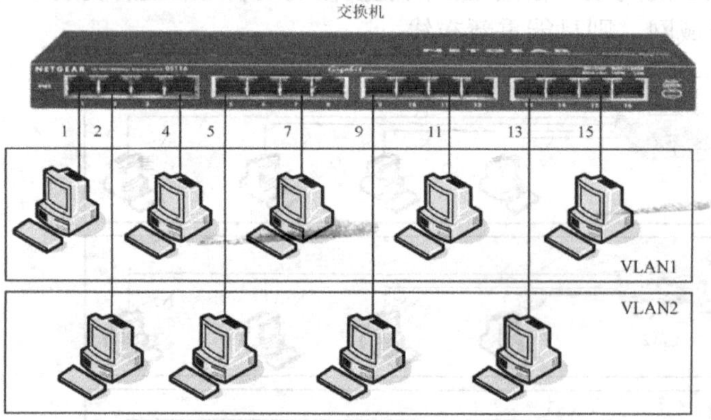

VLAN与端口对照表

VLAN	端口号
VLAN1	1
	4
	7
	11
	15
VLAN2	2
	5
	9
	13

图 4-15　基于交换机端口的 VLAN 划分

（2）基于 MAC 地址的 VLAN 划分方法

基于主机 MAC 地址是 VLAN 常用的划分方法之一，如图 4-16 所示，管理员可指定用哪些 MAC 地址的主机属于某个 VLAN，而不管这台主机具体连接在哪个端口上。

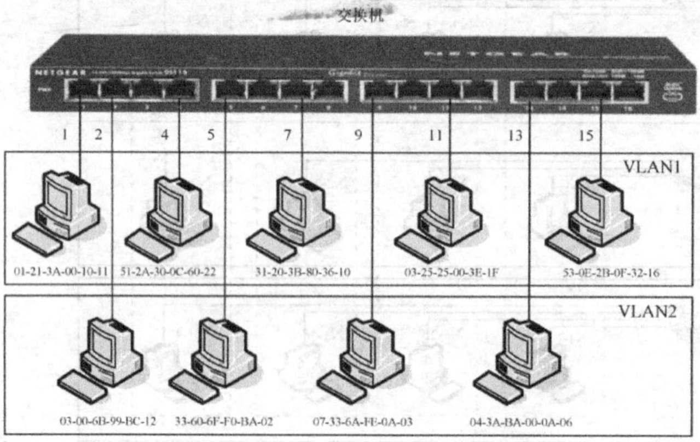

VLAN与MAC地址对照表

VLAN	MAC地址
VLAN1	01-21-3a-00-10-11
	51-2A-30-0C-60-22
	31-20-3B-80-36-10
	03-25-25-00-3E-1F
	53-0E-2B-0F-32-16
VLAN2	03-00-6B-99-BC-12
	33-60-6F-F0-BA-02
	07-33-6A-FE-0A-03
	04-3A-BA-00-0A-06

图 4-16　基于 MAC 地址的 VLAN 划分

（3）基于 IP 地址的 VLAN 划分方法

VLAN 划分的另一种方法是基于主机的 IP 地址或网络层协议，如图 4-17 所示，管理员可将属于一个子网的所有主机划分在一个 VLAN 中。例如，属于子网 202.1.2.0/24 的主机划分在 VLAN1，属于子网 202.1.12.0/24 的主机划分在 VLAN2。如果子网 1 的网络层使用 IP，子网 2 的网络层使用 IPX 协议，管理员可用同样方法将使用不同协议的子网划分为两个 VLAN。

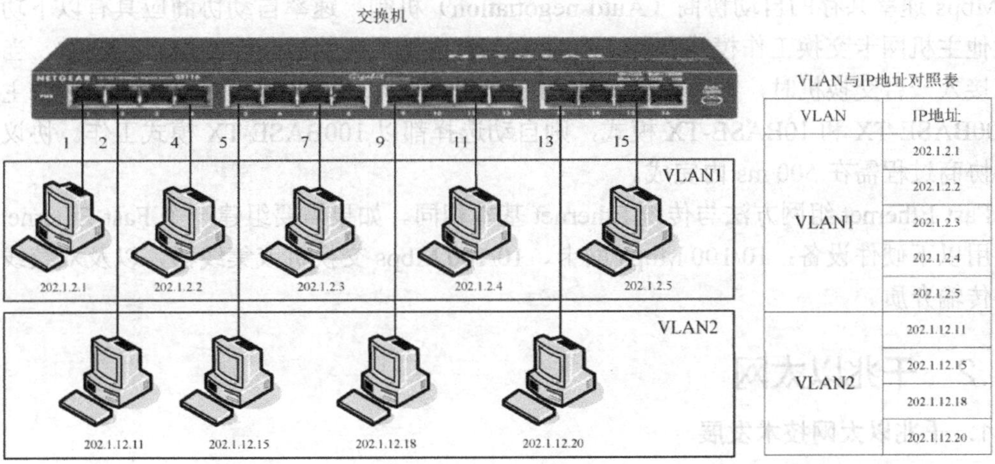

图 4-17　基于主机 IP 地址的 VLAN 划分

4.4　高速局域网技术发展

4.4.1　快速以太网

快速以太网（Fast Ethernet，FE）是在传统 10 Mbps 的 Ethernet 基础上发展起来的。1995 年，IEEE802 委员会批准 Fast Ethernet 标准-IEEE802.3u。

理解 IEEE802.3u 标准的特点，需要注意以下问题：

① Fast Ethernet 传输速率达到 100 Mbps，但是保留了传统 10 Mbps 的 Ethernet 基本特征，即相同的帧格式、最小/最大帧长度。这样做的目的是：局域网中可同时存在 10 Mbps 的传统 Ethernet 和 100 Mbps 的 Fast Ethernet。在局域网速率提升后，只是在物理层出现变化，高层软件不需做任何变动。

② IEEE802.3u 标准定义了介质专用接口（Media Independant Interface，MII），将 MAC 子层与物理层分隔开。这样，物理层在实现 100 Mbps 速率时，传输介质和信号编码方式变化不影响 MAC 子层。

③ Fast Ethernet 主要有 3 种物理层标准：

❖ 100BASE-TX 一使用 2 对 5 类非屏蔽双绞线或 2 对 1 类屏蔽双绞线，是一种全双工系统。1 对双绞线用于发送，另一对双绞线用于接收。

❖ 100BASE-T4 一使用 4 对 3 类非屏蔽双绞线，是一种半双工系统。其中 3 对用于数据传输，1 对用于冲突检测。

❖ 100BASE-FX 一使用 2 芯的多模或单模光纤，是一种全双工系统。100BASE-FX 主要用做高速主干网，主机到集线器的光纤长度可达 2 km。

（4）支持半双工与全双工模式

传统 Ethernet 工作在半双工模式，Fast Ethernet 支持半双工和全双工模式。全双工模式不存在争用问题，MAC 层不需采用 CSMA/CD 方法。

（5）增加 10 Mbps 与 100 Mbps 自动协商功能

为了更好地与大量现存的 10BASE-T 的 Ethernet 兼容，Fast Ethernet 有 10 Mbps 与 100 Mbps 速率共存的自动协商（Auto-negotiation）机制。速率自动协商应具有以下功能：与其他主机网卡交换工作模式参数，自动协商和选择共有的最高性能模式。例如，当两台主机接入一台交换机时，一台主机支持 100BASE-TX 和 10BASE-T4 模式，另一台主机支持 100BASE-TX 和 10BASE-TX 模式，则自动选择都以 100BASE-TX 模式工作。协议规定自动协商过程需在 500 ms 内完成。

Fast Ethernet 组网方法与传统 Ethernet 基本相同。如果需要组建一个 Fast Ethernet，可以使用以下硬件设备：10/100 Mbps 网卡、10/100 Mbps 交换机或集线器，以及双绞线或光缆等传输介质。

4.4.2 千兆以太网

1. 千兆以太网技术发展

尽管快速以太网具有高可靠、易扩展、低成本等优点，但在高性能计算机、存储区域网和云计算平台建设时，用户开始寻求更高带宽的局域网。千兆以太网（Gigabit Ethernet，GE，又称为吉比特以太网）就是在这种背景下产生的。

1996 年 8 月，IEEE 成立 802.3z 工作组，研究多模光纤和屏蔽双绞线的物理层标准；1997 年初，IEEE 成立 802.3ab 工作组，研究单模光纤和非屏蔽双绞线的物理层标准；1998 年 2 月，IEEE802 委员会批准 GE 标准-IEEE802.3z。

理解 IEEE802.3z 标准的特点，需要注意以下几个问题：

① Gigabit Ethernet 传输速率达到 1 Gbps，但是它仍保留传统 Ethernet 的帧格式、最小/最大帧长度等特征。

② IEEE 802.3z 标准定义了千兆介质专用接口（Gigabit Media Indepandent Interface，GMII），将 MAC 子层与物理层分开。这样，物理层实现 1 Gbps 速率时，传输介质和信号编码方式变化不影响 MAC 子层。

③ Gigabit Ethernet 主要有 6 种物理层标准：

❖ 1000BASE-CX —使用 2 对屏蔽双绞线，双绞线最大长度为 25 m。
❖ 1000BASE-T —使用 4 对 5 类非屏蔽双绞线，双绞线最大长度为 100 m。
❖ 1000BASE-SX —使用多模光纤，光纤最大长度为 550 m。
❖ 1000BASE-LX —使用单模光纤，光纤最大长度为 5 km。
❖ 1000BASE-LH —使用单模光纤，光纤最大长度为 10 km。
❖ 1000BASE-ZX —使用单模光纤，光纤最大长度为 70 km。

近年来，双绞线最大长度为 25 m 的 1000BASE-CX 标准已广泛应用于高性能机房网络，以及云计算中数千台服务器与存储设备之间的连接；长度达 70 km 的 1000BASE-ZX 标准已用于宽带城域网、广域网中。

2. 千兆以太网组网方法

从局域网组网的角度来看，FE 与 GE 有很多相同之处，很多企业已大量使用 10 Mbps 的 Ethernet，从传统 Ethernet 升级到 GE 时，网络技术人员不需重新培训。相比之下，如果将现有 Ethernet 与 ATM 网相连，就会出现两个问题：一方面，由于 Ethernet 与 ATM 工作原理有较大差异，将出现异型网络互连的复杂局面，异型网络互连之间的协议变换必然造成网络系统性能下降。另一方面，网络技术人员需要重新培训。因此，随着 GE 技术的成熟，它已成为大、中型局域网主干的首选方案。

如果要组建千兆以太网，需要使用以下硬件设备：100 Mbps/1 Gbps 交换机、100 Mbps/1 Gbps 网卡、双绞线或光缆等。在组建千兆以太网时，如何合理分配网络带宽非常重要，需要根据具体网络的规模和布局，选择合适的两级或三级网络结构。图 4-18 为典型园区网或校园网的 GE 组网结构。

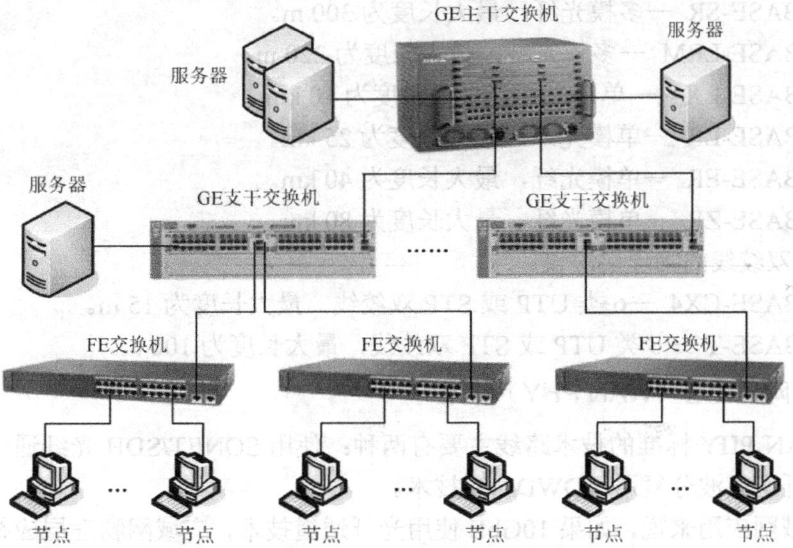

图 4-18　典型园区网或校园网的 GE 组网结构

在设计 GE 网络时，需要注意以下问题：

① 网络主干通常使用高性能 GE 主干交换机，以解决应用中的主干网的带宽瓶颈。

② 网络分支考虑使用价格较低的 GE 支干交换机，以满足应用对网络带宽的需要。

③ 在楼层或部门级，根据实际需要选择 FE 交换机。

④ 用户端使用 100 Mbps/1 Gbps 网卡将计算机连接到 FE 交换机。

4.4.3 万兆以太网

1999 年 3 月，IEEE 成立高速研究组（High Speed Study Group，HSSG），致力于万兆以太网（10 Gigabit Ethernet，10GE）技术和标准的研究。在很多英文文献中，万兆以太网采用 10GbE 缩写。2002 年，IEEE802.3ae 委员会制定 10GbE 标准。

1. 万兆以太网的特点

10GbE 并非将 GE 的速率简单提高 10 倍，这里有很多复杂技术问题需要解决。10GbE

主要有以下几个特点：

① 10GbE 保留传统 Ethernet 的帧格式、最小/最大帧长度等特征。

② 10GbE 定义专用的介质专用接口（10GMII），将 MAC 子层与物理层分开。这样，物理层实现 10 Gbps 速率时，传输介质和信号编码方式的变化不会影响 MAC 子层。

③ 10GbE 仅工作在全双工模式，不需采用 CSMA/CD 方法，使得 10GbE 的覆盖范围不受传统 Ethernet 的冲突窗口限制，传输距离只取决于光纤通信系统的性能。

④ 10GbE 的应用领域已经从局域网逐渐扩展到城域网和广域网的核心交换网。

⑤ 10GbE 的物理层协议分为两类：局域网物理层标准、广域网物理层标准。

2．局域网物理层（LAN PHY）标准

LAN PHY 标准根据使用的传输介质分为如下两类。

① 基于光纤的物理层协议：

❖ 10GBASE-SR —多模光纤，最大长度为 300 m。

❖ 10GBASE-LRM —多模光纤，最大长度为 220 m。

❖ 10GBASE-LX4 —单模光纤，最大长度为 10 km。

❖ 10GBASE-LR —单模光纤，最大长度为 25 km。

❖ 10GBASE-ER —单模光纤，最大长度为 40 km。

❖ 10GBASE-ZR —单模光纤，最大长度为 80 km。

② 基于双绞线的物理层协议：

❖ 10GBASE-CX4 —6 类 UTP 或 STP 双绞线，最大长度为 15 m。

❖ 10GBASE-T —6 类 UTP 或 STP 双绞线，最大长度为 100 m。

3．广域网物理层（WAN PHY）标准

实现 WAN PHY 标准的技术路线主要有两种：使用 SONET/SDH 光纤通道技术，或者直接采用光纤密集波分复用（DWDM）技术。

对于广域网应用来说，如果 10GbE 使用光纤通道技术，广域网物理层应符合光纤通道速率体系 SONET/SDH 的 OC-192/STM-64 标准，该标准速率是 9.95328 Gbps，而不是精确的 10 Gbps。如果直接采用 DWDM 技术，10GbE 速率保持为 10 Gbps。

由于 10GbE 技术的出现，Ethernet 工作范围已从校园网、企业网，扩大到城域网和广域网的组网领域。同样规模的 10GbE 造价是 SONET 的 1/5，是 ATM 的 1/10。从 10 Mbps 的 Ethernet 到 10 Gbps 的 10GbE 都使用相同技术，有利于保护已有投资，减小网络培训工作量。

4.4.4 40 Gigabit Ethernet 和 100 Gigabit Ethernet

在相关标准与技术文献中，40 Gigabit Ethernet 和 100 Gigabit Ethernet 分别缩写为 40GbE、100GbE。随着用户对接入带宽要求的不断提升，3G/4G 和移动互联网应用、三网融合的高清视频业务增长，以及云计算、物联网应用的兴起，城域网和广域网核心交换网的传输带宽面临巨大挑战，现有 10GbE 技术开始难以应对日益增长的需求，更高速率的 40 Gbps 和 100 Gbps 的 Ethernet 研究很自然地被提上议事日程，并且呈现从 10GbE 向 40GbE、100GbE 平滑过渡的发展趋势。

1996 年，40 Gbps 波分复用技术出现；2004 年，该技术在局部范围开始商用，同时路由器开始提供 40 Gbps 接口；2007 年，多个厂商开始提供 40 Gbps 波分复用设备。同时，电信业对 40 Gbps 波分复用系统的业务需求增多。40GbE 技术将大量应用于 IDC、高性能计算机、高性能服务器集群与云计算平台。

2004 年前后，100 Gbps 技术开始出现并受到广泛的关注。100GbE 不是一个单项技术的研究，而是一系列技术的综合，包括相关技术标准、Ethernet 技术、DWDM 技术等方面。

为了适应数据中心、运营商网络和高性能计算环境的宽带需求，满足云计算、高性能计算的数据中心内部虚拟化、虚拟机数量快速增长的需求，满足三网融合业务、视频点播和社交网络的需求，IEEE 于 2007 年 12 月成立 IEEE802.3ba 工作组，开始研究 40GbE 和 100GbE 标准。2010 年 6 月，IEEE 通过传输速率为 100GbE 的 IEEE802.3ba 标准。100GbE 保留传统 Ethernet 的帧格式、最小/最大帧长度等规定。

100GbE 物理接口主要有 3 种。

① 10×10GbE 短距离互连的 LAN 接口技术：采用并行的 10 根光纤，每根光纤的速率为 10 Gbps，以达到 100 Gbps 的传输速率。这种方案的优点是可沿用现有 10GbE 器件，技术比较成熟。

② 4×25GE 中短距离互连的 LAN 接口技术：采用波分复用的方法，在一根光纤上复用 4 路 25 Gbps，以达到 100 Gbps 的传输速率。这种方案主要考虑性价比，需选择合适的编码调制和 WDM 技术，技术相对不成熟。

③ 10 m 的铜缆接口和 1 m 的系统背板互连技术：主要针对电接口的短距离和内部互连，采用 10 对、每对速率为 10 Gbps 的并行互连方式。

4.5 无线局域网技术

4.5.1 无线局域网的发展

无线局域网（Wireless LAN，WLAN）是支撑移动计算和物联网的重要技术。人们越来越深刻地认识到，无线局域网不仅能作为一种独立的无线网络，还可作为传统局域网的有效补充。无线局域网以微波、激光、红外线等作为传输介质，可部分代替传统局域网中的双绞线和光纤。无线局域网不仅能满足移动和特殊应用的需求，还能覆盖那些有线局域网难以布线的位置。近年来，无线局域网的发展速度相当快。

无线局域网的应用领域主要包括如下 4 方面。

1. 作为传统局域网的扩充

传统的局域网用非屏蔽双绞线实 10 Mbps 甚至更高的传输速率，促使结构化布线技术得到广泛的应用。很多建筑物在建设过程中已预先布好双绞线。但是在某些特殊的环境中，无线局域网能发挥传统局域网起不到的作用，这类环境主要是建筑物群之间、学校校园、大型会展场所，以及不能布线的历史古建筑、临时性的小型办公室。在以上这些环境中，无线局域网可以快速部署和组网。

2. 建筑物之间的互连

无线局域网的另一个用途是连接邻近建筑物中的局域网。在这种情况下，两座建筑物可通过无线网桥或无线路由器，建立一条点 - 点的无线链路来实现互连。

3. 移动主机漫游访问

移动主机与无线局域网的接入点（Access Point，AP）之间可实现漫游访问（Nomadic Access），也可通过对等的 P2P 方式实现漫游。例如，当展会现场的工作人员为听众做报告时，可通过笔记本访问位于办公室的服务器中的文件。在大学校园中，学生可携带笔记本随意走动，在无线局域网覆盖的图书馆、自习室接入校园网。在商场、超市、仓库、机场、火车站等物流现场中，手持 RFID 读写器、固定 RFID 读写设备与后台服务器之间方便、灵活地通过无线局域网实现通信。

4. 无线自组网

无线自组网（Ad hoc）采用无需基站的“对等结构”移动通信模式，其中所有联网设备可在移动过程中动态组网。在军事领域，多辆坦克、军舰或飞机之间，一个战斗集体战士的头盔计算设备之间，在移动过程中可组成 Ad hoc，传达命令，以文字、语音、视频方式交换战场信息。在民用领域，多辆行驶在高速公路的汽车之间，可动态组成一个车载 Ad hoc，保持行车距离、提供安全预警；在展览会或应急指挥现场，一群人可不依赖基站和路由器，快速将计算机、Pad 或其他移动终端组成一个临时 Ad hoc。

4.5.2 扩频无线局域网

1. 扩频通信的概念

扩频通信是军事通信常用的抗干扰与保密通信技术。与传统通信技术中的调频、调幅无线通信相比，由于需要将信号扩展到更宽频谱上传输，因此被称为扩频通信。目前，无线局域网的物理层最常用的是扩频通信技术。

图 4-19 是扩频通信的工作原理。在发送端，数据信号首先进入一个信道编码器，根据随机数字（伪随机序列）来调制，调制结果大大地拓宽原信号的带宽。这样做是以牺牲通信带宽为代价的。在接收端，使用同一随机数字来恢复信号，信号再进入信道解码器还原成发送数据。无线局域网主要采用两种扩频技术：跳频扩频、直接序列扩频。

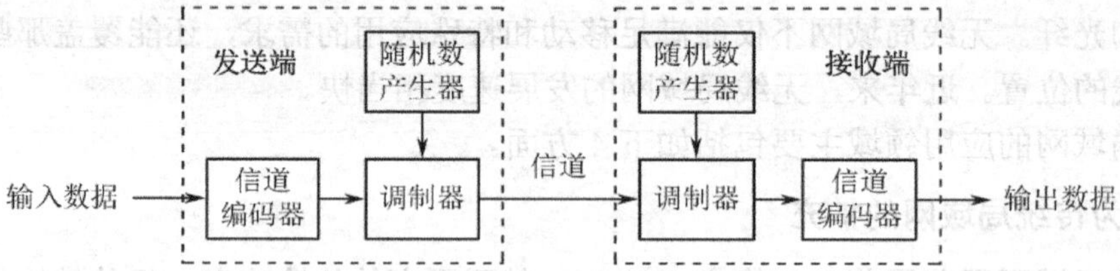

图 4-19　扩频通信的工作原理

2. 跳频扩频

跳频扩频（Frequence Hopping Spread Spectum，FHSS）是扩频技术中常用的一种方法。理解跳频扩频通信技术的特点，需要注意以下几个问题。

① 跳频扩频采用的频段。IEEE802.11 标准规定跳频通信使用 2.4 GHz 的工业、科学何医药专用 ISM 频段，频率范围为 2.400～2.4835 GHz。跳频扩频的传输速率为 1 Mbps 或 2 Mbps。

② 跳频扩频的工作原理。图 4-20 为跳频扩频的工作原理。发送器以固定的间隔 T 每

次变换一个发送频率，变换顺序由一个伪随机码决定。发送器和接收器使用相同的变换顺序。发送信号跳频的时间间隔称为驻留时间，IEEE802.11 规定的数值为 400 ms。由于 Ethernet 帧最大长度为 1518 B，如果传输速率为 1 Mbps，则发送一帧需要 12.14 ms，在驻留时间内可发送 32 个最大帧。如果传输速率为 2 Mbps，则可发送大约 65 个最大帧。

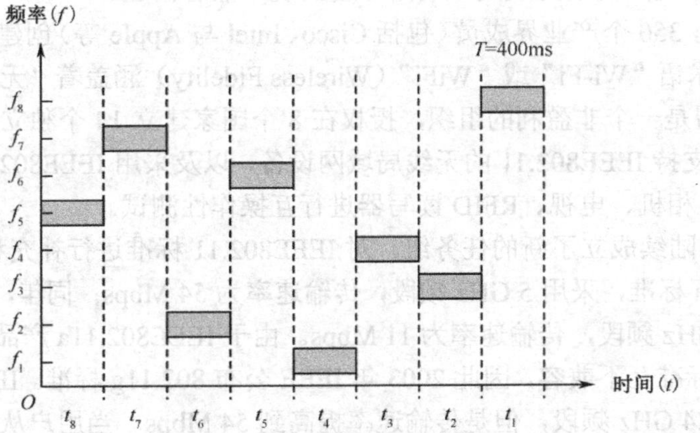

图 4-20 跳频扩频的工作原理

3. 直接序列扩频

直接序列扩频（Direct Sequence Spread Spectrum，DSSS）是扩频的另一种方法，也使用 2.4 GHz 的 ISM 频段，传输速率为 1 Mbps 或 2 Mbps。

理解直接序列扩频通信技术的特点时，需要注意以下几个问题：① DSSS 将发送数据与伪随机码进行异或，并将异或结果进行调制后发送；② 所有接收主机使用相同的频段；③ 发送端和接收端使用相同的伪随机码。

图 4-21 是直接序列扩频的工作原理。图中的 $a(t)$是发送数据，$c(t)$是发送端产生的一个伪随机码。发送端实际发送数据 $d(t)$是 $a(t)$与 $c(t)$异或的结果。$d(t)$是与伪随机码 $c(t)$速率相同的扩频序列信号。在接收端，使用与发送端相同的伪随机码 $c(t)$，从扩频序列信号取出发送数据 $a(t)$。直接序列扩频通信具有很强的抗干扰能力。

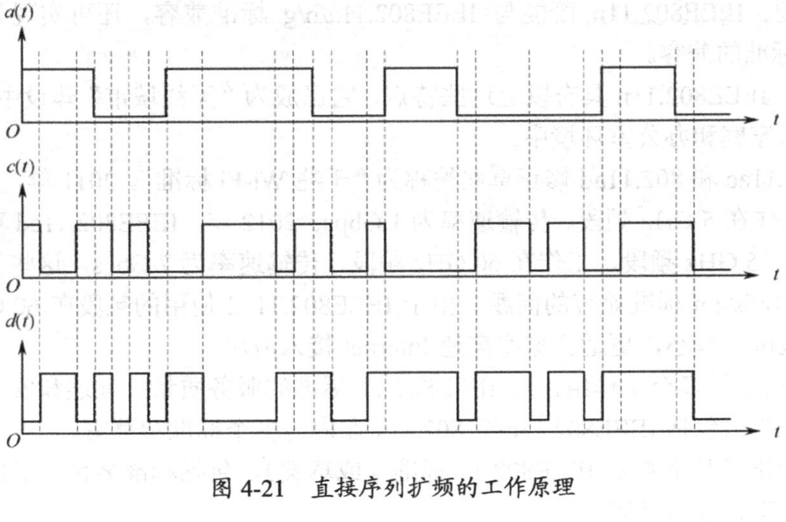

图 4-21 直接序列扩频的工作原理

4.5.3 IEEE802.11 标准

1997 年，IEEE 公布无线局域网标准 IEEE802.11，使用 ISM 的 2.4 GHz 频段、传输速率为 2 Mbps 的无线局域网的 MAC 子层和物理层协议。由于标准在实现细节上不可能规定得很周全，因此不同厂商的无线局域网产品会出现不兼容问题。

1999 年 8 月，350 个产业界成员（包括 Cisco、Intel 与 Apple 等）创建 Wi-Fi 联盟（Wi-Fi Alliance），其中术语“Wi-Fi”或“WiFi”（Wireless Fidelity）涵盖着“无线兼容性认证”的含义。Wi-Fi 联盟是一个非盈利的组织，授权在 8 个国家建立 14 个独立的测试实验室，对不同厂商生产的支持 IEEE802.11 的无线局域网设备，以及采用 IEEE802.11 接口的笔记本、Pad、智能手机、相机、电视、RFID 读写器进行互操作性测试。

此后，IEEE 陆续成立了新的任务组，对 IEEE802.11 标准进行补充和扩展。1999 年，出现 IEEE802.11a 标准，采用 5 GHz 频段，传输速率为 54 Mbps；同年，出现 IEEE802.11b 标准，采用 2.4 GHz 频段，传输速率为 11 Mbps。由于 IEEE802.11a 产品造价比 802.11b 高很多，同时两种标准互不兼容，因此 2003 年 IEEE 公布 802.11g 标准。IEEE802.11g 采用与 802.11b 相同的 2.4 GHz 频段，但是传输速率提高到 54 Mbps。当用户从 IEEE802.11b 过渡到 802.11g 时，只需购买 IEEE802.11g 接入点设备，原有的 IEEE802.11b 无线网卡仍可使用。由于 IEEE802.11g 与 802.11b 兼容，又能够提供与 802.11a 相同的传输速率，并且造价比 802.11a 低，这就迫使 802.11a 产品逐渐退出市场。

尽管从 IEEE802.11b 过渡到 802.11g 已是一种带宽“升级”，但是 IEEE802.11 仍需解决带宽不够、覆盖范围小、漫游不便、安全性不好等问题。2009 年，IEEE 发布的 802.11n 标准相对 802.11g 来说是一次“换代”。

IEEE802.11n 标准具有以下特点：

① IEEE802.11n 可工作在 2.4 GHz、5 GHz 两个频段，速率最高可达 600 Mbps。

② IEEE802.11n 采用智能天线技术，通过多组独立组成的天线阵列系统，动态调整天线的方向图，有效地减少噪声干扰，提高无线信号的稳定性，并且将一台接入点的覆盖范围扩大到几平方千米。

③ IEEE802.11n 采取软件无线电技术，解决了不同工作频段、不同信号调制方式带来的不兼容问题。IEEE802.11n 既能与 IEEE802.11a/b/g 标准兼容，还可实现与无线城域网 IEEE802.16 标准的兼容。

正是由于 IEEE802.11n 具有以上这些特点，它已成为“无线城市”建设中的首选技术，并且大量进入家庭和办公室环境中。

IEEE802.11ac 和 802.11ad 修正草案被称为“千兆 Wi-Fi 标准”。2011 年，IEEE802.11ac 草案发布，工作在 5 GHz 频段、传输速率为 1 Gbps。2012 年，IEEE802.11ad 草案抛弃了拥挤的 2.4 GHz、5 GHz 频段，工作在 60 GHz 频段、传输速率为 7 Gbps。这些技术都考虑了与 IEEE802.11a/b/g/n 标准兼容的问题。由于 IEEE802.11ad 使用的频段在 60 GHz，因此它的信号覆盖范围比较小，更适合家庭高速 Internet 接入应用。

IEEE 还成立了多个工作组，对 IEEE802.11 标准的服务质量、互连和安全性方面进行补充和完善，提出包括 IEEE802.11c 至 802.11x 在内的多个标准和草案。

表 4-1 给出了几个主要 IEEE802.11 标准（或草案），包括标准名称、工作频段、支持的最大传输速率、公布时间。

表 4-1 几个主要 IEEE802.11 标准

IEEE 标准	频段	最大传输速率	发布时间
802.11	2.4 GHz	2 Mbps	1997
802.11a	5 GHz	54 Mbps	1999
802.11b	2.4 GHz	11 Mbps	1999
802.11g	2.4 GHz	54 Mbps	2003
802.11n	2.4 GHz，5 GHz，或者 2.4 GHz 或 5 GHz（可选）或者 2.4 GHz 和 5 GHz（同时支持）	600 Mbps	2009
802.11ac	5 GHz	1 Gbps	2011（草案）
802.11ad	60 GHz	7 Gbps	2012（草案）

4.5.4 无线局域网的结构

IEEE802.11 标准定义了两类网络拓扑：基础设施模式（Infrastructure Mode，也称为基础结构型）、独立模式（Independent Mode）。基础设施模式可进一步分为基本服务集（Basic Service Set，BSS）、扩展服务集（Extended Service Set，ESS）。对应独立模式的是独立基本服务集（Independent BSS，IBSS）。IEEE802.11s 标准增加了一种混合模式，对应的是 Mesh 基本服务集（Mesh BSS，MBSS）。

1. 基本服务集

基础设施模式与独立模式的主要区别是：基础设施模式的无线局域网依赖于基站（即接入点设备），实现网络中的无线主机之间的通信。独立模式的无线网络中不需要基站，网络中的无线主机之间通过对等方式来通信。IEEE802.11 标准规定，无线局域网的基本构建单元是 BSS。BSS 覆盖的范围称为基本服务区（BSA）。

图 4-22 为基础结构型 BSS 结构。每个 BSS 由一个 AP 与多台无线主机组成。BSS 的覆盖范围通常为几十到几百米，覆盖一个实验室、教室或家庭。为了保证 BSS 覆盖用户需要的活动范围，所有无线主机可在 BSA 范围内自由移动，需要事先对 AP 设备的位置进行勘察、选址和安装。作为无线基站的 AP 设备是无线局域网的基础设施，这种无线局域网被称为“基础设施模式”。BSS 中的所有主机通过 AP 交换数据，形成以 AP 为中心的星形拓扑。

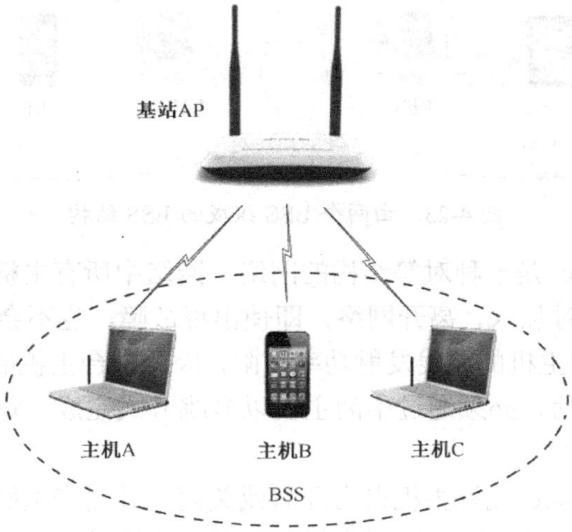

图 4-22 基础结构型 BSS 结构

2. 扩展服务集

为了扩大无线局域网的覆盖范围，可通过交换机将多个 BSS 互连构成一个 ESS，并可通过路由器接入 Internet。典型的 ESS 结构可覆盖一个学校，由覆盖教室、图书馆、宿舍、运动场的多个 BSS 组成。所有无线主机可以自由在 ESS 中移动。图 4-23 为由两个 BSS 组成的 ESS 结构。在这个 ESS 中，主机 A 可通过 AP1、交换机、AP2 与任何一台主机通信；也可通过 AP1、交换机与路由器接入主干网，访问 Internet 中的 Web 服务器或其他主机，这样构成了一个更大的分布式系统（Distribution System，DS）。

3. 独立基本服务集

独立基本服务集是以自组织方式形成的无线自组网（Ad hoc）。在无线自组网中没有无线基站，无线主机之间采用对等方式通信。不相邻的无线主机之间的通信需要通过相邻的无线主机转发的多跳方式完成。Ad hoc 具有如下特点。

① 自组织和自修复：Ad hoc 不需要预先架设任何基础设施，所有主机通过分层的协议体系和分布式路由算法协调相邻无线主机之间的通信关系。无线主机可快速、自主和动态地组网。当有主机接入和退出或主机之间的无线信道故障时，主机能够寻找新的相邻主机，并重新组网。

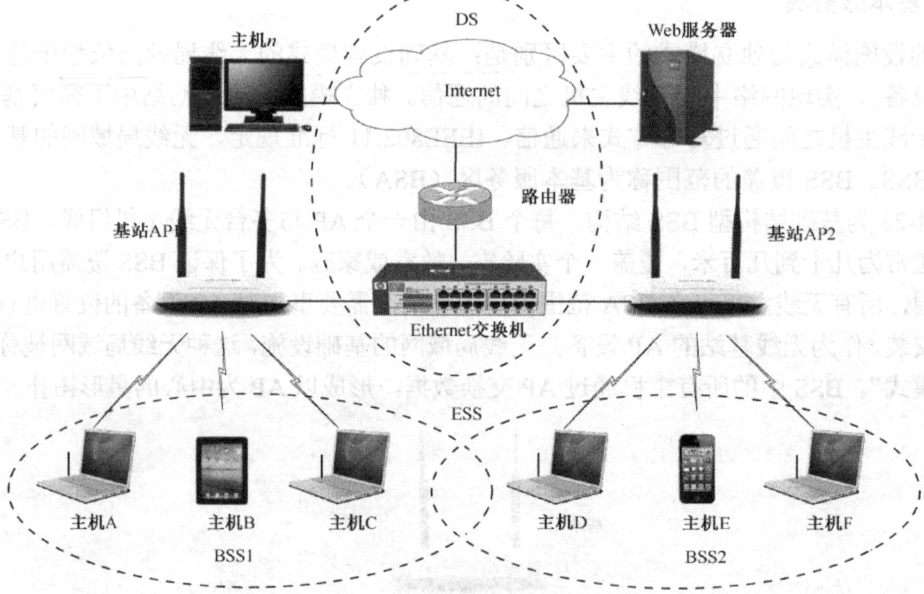

图 4-23　由两个 BSS 组成的 ESS 结构

② 无中心：Ad hoc 是一种对等结构的网络。网络中所有主机地位平等，没有专门的路由器。任何主机可随时加入、离开网络，即使出现故障，也不会影响整个网络运行。

③ 多跳路由：由于主机的无线发射功率有限，因此每台主机的覆盖范围有限。在覆盖范围之外的主机之间通信，必须通过中间主机以多跳方式完成。每台主机同时承担路由器和客户机的功能。

④ 动态拓扑：Ad hoc 允许主机自由开启或关闭，并允许主机在任何时间以任意速度移动，同时会受到天线覆盖范围、地理位置和障碍物遮挡以及信号多径传输、信道之间干

扰等因素影响，主机之间的通信关系会不断变化，这就造成了 Ad hoc 拓扑动态改变。为了保证 Ad hoc 能正常工作，必须采取特殊的路由协议和实现方法。

4. Mesh 基本服务集

无线 Mesh 又称为 Mesh 基本服务集（MBSS）或无线网状网（Wireless Mesh Network，WMN）。无线 Mesh 具有如下特点。

① 无线 Mesh 由一组呈网状分布的 AP 组成，AP 之间通过点 - 点无线信道相连，形成具有自组织、自修复特点的多跳网络。

② 从接入的角度，每个 AP 可形成自己的 BSS；从多跳网络结构的角度，AP 具有接收、转发相邻 AP 发送帧的功能。与传统的 AP 相比，无线 Mesh 中的 AP 增加 MAC 层路由选择与自组织功能，因此无线 Mesh 中的 AP 又被称为 Mesh AP。

③ Mesh AP 可形成自己的 BSS，实现主机的接入功能，这与 BSS、ESS 相同；从自组织、多跳的角度，这与 Ad hoc 相同，因此无线 Mesh 被归纳为混合型网络。

④ 无线 Mesh 与 Ad hoc 的区别是：无线 Mesh 通过 Mesh AP 之间连接形成网状网，Ad hoc 通过无线主机之间对等通信形成网状网；无线 Mesh 适应大面积、快速和灵活组网的需求，Ad hoc 适应多主机在移动状态下自组网的需求。

4.5.5 无线局域网的工作原理

1. MAC 层的访问控制模式

图 4-24 为 IEEE802.11 协议层次结构。其中，物理层主要定义红外和微波频段的扩频通信标准。MAC 层的主要功能是实现对多台主机共享无线信道的访问控制，为无线通信提供安全与保证 QoS 服务。

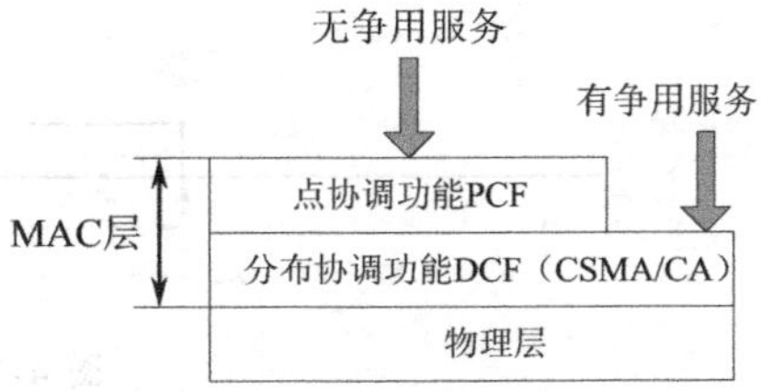

图 4-24 IEEE802.11 协议层次结构

IEEE802.11 的 MAC 层协议支持如下两种访问控制模式。

① 无争用服务。无争用服务系统的中心是基站（AP）。在点协调功能（Point Coordination Function，PCF）模式下，基站控制多个无线主机对共享信道的无冲突访问，形成以基站为中心的星形网络结构，因此点协调功能模式提供的是无争用服务。

② 争用服务。IEEE802.11 的 MAC 层可采用带冲突避免的载波侦听多路访问（Carrier Sense Multiple Access/Collision Avoid，CSMA/CA）访问控制方法。IEEE802.11 提供的有争用服务称为分布协调功能（Distributed Coordination Function，DCF）。

IEEE802.11 规定 MAC 层必须支持分布协调功能，而点协调功能是可选的。IEEE802.11 默认工作在分布协调功能模式下；只有使用对传输时间要求高的视频、音频会话类应用，才需要启用点协调功能模式。

2. 帧间间隔的规定

IEEE802.11 规定所有无线网卡从发现信道空闲到发送一帧，或者是发送一帧之后到发送下一帧时，都需要间隔一段时间，这段时间称为帧间间隔（Inter Frame Space，IFS）。

IEEE802.11 规定了 4 种帧间间隔：短帧间间隔（Short IFS，SIFS），点协调帧间间隔（Point

Coordination IFS，PIFS），分布协调帧间间隔（Distributed Coordination IFS，DIFS），扩展帧间间隔（Extended Coordination IFS，EIFS）。

帧间间隔的长短取决于发送帧的类型。高优先级的帧等待的时间短，可以优先获得信道的发送权。低优先级的帧等待的时间长，如果低优先级的帧处于等待发送时，空闲信道已被优先高的帧占用，信道就从空闲变成忙，低优先级的帧只能继续等待，延迟发送。

IEEE802.11 规定的短帧间间隔为 28 μs。采用 SIFS 的功能主要包括：对信道进行预约的 ACK 帧、CTS 帧，以及属于一次会话的各帧。

IEEE802.11 规定的分布协调帧间间隔长度为 128 μs。在 DCF 方式中，发送数据帧、管理帧需要用 DIFS。

3．CSMA/CA 的工作原理

IEEE802.11 的分布协调功能支持两种模式：基本模式与 RTS/CTS 预约模式。CSMA/CA 的设计目标是尽可能减小冲突发生概率。CSMA/CA 的工作原理可总结为：信道监听、推迟发送、冲突退避，如图 4-25 所示。

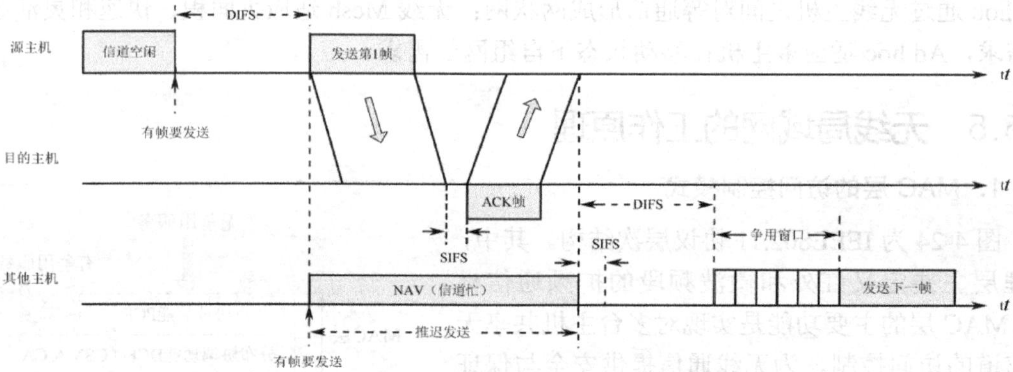

图 4-25 CSMA/CA 工作过程

（1）信道监听

CSMA/CA 要求物理层对无线信道进行载波监听，根据接收到的信号强度判断是否已有主机利用无线信道发送数据。当源主机确定信道空闲时，首先需要等待 1 个 DIFS；如果时间到，并且信道仍空闲，则发送一个帧。在帧发送结束后，源主机需要等待接收目的主机返回的 ACK 帧。

如果目的主机正确接收到发送帧，再等待 SIFS 时间间隔后，向发送主机发送 ACK 帧。源主机在规定时间内接收到 ACK 帧，说明没有发生冲突，该帧发送成功。

（2）推迟发送

IEEE802.11 的 MAC 层还使用虚拟监听（Virtual Carrier Sense，VCS）与网络分配向量（Network Allocation Vector，NAV）机制，以便主动避免冲突发生，达到进一步减小冲突发生概率的目的。

IEEE802.11 帧头的第 2 个字段是持续时间（Duration/ID）。发送主机在发出一帧时，在该字段中填入以 μs 为单位的值（如 216），表示在该帧发送结束后，还要占用信道 216 μs 的时间。这个时间包括目的主机返回确认的时间。其他主机在收到数据帧中的持续时间后，如果该值大于自己的 NAV 值，则根据接收的持续时间字段值来修改自己的值。NAV 计时器的值随着时间推移递减，只要 NAV 不为 0，主机就认为信道忙。

（3）冲突退避

由于可能有多个主机同时发现 NAV 为 0，它们都会认为信道空闲，这时多个主机会同时发送数据而出现冲突，因此 IEEE802.11 协议规定：所有主机在 NAV 值为 0 后，再等待一个 DIFS，然后执行二进制指数退避算法，以进一步减少出现冲突的概率。

二进制指数退避算法规定：第 i 次退避，退避时间可在 0～$2^{2+i}-1$ 中随机选择一个。例如，第 1 次退避 i=1，2^{2+1}=8，则可选择 0～7 中的一个退避时间，如选择 5 号时间片。在第一次出现冲突后，主动延时 5 个时间片。第 2 次退避是 2^{2+2}=16 个时间片，即 0～15，如果随机选择 12 号时间片，则在第 2 次出现冲突后，主动延时 12 个时间片。当冲突出现到第 6 次，即 i=6 时，即 2^{2+6}=256，可在 0～255 中随机选择一个时间片。IEEE802.11 协议将退避时间变量 i 定义为退避变量，退避变量的最大值为 6。

（4）退避算法执行过程

当无线主机有数据准备发送，它必须执行退避算法，选择退避时间值，启动退避计时器（Backoff Timer）。当退避计时器减小到 0 时，可能出现两种情况：① 退避计时器为 0 时，信道空闲，则该主机可发送一帧；② 退避计时器为 0 时，信道繁忙，则该主机冻结退避计时器的数值，重新等待信道变为空闲，再经过 DIFS 后，继续启动退避计时器，从剩下的时间开始计时。等到退避计时器为 0 时，信道空闲，此时该主机可发送一帧。

4.5.6 IEEE802.11 帧的结构

IEEE802.11 协议定义了 3 种帧结构：管理帧、控制帧、数据帧。

1. 管理帧

IEEE802.11 协议定义了 14 种管理帧，如信标（Beacon）帧、探测（Probe）帧、关联（Association）帧、认证（Authentication）帧等，主要用于无线主机与 AP 之间建立关联。在 BSS 模式中，AP 以 0.1～0.01 s 间隔周期广播信标帧。只有在 Ad hoc 中，无线主机可以发送信标帧。

信标帧的作用主要表现在 3 方面：① 无线主机通过接收到的信标帧可发现可用的 AP；② 信标帧为无线主机接入 AP 提供必要的配置信息；③ 无线主机从接收信标帧的时间戳中提取 AP 时钟，使无线主机与 AP 保持时钟同步。

图 4-26 是一个信标帧的解析。信标帧包含 AP 的主要信息：SSID 为 NK-netlab；BSSID 为 00:02:6A:60:B2:85；使用 2.4 GHz 频段的信道 6；主机接收的 AP 信号强度为-28 dBm；信噪比为-256dBm；使用 WPA 协议来加密；传输速率为 1～54 Mbps。

由于无线信道的开放性，AP 发送信号在覆盖范围内，所有的无线主机都可以接收，从提高安全性的角度，无线主机通过链路认证后能加入 BSS；接入 BSS 后能发送数据。图 4-27 为无线主机与 AP 之间的关联过程。共享密钥认证可采用以下协议：有线等效协议（Wired Equivalent Privacy，WEP）、无线保护访问（Wi-Fi Protected Access，WPA）。IEEE802.11i 标准用安全性高的 WPA 取代 WEP。

```
AP1 Beacon:
        SSID: "NK-netlab"
        BSSID: 00:02:6A:60:B2:85
        Mode: Master
        Channel: 6
        Frequency: 2.4372GHz
        Signal level= -28dBm Noise Level= -256dBm
        Encryption key: on
        IE: WPA Version 1
        Bit Rates: 1Mbps; 2Mbps; 5.5Mbps; 11Mbps;
                   6Mbps; 12Mbps; 24Mbps; 36Mbps; 9Mbps;
                   18Mbps; 48Mbps; 54Mbps
```

图 4-26 一个信标帧的解析

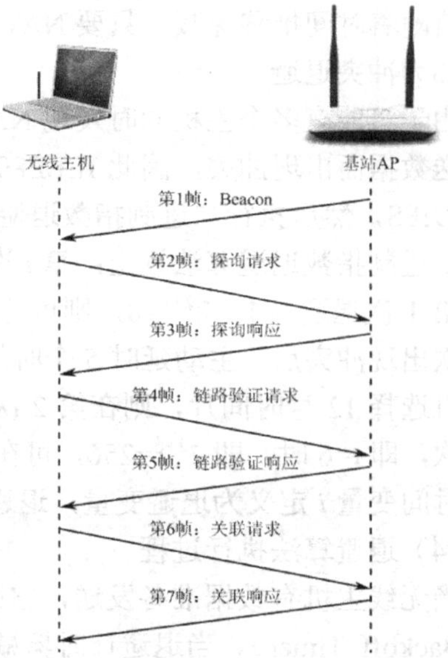

图 4-27 无线主机与 AP 之间的关联

2. 控制帧

IEEE802.11 协议定义了 9 种控制帧。控制帧主要用于预约信道、确认单播数据帧。请求发送（Request To Send，RTS）、允许发送（Clear To Send，CTS）和确认（ACK）都属于控制帧。IEEE802.11 允许无线主机通过 RTS/CTS 预约信道。图 4-28 为 RTS/CTS 预约模式的工作过程。信道预约可有效解决隐藏主机带来的冲突。RTS/CTS 预约模式的工作过程如下：

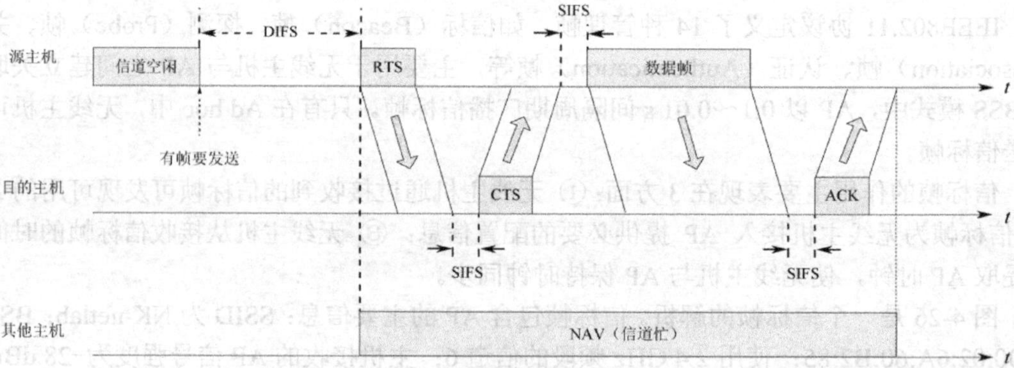

图 4-28 RTS/CTS 预约模式的工作过程

<1> 源主机在检测到信道空闲，并退避一个 DIFS 后，发生一个 RTS 帧。RTS 帧包括源主机与目的主机地址，以及这次通信的持续时间。

<2> 当目的主机接收到 RTS 帧，并且信道空闲，在退避一个 SIFS 后，发送一个 CTS 帧。CTS 帧复制 RTS 帧中的持续时间。除源主机外，其他主机接收到 CTS 帧后，根据持续时间来设置本主机的 NAV。

<3> 源主机接收到 CTS 帧后，退避 SIFS，然后发送数据帧。

<4> 目的主机接收到数据帧后，退避 SIFS，然后向源主机返回 ACK 帧。

3. 数据帧

IEEE802.11 数据帧由三部分组成：帧头、数据字段、帧尾。其中，帧头长度为 30 B，数据字段长度为 0～2312 B，帧尾由 2 B 的帧校验字段组成。帧头由 7 个部分组成：帧控制、持续时间、地址 1～地址 4 与序号等。在 IEEE802.11 系列协议中，帧结构可能有所不同，如 IEEE802.11n 在数据帧中增加 QoS 和 HT 字段。图 4-29 给出了 IEEE802.11 数据帧的结构。

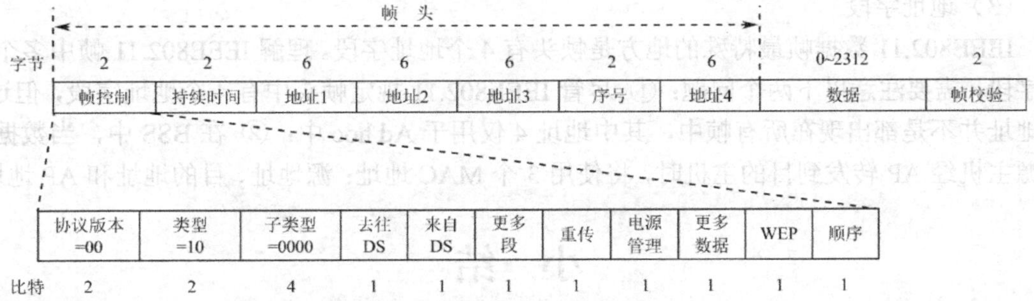

图 4-29 IEEE802.11 数据帧的结构

（1）帧控制（Frame Control）

数据帧中的第一个字段是帧控制字段，结构比较复杂。帧控制字段的长度是 2 字节，包括 11 个子字段，主要子字段的含义如下。

① 协议版本：目前发布的 IEEE802.11 版本相互兼容，该子字段被置为 00。

② 类型：表示不同类型帧。其中，00 表示管理帧，01 表示控制帧，10 表示数据帧。

③ 子类型：表示不同类型帧的子类型。例如，在管理帧中，0000 表示关联请求帧，0001 表示关联响应帧，0100 表示探询请求帧，0101 表示探询应答帧，1000 表示信标帧。在控制帧中，1011 表示 RTS 帧，1100 表示 CTS 帧，1101 表示 ACK 帧。在数据帧中，0000 表示数据帧，0100 表示空白帧，1000 表示 QoS 数据帧。

④ 去往 DS、来自 DS：IEEE802.11 使用“来自 DS”表示帧从 AP 发送到无线主机，“去往 DS”表示帧从无线主机发送到 AP。例如，“去往 DS=1、来自 DS=0”表示从无线主机发往 AP 的帧。

⑤ 更多分片：考虑到无线信道容易受干扰，传输的误码率较高，在无线信道上传输的帧不宜过长，IEEE802.11 允许网管人员设置分片阈值。当高层数据超过分片阈值时，自动将帧分成多个分片。在分片传输时，每个分片头部的该字段为 1。分片只用于单播传输。

⑥ 重传：有时可能需要重传某些帧。当该字段的值为 1 时，表示为重传帧。接收主机可将重复的帧删除。

⑦ 电源管理：接入无线网络的大量设备是笔记本、智能手机和各种移动终端，因此节能非常重要，关系到终端的续航能力。IEEE802.11 支持两种电源管理模式：主动模式（Active Mode）、节能模式（Power Save Mode）。IEEE 802.11 默认的是主动模式，随时准备发送或接收数据。节能模式是可选的模式。

⑧ 更多数据：当某些主机处于休眠状态时，AP 接收到发送给它们的数据帧，通过置“更多数据”字段为 1，通知至少有 1 个帧等待发送给休眠主机。

⑨ WEP：表示 AP 是否使用 WEP 协议。如果 WEP 为 1，表示使用 WEP 协议，否则

表示未使用 WEP 协议。

⑩ 顺序：如果要求帧或分片严格按照顺序传输，则需要将该字段设置为 1。

（2）持续时间（Duration/ID）

IEEE802.11 帧头的第二个字段是持续时间，其中包含一个 0～32767 之间的任意值。源主机在发送一帧时，在该字段中填入以 μs 为单位的值，表示发送该帧和接收 ACK 帧需要占用信道的时间。

（3）地址字段

IEEE802.11 数据帧最特殊的地方是帧头有 4 个地址字段。理解 IEEE802.11 帧中多个地址字段，需要注意以下两个问题：① 尽管 IEEE802.11 规定帧头中有 4 个地址字段，但这 4 个地址并不是都出现在所有帧中，其中地址 4 仅用于 Ad hoc 中；② 在 BSS 中，当数据帧从源主机经 AP 转发到目的主机时，将使用 3 个 MAC 地址：源地址、目的地址和 AP 地址。

小　结

本章主要讲述了以下内容：

① 局域网设计目标是有限地理范围内的计算机组网。网络类型主要包括以太网、令牌环网、令牌总线网；拓扑结构主要分为总线型、环型、星型；传输介质主要采用双绞线、同轴电缆、光缆、无线信道。

② 目前，应用最广泛的局域网类型是以太网。传统以太网是共享介质类型的局域网，其核心技术是随机争用型的共享介质访问控制方法，即带冲突检测的载波侦听多路访问方法（CSMA/CD）。

③ 交换式局域网根本改变共享介质工作方式，通过交换机在多对节点之间建立多个并发连接。随着交换式以太网技术的发展，交换式以太网逐渐取代传统以太网。交换技术的发展为虚拟局域网提供了技术基础。

④ 随着对局域网带宽的应用需求增加，导致各种高速局域网技术研究。目前，传输速率为 100 Mbps 的快速以太网、1 Gbps 的千兆以太网已普及，10 Gbps 的万兆以太网开始进入实用阶段，并将以太网应用扩展到城域网与广域网。

⑤ 无线局域网采用无线传输介质，可作为传统局域网的有效补充。无线局域网的传输技术主要有红外线、扩频与窄带微波。无线局域网的介质访问控制方法是 CSMA/CA，相关协议标准是 IEEE802.11 系列标准。

习题 4

一、**名词解释**（用所给定义解释以下术语，在每个术语前的下划线上标出正确的定义）

术语：

________1．以太网	________5．快速以太网
________2．令牌总线网	________6．千兆以太网
________3．令牌环网	________7．交换式局域网
________4．虚拟局域网	________8．无线局域网

定义：

A．符合 IEEE802.5 标准，MAC 层采用令牌方法的环型局域网。
B．符合 IEEE802.3 标准，MAC 层采用 CSMA/CD 方法的局域网。
C．符合 IEEE802.4 标准，MAC 层采用令牌方法的总线型局域网。
D．通过交换机的多个端口之间并发连接，从而实现多对节点之间数据传输的局域网。
E．MAC 层采用 CSMA/CD 或交换方法，物理层采用 1000BASE 标准的局域网。
F．MAC 层采用 CSMA/CD 或交换方法，物理层采用 100BASE 标准的局域网。
G．建立在交换技术的基础上，以软件方式实现逻辑工作组管理的局域网。
H．符合 IEEE802.11 标准，物理层采用无线传输方式的局域网。

二、单项选择

1．在共享介质的以太网中采用的介质访问控制方法是________。

A．并发连接　　B．CSMA/CD　　C．时间片　　D．令牌

2．当以太网中的节点数增加一倍时，每个节点分配带宽为原来的________。

A．2 倍　　B．1/10　　C．10 倍　　D．1/2

3．在快速以太网标准中，支持 5 类非屏蔽双绞线的标准是________。

A．100BASE-T4　　B．100BASE-FX　　C．100BASE-TX　　D．100BASE-CX

4．交换式局域网的核心设备是________。

A．中继器　　B．交换机　　C．集线器　　D．路由器

5．在以下 IEEE802.11 帧中，不属于控制帧的是________。

A．Beacon 帧　　B．RTS 帧　　C．CTS 帧　　D．ACK 帧

6．以下关于传统以太网的描述中，错误的是________。

A．采用共享介质工作方式　　B．支持双绞线作为传输介质
C．中心连接设备为集线器　　D．最大传输速率为 1 Gbps

7．以下关于无线局域网的描述中，错误的是________。

A．采用无线方式传输数据　　B．不支持无线自组网形式
C．中心连接设备称为 AP　　D．可采用 CSMA/CA 方法

8．以下关于 IEEE802.3 标准的描述中，错误的是________。

A．它是传统以太网协议标准　　B．支持双绞线和同轴电缆
C．仅涵盖数据链路层的内容　　D．物理层是 10BASE 系列标准

三、判断题（判断下列描述是否正确，正确的在下划线上写 Y，错误的写 N）

____1．传统以太网在逻辑结构上属于总线型。
____2．在共享介质的总线型局域网中，不需考虑介质访问控制方法，可避免节点之间的冲突问题。
____3．IEEE802.4 定义了千兆以太网的物理层和 MAC 层标准。
____4．交换式局域网的基本拓扑可以是星型或总线型。
____5．在 Ethernet 帧结构中，目的地址字段中保存接收方的 IP 地址。
____6．虚拟局域网建立在局域网交换机之上，以软件方式实现逻辑工作组的划分和管理，组成员不受物理位置的限制。
____7．IEEE802.10 定义了无线局域网结构模型。
____8．无线局域网的用途是完全替代使用有线介质的局域网。

四、问答题

1．局域网在介质访问控制上分为几种类型？

2．说明 IEEE802.2 标准与 IEEE802.3、IEEE802.4、IEEE802.5 之间的关系。

3．说明 IEEE802.3 系列标准与 10BASE-T、100BASE-T、1000BASE-T 之间的关系。

4．为什么 CSMA/CD 是一种随机争用型的介质访问控制方法？

5．说明改善局域网性能的思路和相关方案。

6．说明局域网交换机的基本工作原理。

7．虚拟局域网在组网方式上分为几种类型？

8．无线局域网在传输技术上分为几种类型？

第 5 章　网络操作系统

本章学习要求

- ⌘　了解：网络操作系统的基本概念
- ⌘　掌握：Windows 操作系统的特点
- ⌘　掌握：NetWare 操作系统的特点
- ⌘　了解：UNIX 操作系统的特点
- ⌘　了解：Linux 操作系统的特点

在学习局域网基本概念与组网方法后，有必要了解有关网络操作系统的知识。本章在讨论网络操作系统的定义、分类和功能的基础上，依次介绍 Windows、NetWare、UNIX 和 Linux 操作系统。

5.1　网络操作系统的概念

网络操作系统是计算机网络的重要组成部分，每个节点只有安装网络操作系统后，才能作为网络成员为其他节点提供服务。

5.1.1　操作系统的概念

计算机系统由硬件、软件两部分组成。硬件是物理部件，软件是逻辑部件，二者分离都无法工作。硬件主要包括 CPU、内存、外部设备（各种输入、输出设备）等。硬件是计算机系统赖以工作的实体。软件是提供特定功能的程序和数据。软件可分为系统软件和应用软件。

1. 操作系统的定义

操作系统（Operating System，OS）是系统软件的核心，负责计算机系统的全部软件和硬件资源的调度，控制并协调多个任务的活动，实现信息的存取和保护，为用户提供良好的应用平台和工作环境。没安装操作系统的计算机称为裸机。操作系统是配置在裸机上的第一层软件，其他软件都依赖操作系统的支持。用户通过操作系统来使用计算机系统，操作系统为用户提供使用计算机的平台。操作系统的设计目标主要包括：方便性、有效性、开放性、可靠性、扩展性、可移植性。

从用户的角度来看，操作系统是用户与计算机系统之间的接口。操作系统通常为用户提供三种接口：命令行接口、图形用户接口、程序接口。其中，命令行接口是早期的操作系统接口，如 UNIX 和 MS-DOS 操作系统，用户通过键盘输入命令来获得服务。图形用户接口是命令行接口的扩展，将各种系统功能和应用程序以图标形式来表示，这样可使计算机操作变得更方便、直观，Windows 是典型的图形用户接口操作系统。程序接口是应用程序与操作系统之间的接口，用户可通过系统调用来获得系统服务。

从计算机体系结构的角度，操作系统可分为以下几种：单机操作系统、网络操作系统、分布式操作系统和嵌入式操作系统。从资源共享级别的角度，操作系统可分为以下几种：单任务操作系统、多任务操作系统、单用户操作系统和多用户操作系统。从工作方式的角度，操作系统可分为以下几种：批处理操作系统、分时操作系统和实时操作系统。操作系统不断发展的动力主要表现在：方便用户使用计算机，提高计算机资源利用率，计算机硬件不断更新换代，计算机体系结构的发展。

2．操作系统的基本功能

操作系统是直接与硬件相邻的第一层软件，由大量复杂的系统程序和数据集合组成。在多个进程并发执行的操作系统环境中，用户进程所需资源总和通常远大于系统资源，需要操作系统进行合理的进程调度。操作系统主要提供以下基本功能。

（1）处理机管理

处理机是整个计算机系统的核心硬件资源，充分利用处理机资源是操作系统的重要管理任务。处理机分配的主要对象是进程，操作系统通过进程调度分配处理机资源，因此处理机管理实际上就是进程管理。操作系统中的进程管理主要包括：进程控制、进程同步与互斥、处理机调度、进程通信、死锁检测与处理等。其中，进程控制是指创建和撤销进程、控制进程的状态转换等。例如，当程序运行时，需要为它创建进程，为进程分配内存等必要资源并放入进程队列。处理机调度是指当一个正在执行的进程完成，或由于某种事件而无法继续执行时，操作系统通过进程调度重新分配处理机。

（2）存储管理

存储器也是计算机系统的重要硬件资源，作为记忆部件，存储器是程序运行所需的舞台。当某个程序在计算机的处理机中运行时，相关代码和数据全部或部分驻留在内存中，操作系统本身也需要占相当大的内存。存储管理的任务就是为进程分配内存空间，进程结束后回收其占用的内存空间。操作系统需要保护系统和每个进程的内存空间，保证多个进程不会有意或无意访问进程外的空间。操作系统的存储管理主要包括：内存分配、内存保护、地址映射与内存扩充等。

（3）设备管理

外部设备是计算机系统的重要硬件资源，相对于处理机，通常运行速度较慢。如何提高处理机与外部设备的并行性，便于用户或程序来操作和控制这些设备，一直是操作系统要解决的主要问题。由于操作系统需要支持各种外部设备，而各类设备的控制和信息传输操作差别很大，因此设备管理方面的代码通常占内核的很大部分。目前，常见的外部设备主要包括显示器、硬盘、光驱、打印机、扫描仪、串/并行接口等。设备管理的主要任务是充分利用各种设备资源。操作系统的设备管理主要包括：缓冲管理、设备分配、设备驱动和虚拟设备等。

（4）文件系统

文件是计算机中的程序和数据的存储方式，也是计算机系统的重要资源之一。文件系统应该有效支持文件的存储、检索和分类等操作，将文件安全、有组织地存放在文件系统中，并向用户提供方便的文件存取和共享手段。文件系统的主要功能包括：存储空间管理、目录管理、文件安全和保护。目录管理的任务是实现文件的按名字存取，即文件的名字空间和存储空间的映射。为了方便用户在外部存储器中找到文件，通常由文件系统为每个文件建立一个目录项，包括文件名、属性及在磁盘中的位置等。

（5）用户接口

操作系统核心通过系统调用向应用程序提供接口，允许应用程序执行进程控制、申请和和释放内存、操作文件和目录，以及对各种外部设备的 I/O 操作等。另外，操作系统还向用户提供了命令行接口，用户可通过命令与系统进行交互。

5.1.2 网络操作系统的定义和分类

单机操作系统只能为本地用户使用本机资源提供服务，不能满足开放的网络环境中的服务需求。连网计算机的资源既是本机资源又是网络资源，它们既要为本地用户使用资源提供服务，又要为远程的网络用户使用资源提供服务。

1．网络操作系统的定义

OSI 参考模型定义的计算机网络由七层构成，而局域网标准只定义了低层（物理层、数据链路层）协议。例如，IEEE802 相关协议只涵盖物理层和数据链路层的内容。由于实现局域网协议的硬件和驱动程序只能为用户提供数据传输功能，因此人们将早期的局域网定义为数据传输网络。局域网要为用户提供完备的网络服务功能，就必须具备局域网高层软件（即网络操作系统）。

网络操作系统（Network Operating System，NOS）是具有网络功能的操作系统，用于管理网络通信和共享网络资源，协调网络环境中的多个节点中的任务，并向网络用户提供统一、有效的网络接口。网络操作系统主要具备网络通信、资源管理、网络服务、管理和互操作能力。网络操作系统通常包括两部分：客户端操作系统和服务器端操作系统。网络操作系统的基本任务是：屏蔽本地资源与网络资源的差异性，为用户提供各种网络服务功能，并为网络系统提供安全性服务。

2．网络操作系统的分类

纵观二十年来网络操作系统的发展，网络操作系统经历从对等结构向非对等结构演变的过程，如图 5-1 所示。

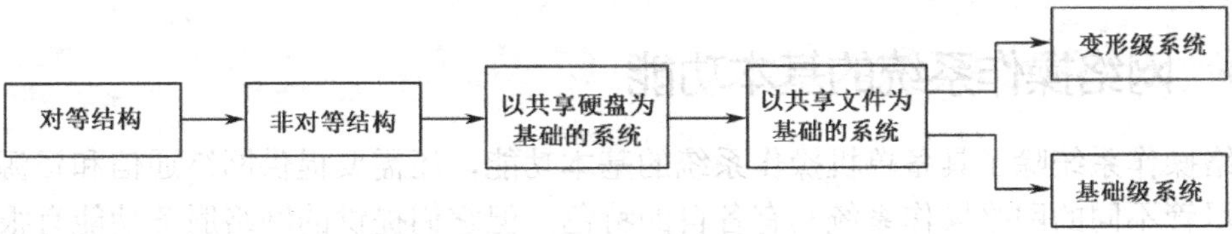

图 5-1 网络操作系统的演变过程

网络操作系统可以分为两种：面向任务型和通用型。其中，面向任务型的网络操作系统是为某种特定网络应用而设计的；通用型的网络操作系统能提供基本服务功能，并支持用户在各网络应用领域的需求。通用型的网络操作系统又可分为两类：变形级系统、基础级系统。变形级系统是在原有的单机操作系统的基础上，通过增加网络服务功能而形成；基础级系统则是以计算机硬件为基础，根据网络服务的特殊要求，利用计算机硬件和少量软件专门设计的操作系统。

对等结构网络操作系统中的所有网络节点地位平等，安装在每个节点的操作系统软件相同，并且各网络节点的资源可相互共享。每个网络节点都以前后台方式工作，前台为本地用户提供服务，后台为其他节点的网络用户提供服务。局域网中的任何两个节点之间都可直接通信。对等结构操作系统可共享 CPU、硬盘、打印机等。对等结构操作系统的优点是结构简单，任何节点之间都能直接通信。但是，每个节点既是工作站又是服务器，既要完成本地用户的信息处理任务，又要承担较重的网络通信和资源共享任务，这会严重增加网络节点的负荷。因此，对等结构操作系统支持的网络规模一般较小。

非对等结构网络操作系统分为两部分：服务器端、工作站端。由于服务器集中管理网络资源和服务，因此服务器是局域网的逻辑中心。服务器运行的网络操作系统的功能和性能直接决定着网络服务、系统性能和安全性。在早期的非对等结构操作系统中，通常在网络中有一台或几台带大容量硬盘的服务器，硬盘可作为很多节点使用的共享硬盘。

服务器将共享硬盘空间划分成多个虚拟盘体。虚拟盘体可以分为三部分：专用盘体、公用盘体、共享盘体。专用盘体可分配给不同用户，用户通过命令将专用盘体链接到本地，并通过口令、属性来保护数据；公用盘体为只读属性，允许多个用户同时进行读操作；共享盘体为可读写属性，允许多用户同时进行读写操作。共享硬盘服务系统的缺点是：用户每次使用服务器硬盘时首先要链接，需要用 DOS 命令建立专用盘体的目录结构，因此使用不便、效率低、安全性差。

3．文件服务器的概念

为了克服共享硬盘系统的缺点，研究人员提出了基于文件服务的操作系统。这种网络操作系统分为两部分：文件服务器、工作站软件。文件服务器具有分时系统文件管理的功能，支持文件的概念和标准的文件操作，提供对用户访问文件、目录的并发控制。因此，文件服务器应具备完善的文件管理功能，能够对全网实现统一的文件管理。文件服务器为网络用户提供完善的文件和目录服务。

目前，流行的网络操作系统属于基于文件服务的操作系统，如 Microsoft 公司的 Windows 操作系统、Novell 公司的 NetWare 操作系统、IBM 公司的 LAN Server 操作系统、Apple 公司的 MacOS 操作系统以及 UNIX 操作系统、开源的 Linux 操作系统等。这些操作系统都能提供强大的网络功能，为局域网的广泛应用奠定了基础。

5.1.3 网络操作系统的基本功能

网络操作系统除了具备单机操作系统的基本功能，还需要提供网络通信和资源共享等功能。尽管不同的网络操作系统具有各自的特色，但它们提供的网络服务功能有很多相似点。网络操作系统主要提供以下 6 种基本功能。

① 文件服务（File Service）：文件服务器以集中方式管理共享文件，工作站根据权限

对文件进行读写或其他操作，文件服务器为网络用户的文件安全提供必需的控制方法。

② 打印服务（Print Service）：通过设置专门的打印服务器来完成，或者由工作站或文件服务器来承担。在网络中安装一台网络打印机，网络用户就可以远程共享这台打印机。打印服务器收到用户打印请求后，按先到先服务的原则提供打印服务。

③ 数据库服务（Database Service）：提供远程数据库查询功能。客户端可以用结构化查询语言（SQL）向数据库服务器发送查询请求，由服务器进行查询后将查询结果返回客户端。

④ 通信服务（Communication Service）：包括工作站与服务器之间的通信，以及工作站之间的对等通信等。

⑤ 网管服务（Management Service）：提供丰富的网络管理工具，可提供网络性能分析、状态监控、存储管理等功能。

⑥ 互联网服务（Internet Service）：为了适应 Internet 和 Intranet 的应用，网络操作系统一般都支持 TCP/IP，提供各种 Internet 服务，并支持 Java 开发工具，在网络服务器中提供各种互联网服务。

5.2 Windows 操作系统

Windows 操作系统是 Microsoft 公司开发的网络操作系统，是目前流行的、有很多版本的一种网络操作系统。

5.2.1 Windows 操作系统的发展

Microsoft 公司开发 Windows 3.1 操作系统的出发点是在 DOS 环境中增加图形用户界面（Graphic User Interface，GUI）。Windows 3.1 的巨大成功与用户对网络功能的强烈需求分不开。Microsoft 公司很快推出了 Windows for Workgroup，这是一种对等式结构的操作系统。但是，这两种产品没有摆脱 DOS 的束缚，严格说不能算是一种网络操作系统。

直到 Microsoft 公司推出 Windows NT 3.1，才出现真正意义上的网络操作系统。Windows NT 3.1 操作系统摆脱了 DOS 的束缚，它是一种 32 位的网络操作系统，可以提供全面的网络服务功能。它的改进版是 Windows NT Advanced Server 3.1，提供包括安全性、可靠性等功能，这是为更大规模的网络而设计的，运行在一些支持多服务器的关键应用中。Windows NT 3.1 的缺点是对系统资源要求过高。

针对 Windows NT 3.1 操作系统的缺点，Microsoft 公司推出了 Windows NT 3.5，不仅降低了对计算机配置的要求，在性能、安全和网络管理等方面都有很大提高。它的推出受到广大网络用户的欢迎，在网络操作系统领域的地位上升。至此，Windows NT 成为 Microsoft 公司有代表性的操作系统。Windows NT 4.0 是在 Windows NT 3.5 的基础上改进。

由于采用客户—服务器（C/S）模式，Windows NT 操作系统分为两部分：Windows NT Server 和 Windows NT Workstation。其中，前者是服务器端软件，安装在服务器中，提供各种基本的网络服务；后者是客户端软件，安装在客户机中，访问服务器资源和服务。另外，Windows 98/ME/XP 等也可作为客户端软件。

Windows NT 定位在高性能台式机、工作站、服务器，以及政府机关、大型企业网、异型机互连等环境，继承了 Windows 友好易用的图形界面，又具有很强的网络功能和安全性，适用于各种规模的网络系统。Windows NT 操作系统支持 Internet 服务，成为可提供 Internet 服务的重要操作系统之一。

2000 年，Microsoft 公司推出 Windows 2000，是在 Windows NT Server 4.0 的基础上开发的。这时，Windows NT 内核的操作系统已成熟，Microsoft 公司决定放弃 DOS 内核的 Windows 95、Windows 98、Windows ME。Windows 2000 操作系统提供文件、打印、Web、通信等服务，具有功能强大、配置容易、安全性好等优点。

Windows 2000 家族包括 4 个成员：Windows 2000 Professional、Windows 2000 Server、Windows 2000 Advance Server 和 Windows 2000 Datacenter Server。其中，Windows 2000 Professional 是客户端软件，Windows 2000 Server、Windows 2000 Advance Server 和 Windows 2000 Datacenter Server 是服务器端软件，只是提供的网络功能和服务不同。Windows 2000 Server 用于工作组和部门服务器，Windows 2000 Advance Server 用于应用程序服务器，Windows 2000 Datacenter Server 用于核心业务的数据中心服务器。

2001 年，Microsoft 公司推出 Windows XP，是在 Windows 2000 的基础上开发的。Windows XP 集成了 Windows 2000 的安全性、可靠性和强大的管理功能，以及 Windows 98 的即插即用、界面简单等优点。最初，Windows XP 只包括两个版本：家庭版（Home Edition）、专业版（Professional Edition）。2003 年，Microsoft 公司推出 Windows XP 的 64 位版本。2005 年，Microsoft 公司推出两个新版本：媒体中心版（Media Center Edition）、平板个人计算机版（Tablet PC Edition）。

2003 年，Microsoft 公司推出 Windows Server 2003，是基于 Window 2000、用于服务器的操作系统。Windows Server 2003 主要包括 4 个版本：Windows Server 2003 Web、Windows Server 2003 Standard、Windows Server 2003 Enterprise 和 Windows Server 2003 Datacenter。其中，Windows Server 2003 Web 主要提供 Web 服务；Windows Server 2003 Standard 主要面向中小型企业；Windows Server 2003 Enterprise 支持高性能服务器与集群；Windows Server 2003 Datacenter 针对可用性、可靠性和扩展性等高要求的应用。2008 年，Microsoft 公司推出了 Windows Server 2008 操作系统。

2007 年，Microsoft 公司推出 Windows Vista，是 Windows XP 的替代版本。由于 Windows XP 内核没有考虑安全性，只能通过补丁方式来解决问题。Windows Vista 在内核方面有很大改进，操作系统部分运行在核心模式下，硬件驱动等运行在用户模式下，核心模式要求非常高的权限，这样病毒等恶意软件难以破坏核心。由于兼容性差、运行速度慢等问题，用户对 Windows Vista 欢迎程度不高。2009 年，Microsoft 公司推出 Windows 7，是开始支持触控技术的桌面操作系统，其内核版本为 Windows NT 6.1。2012 年，Windows 7 超越 XP 成为最受欢迎的操作系统。

2012 年，Microsoft 公司正式推出 Windows 8，是新一代跨平台的桌面操作系统，其内核版本为 Windows NT 6.2。Windows 8 的界面变化极大。在系统界面上，采用 Modern 模式的用户界面，各种程序以磁贴样式呈现；在操作方式上，大幅改变以往操作逻辑，提供屏幕触控支持；在硬件兼容上，支持 Intel、AMD 和 ARM 的芯片架构，可用于台式机与平板电脑。Windows 8 主要包括 4 个版本：Windows 8、Windows 8 Pro、Windows 8 Enterprise 和 Windows 8 RT 版。其中，Windows 8、Windows 8 Pro 和 Windows 8 Enterprise 版用于台式机，Windows 8 RT 版用于平板电脑。2013 年，Microsoft 公司推出 Windows 8.1，它是 Windows 8 的改进版本。2015 年，Microsoft 公司推出 Windows 10，该系统仍沿用 Windows 8 的设计思路。

5.2.2 Windows NT 操作系统的特点

1. Windows 域的概念

Windows NT 以“域”为单位实现对网络资源的集中管理。Windows 域是网络管理和安全策略集中的网络方案。每个 Windows NT 网络都由多个域组成，每个域包含多个服务器和工作站。

Windows 域中的服务器分为 3 种：主域控制器、后备域控制器、普通服务器。主域控制器（Primary Domain Controller，PDC）是 Windows NT Server 服务器，负责审核登录者身份。用户账号、组和安全设置等数据，都保存在主域控制器目录数据库中。后备域控制器（Backup Domain Controller，BDC）是 Windows NT Server 服务器，保存主域控制器的目录数据库备份。后备域控制器也可审核登录者身份。普通服务器是 Windows NT Server 服务器，为网络用户提供网络资源和服务。

图 5-2 为典型 Windows 域的结构。每个 Windows 域仅有一个主域控制器，可以有多个后备域控制器和普通服务器。主域控制器定期将目录数据库备份到后备域控制器。Windows 域通常有多个后备域控制器，特别是在大型网络中，这样可分担审核登录者身份的负载，并有利于提高网络系统的可靠性。

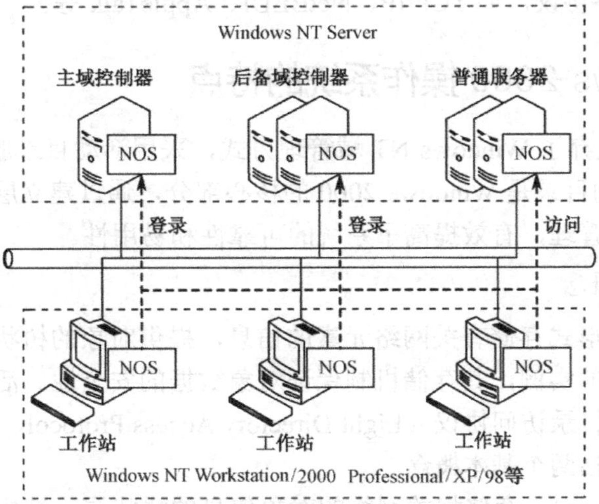

图 5-2 典型 Windows 域的结构

域模型用于描述不同 Windows 域之间的关系。域模型主要有 4 种：单域模型、主域模型、多主域模型、完全信任模型。单域模型是指网络中仅有一个域，不需要有信任关系；主域模型是指网络中存在多个域，在一个域中创建所有用户，其他域都信任这个域；多主域模型是指网络中存在多个主域，在一个主域中创建所有用户，其他主域都信任这个主域；完全信任模型是指网络中所有域都互相信任。

2. 工作组的概念

工作组是将资源管理和安全性分布在整个网络中的方案。工作组中的所有计算机之间是平等关系，没有从属与主次之分。每台计算机负责管理自己的用户账号，以及管理由很多成员组成的工作组。Windows NT 将组分为全局组和本地组。相同性质的用户可集中起来统一授权，这样使赋予权限和资源许更方便。用户账号保存用户的相关信息，包括用户名、密码、访问权限等。

工作组的概念与用户账号、组是密切相关的。工作组方式的优点是：适合计算机较少的网络，组中所有计算机之间关系平等，管理员的维护工作少且实现简单。工作组方式的缺点是：不适合计算机较多的网络，无集中式的账号、资源管理和安全策略，网络效率下降、管理混乱，网络资源的安全性难以保证。

3. Windows NT 的技术特点

① 采用 32 位体系结构，应用程序可访问的内存达到 4 GB，并通过内存保护防止系统与应用程序的冲突。

② 实现抢先式多任务与多线程操作，使多个应用程序可以同时运行。

③ 支持多重引导功能，可与其他操作系统共存，如 Linux 与其他 Windows 系统。

④ 支持多种硬件平台，包括 CISC 平台（如 Intel）与 RISC 平台（如 PowerPC）。

⑤ 采用对称多处理器技术，支持多 CPU 系统结构。

⑥ 支持各种客户端操作系统，如 MS-DOS、Windows NT Workstation、Windows 2000 Professional/XP/98、UINX、Linux、OS/2、Macintosh 等。

⑦ 支持多种网络协议，如 TCP/IP、NetBEUI、AppleTalk 等。

5.2.3 Windows 2000 操作系统的特点

Windows 2000 放弃了 Windows NT 域管理方式，采用活动目录服务（Active Directory Service，ADS）。活动目录是 Windows 2000 的核心部分，通过建立层次化的目录结构，对网络资源进行集中式管理，有效提高了系统的可靠性和易用性。

1. 活动目录的概念

活动目录以对象形式存储有关网络元素的信息，提供对象的树状层次结构视图。每个对象实际上是一个类的实例，其存储机制保证对象数据的安全性。活动目录通过建立对象模型方式，支持轻型目录访问协议（Light Directory Access Protocol，LDAP）。

活动目录主要包括两个基本概念。

① 目录（Directory）：存储相关网络的对象信息的树状层次结构，如计算机、用户、文件和打印机等资源。

② 目录服务（Directory Service）：提供目录存储、网络用户和管理员访问目录数据的方法，方便目录中所有信息和资源发挥作用。

2. 活动目录的逻辑结构

活动目录的逻辑结构主要涉及对象组织，也就是网络资源的管理模式。活动目录的逻辑结构主要包括以下概念。

① 域（Domain）：活动目录的核心单元，一些基本对象（如计算机、用户）容器，这

些对象有相同的复制过程、安全和管理需求。活动目录采用 DNS 域名（如 computer.com）表示域。活动目录为每个域建立一个目录数据副本，这个副本只存储这个域中的对象。在域控制器之间，活动目录以多主域模型来实现目录复制。

② 域树（Domain Tree）：由多个域构成的集合。在域树中，每个域都有自己的目录数据副本，用来存储自己域中的对象。第一个域是该域树的根，其中每个域共享相同的配置、对象模式和全局目录。有公共根域的所有域构成连续的名字空间。

③ 域林（Domain Forest）：由多个域树构成的集合。在域林中，域树之间通过信任关系相互关联，并共享相同的配置、目录模式和全局目录。每个域树具有自己唯一、独立的命名空间。第一个域树是该域林的根树。活动目录采用域林和域树结构，有助于通过容器层次结构来模拟企业组织结构。

④ 组织单元（Organization Union）：这是逻辑上的概念。考虑到管理方面的需求，将域中的对象组织成逻辑组，如用户组、打印机组等。组织单元实际上是一个对象容器，组织和管理来自域中的对象，但不能包含来自其他域的对象。

3. 域信任关系的概念

在默认情况下，用户身份只在自己的域中有效。域信任关系可将有效性延伸到其他域中。域信任关系涉及两个域：施信域、受信域。其中，施信域将用户身份验证委托给受信域；受信域对用户身份验证的结果被施信域认可。域信任关系主要分为如下 4 种。

① 单向信任：施信域信任受信域，但是受信域不信任施信域。

② 双向信任：施信域与受信域之间相互信任。

③ 可传递信任：延伸到某个域的信任关系，自动延伸到该域所信任的域。例如，域树中父域、子域之间的信任关系。

④ 不可传递信任：信任关系只限于施信域和受信域，并且默认为单向信任，不能在域之间传递。

5.3 NetWare 操作系统

NetWare 是 Novell 公司开发的网络操作系统，是早期流行的、有很多版本的一种网络操作系统。

5.3.1 NetWare 操作系统的发展

Novell 公司是一家著名的软件公司，开发的操作系统比 Microsoft 公司更早。1981 年，Novell 公司提出了“文件服务器”的概念。1983 年，Novell 公司开始推出 NetWare 操作系统，有代表性的产品主要有以下几种：Advanced NetWare 2.15、NetWare 2.2、NetWare 3.11 SFT III、NetWare 3.12、NetWare 4.11、IntraNetware 和 NetWare 5 等。Netware 最大优点是对计算机与网络硬件的要求较低。

NetWare 2.2 是适合工作组环境的 16 位操作系统。随着 32 位微型机的广泛使用，Novell 公司推出 32 位的 NetWare 3.xx 操作系统。NetWare 3.11 主要特点是开放性与模块化结构，它为多种硬件环境中的网络应用提供高性能的网络平台。NetWare 3.12 是 3.11 的增强版本，除支持 3.11 的全部功能外，还提供与广域网之间更好的互连。NetWare 3.11 SFT III实现包括文件服务器镜像在内的多种系统容错（System Failure Tolerance，SFT），极大提高了网络系统的可靠性。

在 NetWare 4.xx 的多个版本中，NetWare 4.11 在国内十分流行，可提供分布式目录、多协议路由、网络管理、文件管理和打印服务等，支持分布式网络应用环境，可统一管理多个文件服务器的资源，为用户提供完善的分布式服务。为了适应 Internet 和 Intranet 的应用需要，Novell 公司推出了 IntraNetware 操作系统，其内核仍是 NetWare 4.11。NetWare 5 是 Novell 公司的最新产品，由 NetWare 4.11 和 IntraNetware 发展而来。

NetWare 操作系统以文件服务器为中心，主要包括三部分：文件服务器内核、工作站外壳、低层通信协议。其中，文件服务器内核实现 NetWare 核心协议（NCP，NetWare Core Protocol），并且提供 NetWare 所有核心服务。文件服务器内核处理工作站的服务请求，主要完成以下管理任务：进程管理、文件管理、安全管理、容错管理、网络监控、服务器与工作站的连接管理等。

网络服务器软件提供文件与打印、数据库、通信服务等。服务器与工作站之间的连接通过通信软件与网卡、传输介质实现。通信软件包括网卡驱动程序和通信协议，负责网络服务器与工作站之间、工作站之间建立连接。重定向程序（NetWare Shell）负责解释用户命令。当工作站发出网络服务请求时，NetWare Shell 交给通信软件发送到服务器。同时，NetWare Shell 接收和解释来自服务器的信息，然后交给工作站的应用程序。

5.3.2 NetWare 操作系统的特点

1. NetWare 文件系统

NetWare 文件系统的所有目录和文件都在服务器硬盘中。网络环境中的硬盘通道工作是很繁重的，这是由于文件读、写是文件服务的基本操作。由于服务器 CPU 与硬盘通道的操作是异步的，CPU 完成其他任务时必须保持硬盘连续操作，因此文件系统采用多路硬盘处理和高速缓冲来加快硬盘通道访问速度。NetWare 的硬盘访问机制主要有目录 Cache、目录 Hash、文件 Cache、后台写盘、电梯升降算法、多硬盘通道等，从而提高硬盘通道的吞吐量和文件服务器的效率。

每个 NetWare 网络中至少有一个文件服务器，对网络文件访问进行集中、高效管理。为了方便文件的存储、查询和保护，NetWare 文件系统通过目录结构来组织。用户在 NetWare 环境中共享文件资源时，面对的是层次结构的文件系统：文件服务器、卷、目录、子目录、文件。每个文件服务器可分成多个卷，每个卷可分成多个目录，每个目录可分成多个子目录，每个子目录可包含多个文件。在 NetWare 环境中，访问一个文件的路径为“文件服务器名\卷名:目录名\子目录名\文件名”。

2. NetWare 用户类型

NetWare 网络用户主要分为如下 4 种。

① 网络管理员：拥有最大权限的用户，创建和维护目录结构，创建用户、组和设置权限，设置文件权限和属性，执行文件备份、打印管理等任务。

② 组管理员：拥有较多权限的用户，创建用户和组、设置权限。

③ 网络操作员：拥有一定权限的用户，主要包括 CONSOLE 操作员、队列操作员、控

制台操作员等。

④ 普遍用户：对网络资源有一定访问权限的用户，由网络管理员创建。

3. NetWare 安全机制

网络管理员通过设置用户权限来保护网络安全。为了有效地管理网络资源，网络管理员必须为网络用户创建账号。用户组是用户的集合。每个组可包括多个用户，用户也可属于多个组。管理员通常将执行相同任务或有相同权限的用户分为一组。当一个组具有某种访问权限后，该组的所有用户都有这种权限。

NetWare 安全机制需要解决以下问题：① 限制非授权用户登录网络、访问文件；② 防止用户查看没权访问的文件；③ 保护应用程序不被复制、修改或删除；④ 防止用户因误操作而删除或修改重要文件。NetWare 操作系统提供 4 级安全保密机制：注册安全性，用户信任者权限，最大信任者权限屏蔽，目录和文件属性。

4. NetWare 容错机制

文件服务器是 NetWare 网络的核心设备，出现故障可能造成数据丢失，甚至整个网络瘫痪。NetWare 操作系统提供 3 种容错技术。

（1）三级容错机制

NetWare 第一级系统容错（SFT I）主要针对硬盘表面磁介质故障，防止造成数据丢失。SFT I 采用双重目录和文件分配表、磁盘热修复和写后读验证等措施。NetWare 第二级系统容错（SFT II）主要针对硬盘或硬盘通道故障，防止造成数据丢失。SFT II包括硬盘镜像和硬盘双工功能。NetWare 第三级系统容错（SFT III）提供文件服务器镜像功能。

（2）事务跟踪系统

事务跟踪系统（Transaction Tracking System，TTS）防止在写数据库过程中因系统故障而造成数据丢失。TTS 将数据库更新过程看做一个完整“事务”，这个事务只能全部完成或返回初始状态。这样可避免在数据库文件更新过程中，因为系统硬件、软件、电源供电等意外而造成数据丢失。

（3）UPS 监控

为了防止因供电系统电压波动或突然中断，影响文件服务器和关键网络设备的工作，NetWare 操作系统提供了 UPS 监控功能。

5.4 UNIX 操作系统

UNIX 是一些公司或研究机构开发的操作系统，是一系列的流行的、有很多版本的网络操作系统的统称。

5.4.1 UNIX 操作系统的发展

1969 年，美国 AT&T 公司的 Kenneth Thompson 用汇编语言编写了 UNIX 的第一个版本，目的是为开发新软件的程序员提供一个工具。1973 年，Dennis Ritchie 重写 UNIX 并在 PDP-11 机上运行，成为 UNIX 的第五个版本。UNIX 表现出其他系统不具备的可移植性优势。1981 年，AT&T 公司发布 UNIX 的 System III（或 S3）版本。同年，美国加州大学伯克利分校在 VAX 机上推出 UNIX 的伯克利版本，就是常说的 UNIX BSD。1985 年，AT&T 公司发布 UNIX 的 SystemV（或 S5）版本。至此形成了 UNIX 的两个主要版本：UNIX BSD、UNIX S5。

最初，美国贝尔实验室公开 UNIX 系统的源代码，允许其他厂商和研究人员在此基础上进行开发，这对 UNIX 的研究、推广和普及有积极作用。但是，这也造成了 UNIX 的版本过多、彼此不兼容等缺点。UNIX 操作系统主要包括 IBM 公司的 AIX、Sun 公司的 Solaris、HP 公司的 HP-UX 等，它们大多运行在本公司的计算机硬件上。众多的应用软件可运行在 UNIX 系统上。

UNIX 作为工业标准被很多计算机厂商接受，并广泛应用于大、中、小型机、工作站以及微型机上，特别是工作站几乎都采用 UNIX。TCP/IP 作为 UNIX 的核心部分，使 UNIX 与 TCP/IP 共同得到普及。UNIX 原本是针对小型机环境而开发，采用的是集中、分时、多用户的系统结构。由于体系结构方面的限制，UNIX 市场占有率呈下降趋势。但是，随着 C/S 工作模式的发展，基于 Intel 平台的 UNIX 有新的市场。

20 世纪 80 年代，UNIX 用户协会开始 UNIX 标准化。后来，这项工作由 IEEE 接手并继续执行，制定了易移植操作系统环境（POSIX）标准。计算机厂商在 UNIX 标准上分为两个阵营：一个是 UNIX 国际，以 AT&T 和 SCO 公司为首；另一个是开放系统基金会（OSF），包括 IBM、HP、DEC 公司等。这种分裂促进 UNIX 技术的迅速发展，同时造成了广大用户的困惑。1993 年，两大阵营终于走到一起，成立公共开放软件环境（COSE）组织，这为 UNIX 标准化奠定良好的基础。

5.4.2 UNIX 操作系统的结构

1. UNIX 系统结构

图 5-3 UNIX 系统的基本结构

UNIX 系统分为两部分：内核层、外壳层。其中，内核层是 UNIX 系统的核心，包含一个分时操作系统的内核（Kernel）。外壳层由外壳（Shell）、支持程序设计的各种语言（如 C、C++等）、编译与解释程序、实用程序与系统库等组成，如图 5-3 所示。Shell 可显示简单的命令行光标或者图形用户界面。UNIX 用户接口是内核提供的系统调用，是用户程序请求操作系统提供服务的唯一方法。

2. UNIX 主要功能

存储管理的主要技术是对换（Swapping），实际上是虚拟存储器在 UNIX 中的应用。在磁盘中设置一个足够大的区域作为对换区，当内存中的进程要扩大内存空间，而当前的内存空间无法满足时，将内存中某些进程暂时放到对换区，在适当时再将它们换进内存。另一个主要技术是虚拟页存储管理技术。UNIX 系统将进程空间分成三个区：系统区、进程控制区、进程程序区。系统区占用系统空间，其中的程序与数据常驻内存；其余两个区占用进程空间，是进程中的非常驻内存部分。通过页表和硬件的地址转换完成虚拟地址与物理地址之间的转换。

文件的逻辑结构是由一串字符组成的流式文件。文件的物理结构采用的是索引结构，每个文件对应一张索引表，记录文件占用的磁盘空间块号。磁盘空间被分成大小相同的块，每块为 512 B 或 1 KB。UNIX 文件系统分成两部分：基本文件、子文件系统。UNIX 采用树状目录结构。UNIX 将目录和文件保存在磁盘，每个文件有唯一的索引节点。为了加快文件访问速度，在内存中复制索引节点形成活动索引。

UNIX 系统的网络功能非常强大。TCP/IP 就是在 UNIX 上发展起来的，并且是 UNIX 系统的基本通信协议。UNIX 系统还支持多种网络协议，如 NFS、IPX/SPX、SLIP、PPP 等。UNIX 在 Internet 服务器市场占有很大份额，可以提供各种类型的网络服务，如 Web、E-mail、FTP 等服务。

5.4.3 UNIX 操作系统的特点

UNIX 操作系统的主要特点如下。

① UNIX 是一个多用户、多任务的操作系统。每个用户可同时运行多个进程，用户进程数在逻辑上不受任何限制，并且能实现较高的运行效率。

② 具有很好的可移植性。UNIX 的大部分使用 C 语言编写，容易理解、修改和移植，这是汇编语言难以实现的。

③ 具有良好的用户界面。UNIX 提供了了功能强大、可编程的 Shell 语言，开发的用户界面简洁、高效。

④ 具有很强的内核访问功能。UNIX 提供丰富的系统调用，在系统实现上表现得紧凑、简洁。

⑤ 采用树状文件结构，具有良好的安全性和可维护性。UNIX 在文件系统方面有较大创新，这直接影响到后来出现的操作系统。

⑥ 创新的内存管理机制。UNIX 采用进程对换和和请求调页方式，实现虚拟内存管理，有效提高内存的使用效率。

⑦ 提出多种通信机制，如管道、软中断、消息、共享存储器等。后来的操作系统或多或少借鉴了 UNIX 通信机制。

5.5 Linux 操作系统

Linux 是一些公司、研究机构或个人开发的操作系统，是一系列流行的、有很多版本的网络操作系统的统称。

5.5.1 Linux 操作系统的发展

目前，Linux 操作系统已逐渐被国内用户熟悉，其强大的网络功能开始受到人们喜爱。Linux 操作系统是一个免费的软件包，可以安装在普通的微型机中。Linux 操作系统提供了很多种软件，其中包括大量的免费软件。

最初萌生设计 Linux 念头的研究者，是芬兰赫尔辛基大学学生 Linus Torvalds，他对 MINIX 操作系统十分熟悉。最初，Torvalds 没发布操作系统的二进制文件，只是对外发布程序的源代码。如果用户想编译操作系统的源代码，还需要使用 MINIX 编译程序。Torvalds 想将这个系统命名为 Freax，希望 Linux 成为一个基于 Intel 硬件、在微型机上运行、类似 UNIX 的新型操作系统。

Linux 操作系统虽然与 UNIX 系统相似，但它不是简单的 UNIX 系统变种。Torvalds 从开始编写内核代码就仿效 UNIX，多数 UNIX 工具和外壳可运行在 Linux 上。因此，熟悉 UNIX 的用户可以容易掌握 Linux。Torvalds 将源代码放在芬兰最大的 FTP 站点，他认为这套系统是“Linus”的“Minix”，并创建一个名为“Linux”的目录来存放源代码，结果 Linux 这个名字就开始使用起来。

在以后的时间里，世界各地的 Linux 爱好者先后加入 Linux 开发，促进了 Linux 操作系统的不断完善和自我发展，并开发出各种在 Linux 上运行的程序。Linux 系统从开始就是一个编程爱好者的系统，它的出发点在于核心程序的开发，而不是提供对终端用户的支持。随着 Internet 的快速发展和广泛应用，Linux 研究成果很快散布到世界各地，并成为网络操作系统领域的一颗新星。

Linux 是一个完全免费的操作系统。Linux 的内核代码是全部从头编写，只是它符合 POSIX 1003.1 标准，并且拥有所有的 UNIX 命令，因此它只是与 UNIX 系统比较相似。实际上，Linux 只是一个操作系统内核，正确叫法应该是 GNU/Linux 操作系统。1975 年，自由软件联盟（Free Software Foundation，FSF）在 MIT 成立，GNU 是 FSF 执行的一个计划，意思是“Gnu's Not UNIX”。Linux 就是在 GNU 的推动下发展起来的。

不同厂商的 Linux 系统应该被称为 Linux 发行版，其核心部分都是 Linux 内核的某个版本。Linux 内核一直在持续升级中，其内核版本号也在不断变化，例如，当前较新的版本是 Linux Kernel V2.5.38。目前，常见的 Linux 发行版主要包括：Red Hat、Mandrake、Slackware、SUSE、TurboLinux、Debian、Caldera、Ubuntu、红旗 Linux 等。

5.5.2 Linux 操作系统的结构

1. Linux 系统结构

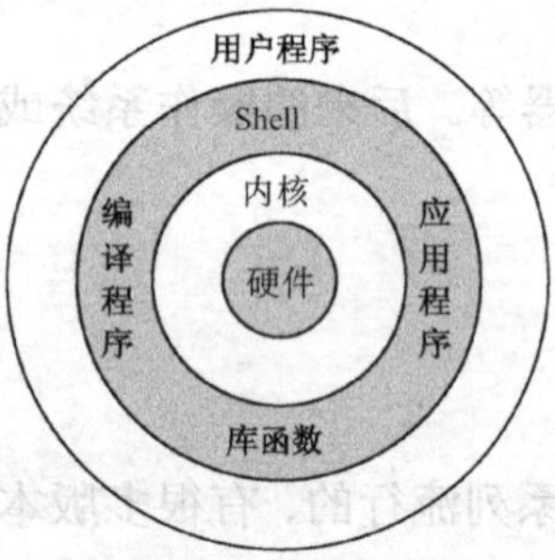

图 5-4 Linux 系统的基本结构

从操作系统原理的角度，Linux 系统结构属于层次结构。Linux 系统从内到外分为 3 层（如图 5-4 所示）：最内层是操作系统核心，即内核（Kernel）；中间层包括外壳（Shell）、编译程序、库函数等；最外层是用户程序，包括各种功能的应用程序。严格地说，Linux 实际上只是一个操作系统内核，很多公司在这个内核的基础上形成自己的系统。

从操作系统功能角度，Linux 内核由 5 部分组成：进程管理、存储管理、文件管理、设备管理、网络管理。每部分负责实现自己的主要功能，它们之间是合作、依赖的关系。进程管理是操作系统的核心，控制整个系统的进程调度与进程之间的通信，它是整个系统合理、高效运行的关键。例如，各管理模块以进程方式运行，进程又使用文件、内存、外设等资源。

内核是计算机软件与硬件之间的通信平台。其他几个管理模块具有相同的特点：都分为硬件相关和硬件无关的两部分。其中，硬件相关部分被嵌入系统内核中，硬件无关部分则建立在系统内核的基础上，同时为用户与其他模块提供调用接口。这种设计思想具有很多优点，也是 Linux 高效、可靠、兼容性好的原因。

2. Linux 源文件结构

不同的 Linux 版本在“/src”下的目录有所不同。以 RedHat 5.1 系统为例，Linux 源文件位于“/usr/src/Linux-5.2”目录下，主要包含以下子目录。

① /arch：包含计算机体系结构相关的核心代码。每个子目录表示支持的体系结构，如386和Sparc。如果在其他体系结构下运行Linux，需要编辑内核的makefile文件，重新运行Linux的内核配置程序。

② /include：包含编译内核所需的大部分include文件。

③ /init：包含内核的初始化代码。

④ /kernel：包含有关进程管理的代码。

⑤ /mm：包含有关内存管理的代码。

⑥ /drivers：包含系统的所有设备驱动程序，每个子目录表示一种设备类型。

⑦ /block：包含块设备驱动程序，如IDE硬盘接口等。

⑧ /char：包含基于字符的设备驱动程序，如tty和串行口等。

⑨ /net：包含网络设备驱动程序。

3. Linux常用软件

Linux主要包括以下常用命令和工具。

① Shell命令：在Linux中可运行多种Shell，不同Shell之间的差别在于命令语言，最广泛应用的是Bash。

② 文本编辑程序：Linux的基本编辑器是VI，它在安装时被默认选择。VI是一种功能强大的编辑器，包括命令和输入模式。其他文本编辑程主要包括EX、GNU Emacs、Grofft、TEX等。

③ X窗口系统：UNIX系统中标准的图形界面。Linux当前使用X Free86，是专门为基于x86平台的UNIX移植版本，支持多种显示器硬件。

④ 程序编译工具：Linux提供完整的UNIX编程环境，包括在UNIX可用的程序库、编程工具、编译器与调试器。Linux中的C或C++编译器是GCC，调试器是GDB，程序运行监控工具GProf等。

5.5.3 Linux操作系统的特点

Linux系统适合作为Internet服务平台，特点是低价格、源代码开放、安装配置简单，对广大用户有着很大的吸引力。目前，Linux系统已用于各种应用服务器，如Web、DNS、E-mail、FTP服务器等。与Windows、Netware等操作系统相比，Linux的最大区别在于它开放源代码。正是由于这个原因，Linux引起了人们的广泛关注。

Linux操作系统的主要特点如下。

① 不限制应用程序可用内存大小。

② 支持同时运行多个应用程序。

③ 支持同时多个用户使用主机。

④ 具有虚拟内存能力，可利用硬盘来扩展内存。

⑤ 符合UNIX标准，可将Linux程序移植到UNIX上运行。

⑥ 支持TCP/IP，可通过网络实现分布式处理。

⑦ 免费的开源软件，可通过匿名FTP服务获得。

小　结

本章主要讲述了以下内容：

① 网络操作系统是具有网络功能的操作系统，管理网络通信，共享网络资源，协调网络环境中多个节点的任务，并向用户提供统一、有效的网络接口。网络操作系统经历从对等结构向非对等结构的发展过程。

② 非对等结构网络操作系统分为两部分：服务器、工作站。服务器采用高配置、高性能的计算机，以集中方式管理网络的共享资源。工作站是配置比较低的微型机，为用户访问网络资源提供终端。

③ 网络操作系统的基本功能包括：文件服务、打印服务、数据库服务、通信服务、网管服务、Internet 服务等。

④ Windows 是 Microsoft 公司开发的操作系统，它是目前流行的、具有很多版本的操作系统的统称。常见的 Windows 系统主要包括：Windows NT、Windows 9x/2000、Windows Server 2003、Windows Vista/ 7/ 8/ 10 等。

⑤ NetWare 是 Novell 公司开发的操作系统，是早期流行的、具有很多版本的操作系统的统称。近年来，NetWare 操作系统的用户越来越少。

⑥ UNIX 是很多公司或研究机构各自开发的，是一系列流行的、具有很多版本的操作系统的统称。常见的 UNIX 系统主要包括 Solaris、FreeBSD、OpenServer、UNIXWare。

⑦ Linux 是很多公司、研究机构或个人各自开发的，是一系列开源、具有很多版本的操作系统统称。常见的 Linux 系统主要包括 Red Hat、Mandrake、Slackware、SUSE、Debian、红旗 Linux 等。

习题 5

一、**名词解释**（用所给定义解释以下术语，在每个术语前的下划线上标出正确的定义）

术语：

________1．网络操作系统	________5．文件服务器
________2．对等结构	________6．打印服务器
________3．非对等结构	________7．网络管理
________4．Linux 系统	________8．Windows 系统

定义：

A．为网络用户提供共享资源管理和其他网络服务的操作系统软件。

B．管理共享的网络打印机的服务器。

C．为网络用户提供文件、目录访问的并发控制与安全功能的服务器。

D．网络节点分为服务器、工作站，分别安装服务器和客户端软件。

E．由不同公司开发的、开放源代码、有很多版本的操作系统软件的统称。

F．所有网络节点地位平等，安装的操作系统软件相同。

G．由 Microsoft 公司开发、有多种版本的操作系统软件的统称。

H．提供网络性能分析、状态监控等管理功能。

二、单项选择

1. Windows 2000 Server 操作系统采用的是________结构。

A. 层次　　B. 对等　　C. 非层次　　D. 非对等

2. Novell 网采用的网络操作系统是________。

A. UNIX　　B. NetWare　　C. Linux　　D. Windows NT

3. 每个 Windows NT 域中只能有一个________。

A. 普通服务器　　B. 文件服务器　　C. 主域控制器　　D. 后备域控制器

4. 在 NetWare 网络用户中，负责全局的用户和组管理的是________。

A. 网络管理员　　B. 普通用户　　C. 网络操作员　　D. 组管理员

5. NetWare 第二级容错机制是为了防止________。

A. 硬盘磁介质可能出现的故障　　B. 硬盘通道可能出现的故障

C. 数据库写操作时的数据丢失　　D. 供电系统中断带来的问题

6. 以下关于 Linux 系统的描述中，错误的是________。

A. 由 Microsoft 公司开发　　B. 开放源代码的操作系统

C. 采用多用户的工作机制　　D. 由内核、外壳两部分组成

7. 以下关于网络操作系统的描述中，错误的是________。

A. 提供资源共享和网络通信功能　　B. 多数操作系统支持多任务机制

C. 非对等结构分为客户端、服务器　　D. 常用的操作系统都采用对等结构

8. 以下关于 UNIX 系统的描述中，错误的是________。

A. 多用户的网络操作系统　　B. 采用多任务的工作机制

C. 由 Sun 公司统一管理　　D. 由内核、外壳两部分组成

三、判断题（判断下列描述是否正确，正确的在下划线上写 Y，错误的写 N）

____1. Windows NT Server 属于工作站软件。

____2. Windows 2000 Server 采用单后备域控制器结构。

____3. NetWare 第三级容错针对硬盘表面磁介质可能出现的故障。

____4. Windows NT 主域控制器的基本功能是备份系统。

____5. Linux 与 Windows 2000 的最大区别是开放源代码。

____6. Netware 事务跟踪机制提供文件服务器镜像功能。

____7. Slackware 是 Microsoft 公司开发的一种 Linux 系统软件。

____8. Solaris 是 Sun 公司开发的一种 UNIX 系统软件。

四、问答题

1. 网络操作系统与单机操作系统的主要区别有哪些？

2. 非对等结构与对等结构的网络操作系统的主要区别有哪些？

3. 请说明网络操作系统的基本服务功能。

4. Windows NT 的主要特点表现在哪些方面？

5. Windows 2000 Server 的主要改进表现在哪些方面？

6. 请说明 UNIX 操作系统的基本结构。

7. 请说明 Linux 操作系统的主要特点。

8. 请说明操作系统内核和外壳的基本功能。

第6章 网络互连技术

本章学习要求

⌘ 掌握：网络互连的基本概念

⌘ 掌握：数据链路层互连和网桥

⌘ 掌握：网络层互连和路由器

⌘ 了解：高层互连和网关

在实际的网络应用系统中，互连的网络结构已成为网络的基本结构模式。学习和掌握网络应用技术需要了解网络互连的基本知识。本章将系统讨论网络互连的概念、类型和层次，以及不同层次的典型互连设备的工作原理。

6.1 网络互连的概念

网络互连（Internetworking）是指将分布在不同地理位置的网络相连，以构成更大规模的互连网络，实现资源共享。互连网络可以是相同或不同类型，互连设备可以运行相同或不同协议。互连网络中的所有资源是整个网络的资源。互连网络的资源共享与物理网络结构无关。互连网络屏蔽各网络在协议、服务和管理上的差异。也就是说，互连网络的结构对用户透明。

6.1.1 网络互连的功能

网络互连的对象是多个相同或不同类型的网络。不同类型的网络有不同特点，主要表现在以下5方面：① 每种网络有不同的命名、编址方法，以提供全局的网络编址方法；② 每种网络有不同的分组长度规定，分组在网络之间传输时可能需要分片；③ 每种网络都有不同的访问控制机制，以管理用户对网络资源的访问权限；④ 每种网络有自己的路径选择机制，互连网络负责不同网络之间的路由选择；⑤ 每种网络可能提供面向连接或无连接服务，互连网络不依赖原来网络所提供服务。

网络互连功能可分为以下两类：① 基本功能——网络互连的必备功能，包括网络寻址、路由选择等功能；② 扩展功能——互连网络提供某些服务所需的功能，包括协议转换、分组长度变换、分组重新排序、差错检测等功能。

6.1.2 网络互连的分类

网络互连的类型与所连接的网络类型直接相关，包括局域网、城域网、广域网等，但是城域网很少作为一种网络类型单独提出。因此，网络互连的类型主要有以下两种。

1. 局域网 - 局域网互连

在实际的网络应用中，局域网 - 局域网互连是最常见的，可以分为以下 2 种。

① 同种局域网互连：相同协议的局域网之间的互连，如以太网之间或令牌环网之间的互连。同种局域网之间的互连比较简单，使用网桥（Bridge）可将分散在不同地理位置的多个局域网互连。

② 异型局域网互连：不同协议的局域网之间互连，如以太网与令牌环网之间或以太网与 ATM 网之间的互连。异型局域网互连也可使用网桥，但是网桥必须支持互连的网络所使用的协议。以太网、令牌环网属于传统的共享介质局域网。ATM 网与共享介质局域网协议和实现技术不同，与传统局域网互连必须解决局域网仿真问题。

2. 局域网 - 广域网 - 局域网互连

分布在不同地理位置的局域网通过广域网互连，也是一种比较常见的互连类型。这种互连方式可通过路由器或网关来实现，如图 6-1 所示。局域网 - 广域网 - 局域网互连正在改变传统的接入模式，即主机经由通信控制处理机的接入模式。大量主机通过局域网接入广域网是接入广域网的重要方法。

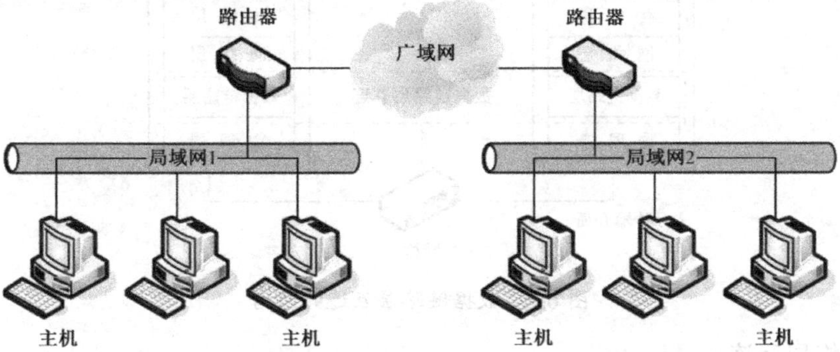

图 6-1 局域网 - 广域网 - 局域网互连的结构

6.1.3 网络互连的层次

在网络系统集成技术中，经常听到“互连”、“互通”、“互操作”等术语。从网络互连的角度来看，互连、互通、互操作的含义不同。

1. 互连、互通、互操作

互连（Interconnection）是指两个网络之间至少有一条物理线路，为两个网络的数据交换提供了物质基础，但是不能保证两个网络之间能交换数据，这取决于两个网络的通信协议是否相互兼容。

互通（Intercommunication）是指两个网络之间能交换数据。例如，TCP/IP 屏蔽不同网络的差异性，保证互连网络中的节点之间能交换数据。因此，互通仅涉及两个节点之间的

端 - 端连接和数据交换，为节点之间的互操作提供条件。

互操作（Interoperability）是指网络节点之间具有透明访问对方资源的能力，由高层软件来实现。例如，互连网络中有一台 Sun 工作站和一台 VAX 小型机，它们之间可通过 TCP/IP 实现互通，如果不解决两个操作系统的差异性问题，它们无法透明地互相访问对方资源。这时就需要使用应用网关。

因此，互连、互通、互操作表示了三层含义。互连是网络互连的基础，互通是网络互连的手段，互操作则是网络互连的目的。

2. 网络互连的层次

根据 OSI 参考模型的层次划分，网络协议分别属于不同层次，因此网络互连一定存在互连层次的问题。根据网络层次的结构模型，网络互连可在三个层次中实现。

（1）数据链路层互连

实现数据链路层互连的设备是网桥（Bridge）。网桥具有数据接收、转发和地址过滤功能，用于实现多个网络之间的数据交换。图 6-2 是数据链路层互连的结构。当使用网桥实现数据链路层互连时，两个网络的数据链路层和物理层的协议可以相同或不同。

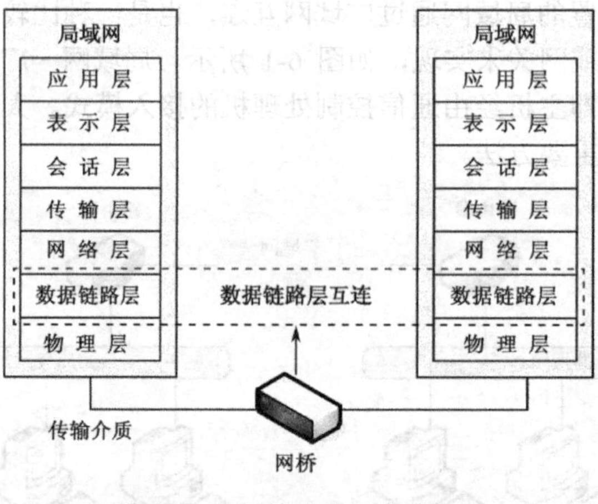

图 6-2 数据链路层互连的结构

（2）网络层互连

实现网络层互连的设备是路由器（Router）。网络层互连主要解决路由选择、拥塞控制、差错处理与数据分片等问题，如图 6-3 所示。如果两个网络的网络层协议相同，这时需要解决的主要是路由选择问题。如果两个网络的网络层协议不同，则需要使用多协议路由器（Multiprotocol Router）。当使用路由器实现网络层互连时，两个网络的网络层及其下各层协议可以相同或不同。

（3）高层互连

实现高层互连的设备是网关（Gateway）。高层是指传输层及其上的各层。

图 6-4 为高层互连的结构。高层互连使用的网关多数是应用层网关，通常称为应用网关（Application Gateway）。当使用应用网关实现高层互连时，两个网络的应用层及其下各层的协议可以相同或不同。

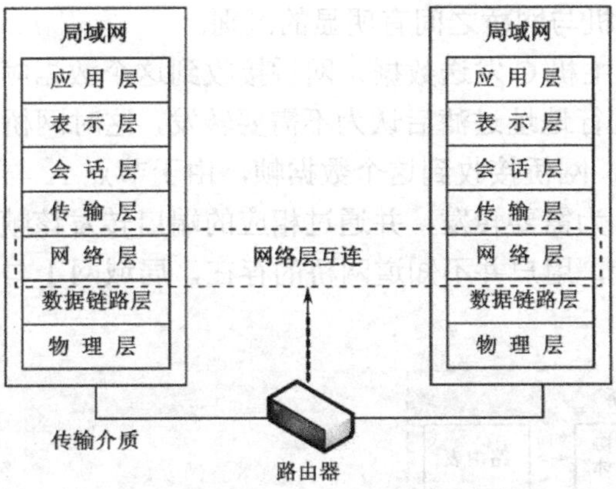

图 6-3 网络层互连的结构

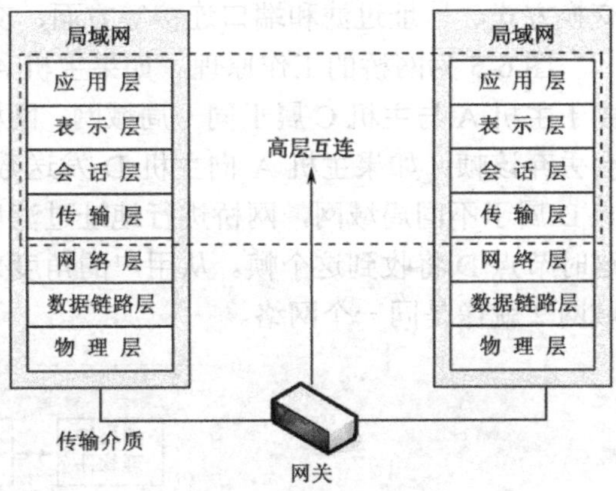

图 6-4 高层互连的结构

6.2 数据链路层互连设备

6.2.1 网桥的概念

大型局域网被划分为用网桥互连的多个子网，从而促进了局域网互连技术的发展。网桥（Bridge）可隔离子网之间的通信量，使每个子网成为一个独立的局域网。通过减少每个子网内部节点数的方法，改善每个子网的网络性能。

1. 网桥的应用环境

很多实际应用需要将多个局域网互连，这些应用环境主要有以下 5 种。

① 某单位的不同部门根据各自的需要组建独立的局域网，而各部门的局域网之间需要交换信息和共享资源，则需要把多个局域网互连起来。

② 某单位有多幢办公楼，每幢办公楼内部组建了局域网，这些局域网之间需要交换信息和共享资源，则需要把多个局域网互连起来。

③ 某个单位有数千台计算机需要联网，如果都连接在一个局域网中，网络通信量将对网络性能造成严重影响。可行的办法是按地理位置或组织关系划分为多个子网，多个局域网互连起来构成一个大型的网络。

④ 如果联网计算机之间的距离超过单个局域网的最大覆盖范围，可以将它们分成几个局域网分别组建，然后把这些局域网互连起来。

⑤ 某单位的不同部门对信息系统的安全性要求不同，如果某部门对信息安全、保密方面的要求较高，可将该部门的计算机连接在物理上独立的局域网中，然后将这个局域网与其他局域网互连起来。

2. 网桥的工作原理

网桥在数据链路层完成数据帧接收、转发、地址过滤功能，用来实现多个局域网之间的数据交换。当使用网桥实现数据链路层互连时，允许互连网络的物理层协议不同，但是数据链路层以上各层需要采用相同的协议。实际上，交换机与网桥之间没有严格的界限，可认为交换机是在网桥的基础上发展起来的，并且是功能更完善的网桥。但是，在结构、交换方式、地址过滤和端口连接等方面，交换机与网桥之间有明显的区别。

图 6-5 为网桥的工作原理。如果主机 A 向主机 C 发送数据，网桥接收到这个数据帧，由于主机 A 与主机 C 属于同一局域网，网桥进行地址过滤后认为不需要转发，这时网桥将会丢弃该帧；如果主机 A 向主机 D 发送数据，网桥接收到这个数据帧，由于节点 A 与节点 D 属于不同局域网，网桥进行地址过滤后认为需要转发，并通过相应的端口转发该帧，这时节点 D 将收到这个帧。从用户的角度来看，用户并不知道网桥的存在，局域网 1 与局域网 2 就像是同一个网络。

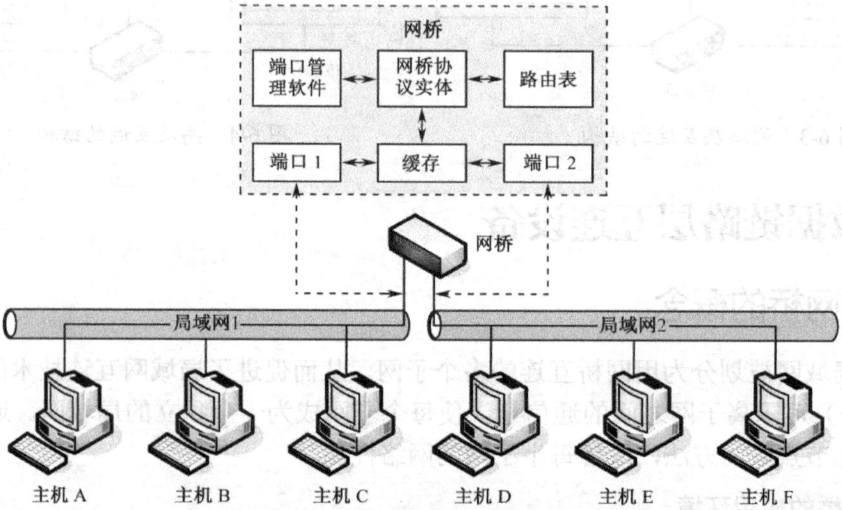

图 6-5　网桥的工作原理

网桥的工作原理比较简单，只需在计算机中安装多块网卡。例如，为了连接以太网和令牌环网，设计一种网桥，插入一块以太网卡和一块令牌环网卡，这样就可构成网桥的工作环境。实际上，这是一个异型局域网互连的网桥，各网卡独立完成各自帧的发送和接收。网桥软件进行接收、转发和地址过滤。

目前，异型局域网互连的网桥已不重要，使用的局域网基本都是以太网。但是各种以太网在物理层有不同的速率标准，仍需解决不同速率的以太网在 MAC 层的互连问题。

3. 网桥的主要特点

网桥的主要特点如下：① 网桥可互连采用不同数据链路层协议、传输介质和传输速率的网络；② 网桥以接收、转发和地址过滤的方式实现互连网络之间的通信；③ 网桥可分隔两个网络之间的广播通信量，有利于改善各网络的性能和安全性。

6.2.2 网桥的分类

网桥可以有以下 3 种分类方法：① 根据网桥的帧转发策略，可分为透明网桥、源路由网桥；② 根据网桥的端口数，可分为双端口网桥、多端口网桥；③ 根据网桥的连接线路，可分为普通网桥、无线网桥、远程网桥。

网桥最重要的维护工作是构建和维护路由表。路由表记录不同节点的物理地址和网桥转发端口的关系。如果没有路由表，网桥就无法确定帧是否转发以及如何转发。IEEE802.1

和 IEEE802.5 委员会分别制定了透明网桥和源路由网桥的标准。

（1）透明网桥

透明网桥（Transparent Bridge）标准是 IEEE802.1d。透明网桥的主要特点如下：① 透明网桥由每个网桥自己进行路由选择，局域网中的节点不负责路由选择，网桥对于互连局域网的各节点是“透明”的；② 透明网桥用于 MAC 层协议相同的网段之间互连，如连接两个以太网或两个令牌环网；③ 透明网桥的最大优点是容易安装，是一种即插即用设备。目前，使用最多的网桥是透明网桥。

透明网桥的路由表需要记录 3 个信息：MAC 地址、端口、时间。透明网桥的路由表在最初连接到局域网时为空，接收到帧后，记录源 MAC 地址和进入网桥的端口号，将该帧向所有其他端口转发。网桥在转发过程中逐渐建立路由表，因此局域网拓扑经常发生变化。为了使路由表能反映整个网络的最新拓扑，需要记录每个帧到达网桥的时间，以便在路由表中保留网络拓扑的最新状态。网桥的端口管理软件周期性扫描路由表，并删除那些已经过时的路由表项。

（2）源路由网桥

源路由网桥（Source Routing Bridge）标准是 IEEE 802.5d。源路由网桥由发送帧的源节点负责路由选择。源路由网桥假定每个节点在发送帧时，都已清楚到达目的节点的路由，并将详细的路由信息放在帧的头部中。

问题的关键是：源节点如何知道应该选择的路由。为了发现适合的路由，源节点以广播方式向目的节点发送一个用于探测的发现帧（Discovery Frame）。发现帧在网桥互连的局域网中沿着所有可能的路由传输，并在传输过程中记录经过的路由。当发现帧到达目的节点后，将沿着各自的路由返回源节点。源节点获得这些路由信息后，从所有可能的路由中选择一个最佳路由，通常选择经过的中间网桥数最少的路由。发现帧的另一个作用是帮助源节点确定整个网络可以通过的帧最大长度。

6.2.3 生成树的概念

实际的网络互连应用中很难保证通过网桥互连的网络不出现环状结构，如图 6-6 所示。环状结构可能使网桥反复转发同一个帧，从而增加网络不必要的负荷，进而降低网络的性能。为了防止这种现象，透明网桥使用了生成树（Spanning Tree）算法。

根据生成树算法制定的协议称为生成树协议（Spanning Tree Protocol，STP）。STP 可从网络拓扑中清除数据链路层的环路。IEEE802.1d 标准规定 STP，它能阻断网络中存在的冗余链路，以消除路径中的环路，并在活动路径出现故障时重新激活冗余链路来恢复网络的连通性，保证网络的正常工作。STP 规定了一种特殊的桥协议数据单元（Bridge Protocol Data Unit，BPDU），并使用了以下重要概念：根网桥（Root Bridge）、最短路径开销（Shortest Path Cost）、根端口（Root Port）、指定端口（Designated Port）、阻塞端口（Discarting Port）。

根网桥是从网络中选择的一个作为树形拓扑的根。最短路径开销是一个网桥到根网桥的最短路径。不是根的网桥需要选择一个到达根网桥路径最短的端口作为根端口，根端口通常处于转发状态；局域网需要选择一个距离根网桥最近的端口作为指定端口，负责将本局域网的数据发送到根网桥。生成树协议为每个局域网选择一个指定端口，则其他端口都处于阻塞状态，因此称为阻塞端口。

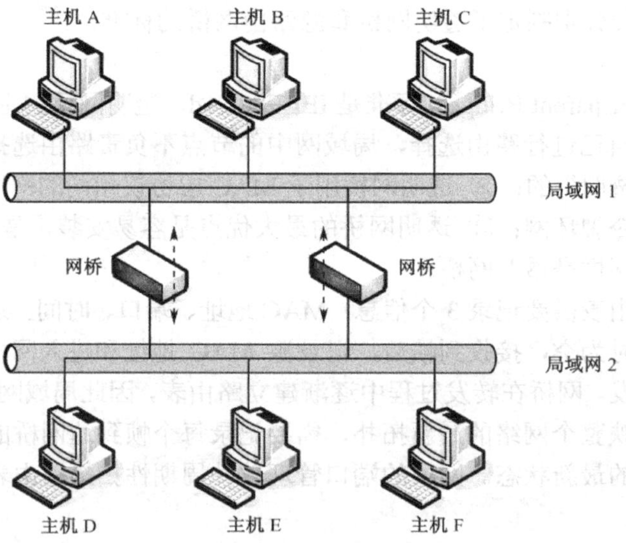

图 6-6　网桥互连的环状结构

构造生成树首先要选择一个网桥作为生成树的根，具体实现方法是选择 ID 最小的网桥。接着，按根到每个网桥的最短路径来构造生成树。如果某个网桥或局域网失败，则重新计算。该算法的结果是建立从每个局域网到根网桥的唯一路径。该过程由生成树算法软件自动产生，拓扑结构变化时将更新计算生成树。

6.2.4　网桥存在的问题

网桥存在着两个主要的问题：帧转发速率低、广播风暴。

评价网桥性能的参数主要有两个：帧过滤速率、帧转发速率。帧过滤速率是指每秒钟能通过多个端口接收并完成帧地址过滤的最大帧数。帧转发速率是指每秒钟能通过多个端口实际转发的最大帧数。由于网桥的帧过滤功能主要由软件完成，因此作为网桥的计算机的 CPU 速度，对地址过滤和转发速率有着重要的影响。尽管可以从计算机体系结构与软件设计上提高网桥的性能，但是如果不从网桥工作原理的角度与硬件实现帧交换，帧转发速率低的现状只能是有所缓解，而得不到比较好的解决。因此，在网桥互连的局域网结构中，网桥会成为系统性能的瓶颈。

图 6-7 为广播风暴的形成过程。网桥根据帧的源地址和目的地址决定是否转发。由于网桥需要确定通过哪个端口转发帧，因此网桥中要保存一个“端口 - 节点地址表”。但是，网桥的存储器空间有限。随着网络规模扩大和用户节点数增加，将不断出现“端口 - 节点地址表”中没有的信息。当带这种目的地址的帧出现时，网桥无法决定从哪个端口转发。这时，唯一办法就是在所有端口进行广播，只要这个节点在互连的局域网中，广播帧总会到达目的节点。这种方法非常简单，但是带来了很大问题，那就是一个帧经过多轮广播后，变成 2 个、4 个、8 个、16 个，这种盲目广播会使帧数量按指数规律增长，造成网络中无用的通信量剧增，形成“广播风暴”，严重时会造成网络无法工作。

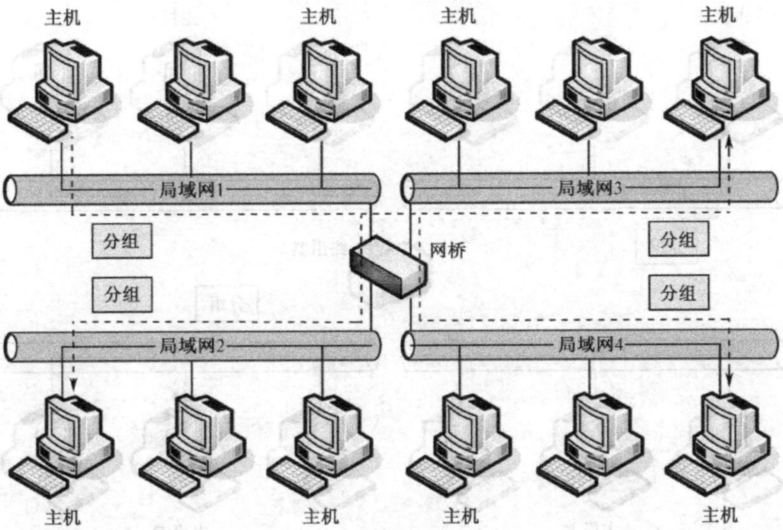

图 6-7　广播风暴的形成过程

6.3　网络层互连设备

6.3.1　路由器的概念

路由器是在网络层上实现网络互连的设备。路由器允许互连网络的数据链路层与物理层协议不同，但是网络层及以上各层要采用相同的协议。路由器可有效隔离互连的多个局域网的广播通信量，互连的每个局域网都是独立的子网。

1．路由器的工作原理

路由器主要提供如下两个基本功能。

（1）建立和和维护路由表

为了实现分组转发功能，路由器内部有一个路由表和和一个路由状态表。路由表中保存路由器每个端口对应的节点地址，以及其他路由器的地址信息。路由器通过定期与其他路由器交换地址信息，自动更新路由表。路由器之间还需要定期交换通信量、网络结构和链路状态等信息，它们保存在路由状态表中。

（2）路由选择和分组转发

当一个分组进入路由器时，路由器检查分组的源地址和目的地址，然后根据路由表数据库的相关信息，决定该分组应传送给哪个路由器或主机，如图 6-8 所示。如果节点 A 要向节点 D 发送数据，节点 A 生成带有源地址与目的地址的多个分组，并将这些分组装配成帧发送。连接局域网 1 的路由器接收到来自节点 A 的帧后，根据分组头中的目的地址去查路由表，以确定输出路径。这时，路由器确定目的节点位于局域网 4 中，将该分组发送到目的节点所在的局域网。

2．路由器的基本结构

路由器是一种具有多个输入端口和多个输出端口，完成分组转发功能的专用计算机系统。路由器由两部分组成：路由选择处理部分，分组处理和交换部分，如图 6-9 所示。

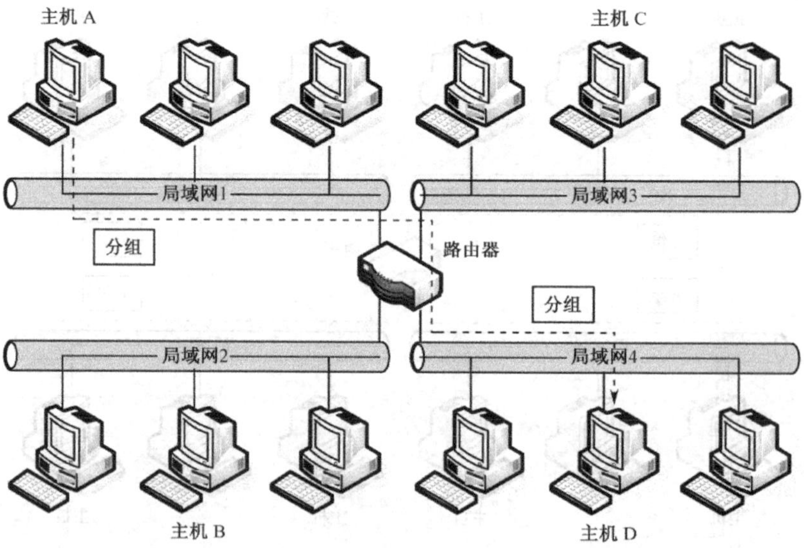

图 6-8 路由器的工作原理

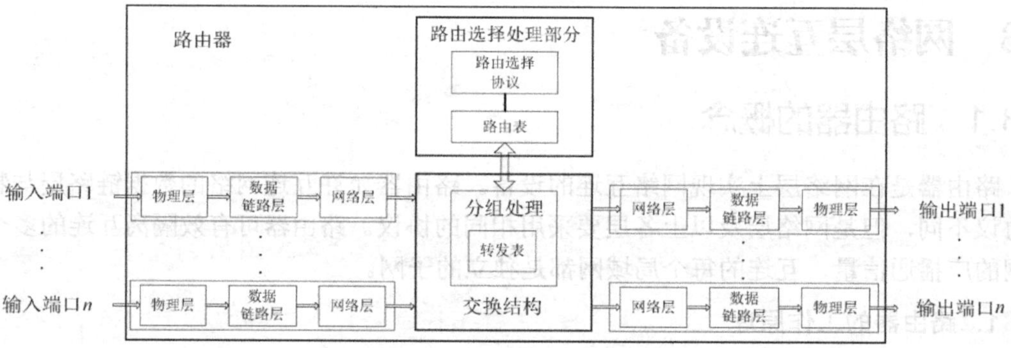

图 6-9 典型的路由器结构

路由选择部分又称为控制部分，其核心构件是路由选择处理器。路由选择处理器的任务根据所选定的路由选择协议构造路由表，同时从相邻路由器交换路由信息，以便更新和维护路由表。

分组处理和交换部分主要包括：交换结构、多个输入端口和多个输出端口。交换结构（Switching Fabric）根据转发表（Forwarding Table）对分组进行处理，将某个输入端口进入的分组从合适的输出端口转发。路由器根据转发表将分组从合适的端口转发，转发表是根据路由表而形成的。

路由器通常有多个输入端口和多个输出端口。每个输入和输出端口中各有 3 个模块，分别对应物理层、数据链路层和网络层的处理模块。物理层模块进行比特流的接收，数据链路层模块按数据链路层协议接收和传送帧，网络层模块处理分组头信息，如图 6-10 所示。

如果接收的分组是路由器之间交换路由信息的分组（如 RIP 或 OSPF 分组），则将这种分组送交路由器的路由选择处理器。如果接收到的是数据分组，则按照分组头中的目的地址查找转发表，决定合适的输出端口。

查找转发表和转发分组的原理虽然不复杂，但在具体的实现中很困难，问题关键在于转发分组的速率。在理想状况下，路由器的分组处理速率等于输入端口线路传送速率，称

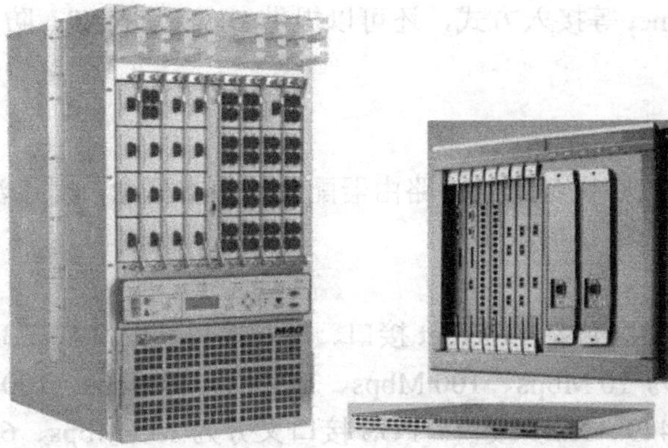

图 6-10　典型的路由器

为线速（Line Speed）。如果使用的是 OC-48 链路，速率为 2.488 Gbps，分组长度为 256 字节。如果路由器的处理能力达到线速，要求路由器每秒钟处理 121.48×10^6 个分组。衡量路由器性能的重要参数就是每秒钟能处理的分组数。

当一个分组正在查找转发表时，紧跟着该端口收到另一个分组，这个后到的分组必须在输入队列中排队等待。输出端口从交换结构接收分组，然后将它们发送到输出端口的线路上，也要设置一个缓存并形成一个输出队列。只要路由器的接收分组速率、处理分组速率、输出分组速率小于线速，输入端口、处理分组过程和输出端口都会出现排队，产生分组转发延时，严重时会由于队列长度不够溢出，而造成分组丢失。

6.3.2　路由器的分类

路由器可以按照性能、部署的位置、使用的信道类型进行分类。

1．路由器的类型

按照性能指标，路由器可以分为高端路由器、中低端路由器。实际上，各路由器生产商的分类标准不同。大多数情况下，背板交换能力大于 40 Gbps 的路由器称为高端路由器，背板交换能力低于 40 Gbps 的路由器称为中低端路由器。

按照部署的位置，路由器可以分为核心路由器、汇聚路由器、接入路由器。从传输网层次结构的角度，核心路由器是构成主干网的路由器，仅需要支持 IP。在实际应用中，核心路由器进一步被分为 Gbps 路由器、Tbps 路由器、交换路由器等。

汇聚路由器用于将大量的接入路由器汇聚到主干网。汇聚路由器要面对不同的接入网络，因此需要考虑对不同协议类型的支持，以及对防火器、流量均衡设备、网络安全设备和 MPLS、VPN 功能的支持。

一般来说，核心路由器需要选用高端路由器。但是，随着网络规模的不同以及路由器性能的不断提高，当前的核心路由器可能成为汇聚路由器。路由器的分类是相对的，是在不断变化的。

按照信道类型，路由器可以分为有线路由器、无线路由器。由于移动互联网的大规模应用，越来越多的办公室、家庭在使用无线路由器。相对于无线路由器，目前互联网大量使用的路由器都属于有线的路由器，只是我们已习惯将它简称为路由器。无线路由器通常支持专线 ADSL、Ethernet 等接入方式，还可以提供 DHCP、NAT、防火墙和 MAC 地址过滤等服务。

2．路由器的配置

路由器是互联网的核心设备。了解路由器配置的基本概念，对于深入学习路由器工作原理、网络设计和设备选型是很重要的。

（1）接口类型

路由器常见的接口类型包括 Ethernet 接口、串行接口、E1/T1、E3/T3 接口、POS 接口等。Ethernet 接口又分为 10 Mbps、100 Mbps、1 Gbps、10 Gbps、100 Gbps 接口。串行接口又分为 RS-232、RS-449、X.21 接口。POS 接口又分为 155 Mbps、622 Mbps、2.5 Gbps、10 Gbps、40 Gbps 接口。

（2）可用插槽数

可用插槽数是指除路由器的 CPU 板卡、时钟板卡等系统板卡外，用户可以自行插入连接子网的线卡（Linecard）数。根据用户可用的插槽数和每块线卡连接的端口数，可计算出路由器所能支持的最大端口数。

（3）CPU

无论是高端路由器或中低端路由器，都需要使用一个或多个 CPU。CPU 的处理能力决定路由表查找速度和路由计算速度，直接影响到路由器的吞吐率和转发延迟。

（4）内存

当路由器为一个分组查找转发表时，从这个输入端口可能连续收到多个分组，由于不能及时处理，后来的分组必须在输入队列中等待。同样，输出端口从交换结构接收分组，然后发送到线路上，也要设置一个缓存。路由器会使用不同类型的内存，如 Flash、DRAM、SRAM。中低端路由器的路由表和转发表在内存中，高端路由器的路由表在内存中，而转发表在线卡的存储器中。内存大小直接影响路由表查找速度和路由计算速度。

（5）端口密度

随着路由器连接节点的增多，路由器需要插入多块线卡，每块线卡有多个外接端口。不同类型线卡的端口数不同，与路由器的体积和提供的端口数相关。端口密度用来描述路由器制造的集成化程度，应折合成机架内每英寸的端口数，通常可用路由器对每种端口支持的最大数量来代替。

（6）路由协议

路由器支持的路由协议主要包括 RIP、OSPF、IS-IS、BGP、源路由、透明网桥、PPP、MLPPP、PPPoE 等。其中，源路由是一种策略路由，路由器通常都应该支持；透明网桥是指路由器端口以透明网桥方式工作，仅执行 MAC 帧的桥接，不对分组进行路由检查与转发；早期的网络通常采用点 - 点方式连接，大多数用户使用 PPP 接入路由器，凡是采用串口的路由器都应支持 PPP 协议。

6.3.3 路由器技术发展

路由器作为互联网络中的核心设备，在网络互连技术中处于重要位置。随着互联网的广泛应用，路由器的体系结构发生重要的变化。这种变化主要集中在从基于软件工作的单总线单 CPU 结构路由器向基于硬件的高性能路由器方向发展。

最初的路由器可由一台普通计算机安装特定软件，并增加一定数量的网络接口卡构成。特定的软件提供路由选择、分组接收和转发功能。为了满足网络规模发展的需要，高速、高性能、高吞吐量和低成本路由器的研发，这是网络设备制造商和学术界关注的问题。路由器的体系结构也在快速演变。

1. 第一代路由器

最初的路由器采用传统的计算机体系结构，包括 CPU、内存和挂在总线上的多个网络接口。Cisco 2501 是第一代单总线单 CPU 结构路由器的典型代表，其中 CPU 采用 Motorola 的 MC68302 处理器，提供一个 AUI 以太网接口和四个广域网接口。这些网络接口从它连接的网络中接收分组，CPU 通过查询路由表决定从哪个接口转发。传统路由器的控制信令和收发数据都通过一条总线来传输。目前，接入网使用的多是这类路由器。

2. 第二代路由器

为了提高路由器的性能，路由器体系结构发生很大的变化。从单总线单 CPU 结构逐步发展到多总线多 CPU 结构，出现单总线主从 CPU 结构、单总线对称多 CPU 结构、多总线多 CPU 结构的路由器等结构。

在单总线主从 CPU 结构的路由器中，两个 CPU 是非对称的主从式结构关系，一个 CPU 负责数据链路层的协议处理，另一个 CPU 负责网络层的协议处理。典型的产品有 3Com 公司的 Net Builder2 路由器，是单总线单 CPU 结构的简单延伸，其系统容错能力有较大的提高，但是分组转发速度没有明显提高。

针对单总线主从 CPU 结构的缺点，单总线对称多 CPU 结构开始采用并行处理技术。每个网络接口使用一个独立的 CPU，负责接收和转发本接口的分组，包括队列管理、查询路由表和决定转发。主控 CPU 完成路由器的配置、控制和管理等非实时任务。典型的产品有 Bay 公司的 BCN 系列路由器，尽管这种路由器的网络接口处理能力提高，但是单总线和软件转发这两个因素成为限制路由器性能提高的瓶颈。针对这两个因素，将多总线多 CPU 结构与路由加交换技术相结合。典型的产品有 Cisco 7000 系列的路由器。该系列路由器使用 3 种 CPU 和 3 种总线。其中，3 种 CPU 是接口 CPU、交换 CPU 和路由 CPU；3 种总线是 CxBUS、dBUS、SxBUS。图 6-11 是多总线多 CPU 的路由器结构。在路由与交换技术方面，采用硬件 cache 快速查找路由表，以提高转发处理速度。但是，这仍然是一种中间的过渡结构。

3. 第三代路由器

线速的路由转发无法通过软件在 2.5 Gbps 或更快速的 POS 端口上实现。因此，基于硬件专用芯片 ASIC 的交换结构代替传统计算机的共享总线是必然趋势。典型的产品有 Cisco 12000 路由器，最多提供 16 个 2.5 Gbps 的 POS 端口，可以实现线速的路由转发。由于该路由器没有核心的 CPU，所有网络接口卡都有功能相同的 CPU，因此该结构的路由器扩展性好。路由和转发软件采用并行处理的思想设计，可以有效地提高路由器的性能。这类路由器适合作为核心路由器使用。

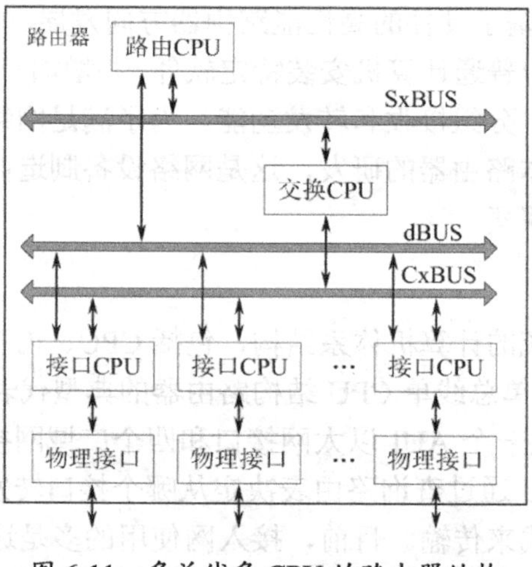

图 6-11　多总线多 CPU 的路由器结构

4. 第四代路由器

第三代交换结构的 Gbps 路由器性能得到大幅提高，但是也存在一些问题。例如，专用 ASIC 芯片使得系统的成本增高，同时硬件对应用需求和协议变化的适应能力差。针对这种情况，研究人员提出网络处理器（Network Processor，NP）的概念，通过采用多微处理器（Multi-microprocessors）并行处理模式，使 NP 具有与 ASIC 芯片相当的功能，同时具有很好的可编程能力，使用 NP 设计的路由器性能大幅提高，又能适应未来发展的需要。未来的路由器应是采用并行处理、光交换技术的多级交换路由器。

5. 第三层交换的概念

20 世纪 90 年代中期，网络设备制造商提出“第三层交换”的概念。最初，第三层交换被限制在网络层。近年来，路由设备设计方面存在一种发展趋势：将第三层成熟的路由技术与第二层高性能的硬件交换技术相结合，达到快速转发分组、保证服务质量、提高节点性能的目的。

最早开展将第三层路由与第二层交换结合的研究并将产品投入市场的是 Ipsilon 公司的 IP Switching 设备。此后，其他公司纷纷推出各自的产品，如 Cisco 公司的标记交换设备、IBM 公司的汇聚基于路由设备、Toshiba 公司的信元交换路由设备、Cascade 公司的 IP 导航器等。这些产品都希望提高分组的转发速度，改善 IP 网络的吞吐量和延时。

第三层交换机通过内部路由协议（如 RIP 或 OSPF）来创建和维护路由表。出于安全方面的考虑，第三层交换机通常提供防火墙分组过滤等功能。第三层交换机的设计重点放在如何提高分组转发速度、减小传输延迟方面，其功能由硬件而不是路由处理软件来实现。由于交换机执行的协议是硬件固化，因此它只能用于特定的网络协议。

6.4 高层互连设备

6.4.1 网关的概念

网关是在高层实现多个网络互连的设备。当使用网关实现高层的互连时，允许互连网络的网络层、数据链路层与物理层的协议不同，但是网络层以上各层要采用相同的协议。

网关作为一种协议变换设备，可以工作在传输层或应用层。

“网关”术语出现得很早。在 ARPANET 和 TCP/IP 开始研究的阶段，网关实际上是后来常用的路由器。随着网络互连技术研究的深入，网关的概念更多用于网络层之上的高层（包括传输层和和应用层）的异构网络互连的协议变换设备。目前，在网络安全方面的防火墙技术中，也会遇到“网关”的术语。在物联网体系结构中，必然涉及 3G/4G 移动通信网、有线电话网、有线电视网与传统 IP 网络的互连，网关的概念和应用越来越多。

图 6-12 为网关的工作原理。如果一台 NetWare 主机需要与一台 SNA 主机通信，由于 NetWare 与 SNA 的高层网络协议不同，NetWare 主机与 SNA 主机之间不能直接访问，它们之间的通信必须通过网关来完成。网关负责完成不同协议之间的转换。例如，将 NetWare 主机的报文加上必要的控制信息，转换成 SNA 主机可识别的格式；将 SNA 主机的报文加上必要的控制信息，转换成 NetWare 主机可识别的格式。

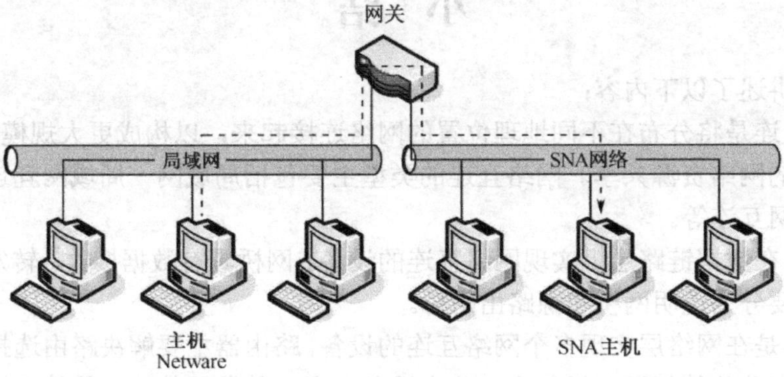

图 6-12　网关的工作原理

一个网关可由两个半网关（Half Gateway）构成。将一个网关分为两个半网关给使用和管理带来很大的方便。通过选择不同的半网关组合，可灵活地互连两种网络。由于半网关分别属于各网络所有，可分别对半网关进行维护和管理。

6.4.2　网关的分类

网关通过适当的硬件和软件实现不同协议之间的转换。网关通常由硬件提供不同网络接口，由软件实现不同协议之间的转换。

网关实现协议转换的方法主要有两种。最简单的方法是直接将输入网络的报文格式转换成输出网络的报文格式。如果一个网关互连两个网络，需要实现两种网络协议之间的转换。如果一个网关互连三个网络，则要能进行 6 种网络协议之间的转换。如果一个网关互连 n 个网络，则网关需要实现 $n\times(n-1)$种转换，需要编写 $n\times(n-1)$种协议转换模块。网关互连的网络数越多，n 值越大，编写协议转换模块的工作量越大。

另一种方法是制定一种标准的网间报文格式，如图 6-13 所示。在输入端，将输入网络的报文格式转换成网间报文格式；在输出端，将网间报文格式转换成输出网络的报文格式。由于网间报文格式只在网关中使用，因此不需修改互连的各网络的协议。这种方法的网关需要实现 4 种转换：网络 1 到网间、网络 2 到网间、网间到网络 1、网间到网络 2。如果网关互连 n 个网络，只需编写 $2n$ 个协议转换模块。与前一种方法相比，n 值越大，编程工作量越小。

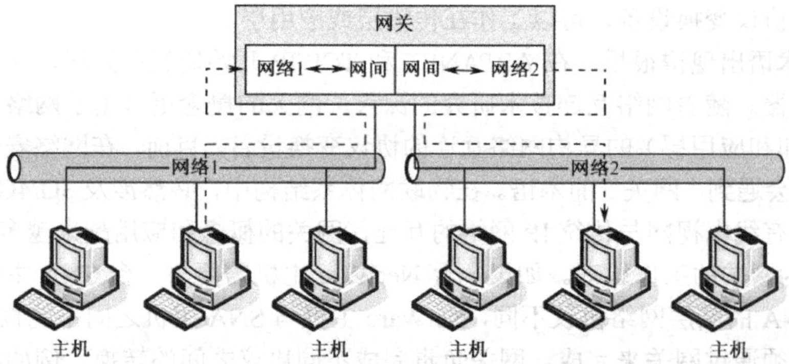

图 6-13　网间报文格式的工作原理

小　结

本章主要讲述了以下内容：

① 网络互连是将分布在不同地理位置的网络连接起来，以构成更大规模的互连网络，实现更大范围的网络资源共享。网络互连的类型主要包括局域网 - 局域网互连、局域网 - 广域网 - 局域网互连等。

② 网桥是在数据链路层上实现网络互连的设备。网桥具有数据接收、转发和地址过滤功能。网桥主要分为透明网桥和源路由网桥。

③ 路由器是在网络层实现多个网络互连的设备。路由器主要解决路由选择、拥塞控制、差错处理和数据分片等问题。近年来，路由设备存在一种发展趋势：将第三层的路由技术与第二层的硬件交换技术相结合，达到快速转发分组、提高节点性能的目的。

④ 网关是在高层实现多个网络互连的设备。作为一种协议变换设备，网关可以工作在传输层或应用层。

习 题 6

一、**名词解释**（用所给定义解释以下术语，在每个术语前的下划线上标出正确的定义）

术语：

________1. 网关	________5. 网桥
________2. 路由器	________6. 生成树
________3. 线速	________7. 网络互连
________4. 路由表	________8. 互操作

定义：

A. 网络节点之间具有透明访问对方资源的能力。

B. 将分布在不同地理位置的网络相连构成更大规模的网络。

C. 在网络层实现网络互连的设备。

D. 在数据链路层实现网络互连的设备。

E. 在传输层或应用层实现网络互连的设备。

F. 用于保存路由器每个端口对应的节点地址和其他路由器地址。

G．防止互连网络出现环路的网桥处理算法。

H．路由器的分组处理速率等于输入端口线路传送速率的能力。

二、单项选择

1．在以下网络设备中，工作在网络层的是________。

A．网关　　B．中继器　　C．网桥　　D．路由器

2．高层互连可能涵盖的是________。

A．应用层　　B．物理层　　C．网络层　　D．数据链路层

3．在路由器体系结构中，保存端口与节点地址对应关系的是________。

A．交换结构　　B．输入队列　　C．路由表　　D．状态表

4．背板交换能力大于 40 Gbps 的路由器通常被称为________。

A．无线路由器　　B．高端路由器　　C．接入路由器　　D．第三层交换设备

5．如果有多个局域网需要互连，并且希望隔离广播通信量，则应该使用________。

A．路由器　　B．集线器　　C．网桥　　D．防火墙

6．以下关于网关的描述中，错误的是________。

A．英文名称是 Gateway　　B．执行路由选择的设备

C．可以工作在传输层　　D．实现高层协议转换

7．以下关于路由器的描述中，错误的是________。

A．工作在网络层的互连设备　　B．处理的数据单元是 IP 分组

C．包含多个输入和输出端口　　D．对 Ethernet 帧执行地址转换

8．以下关于源路由网桥的描述中，错误的是________。

A．数据链路层的互连设备　　B．路由选择由源节点实现

C．协议标准是 IEEE802.1d　　D．源节点通过广播发起探测

三、判断题（判断下列描述是否正确，正确的在下划线上写 Y，错误的写 N）

____1．互连是指网络节点之间具有透明访问对方资源的能力。

____2．透明网桥的路由选择由发送帧的源节点来实现。

____3．在“第三层交换”概念中，第三层是指传输层。

____4．生成树算法用于防止网桥互连结构中出现环路。

____5．路由器是一种在应用层实现网络互连的设备。

____6．根据连接的线路，网桥可分为透明网桥和源路由网桥。

____7．第一代路由器通常采用单总线、主从 CPU 结构。

____8．网关通过广播解决节点位置不明确问题，这样做可能引起广播风暴。

四、问答题

1．在网络互连的概念中，互连、互通和互操作的含义分别是什么？

2．请说明互连网络（Internetwork）与互联网（Internet）的区别。

3．网桥在哪个层次实现网络互连？有哪些主要特点？

4．路由器在哪个层次实现网络互连？包括哪些组成部分？

5．网关在哪个层次实现网络互连？有几种协议转换方法？

6．第二代路由器主要有哪些技术特征？

7．请说明网桥与交换机的区别和联系。

8．请说明第三层交换设备的主要技术特征。

第 7 章　互联网应用技术

本章学习要求

⌘ **掌握：互联网的基本概念**

⌘ **掌握：互联网的接入方式**

⌘ **掌握：互联网的通信协议**

⌘ **掌握：互联网的服务功能**

⌘ **了解：C/S 与 P2P 模式的对比**

Internet 是目前发展最快的技术之一，也是读者应该掌握的基本内容。本章介绍 Internet 的基本概念、接入方式、通信协议和主要服务功能，最后对互联网应用发展阶段、C/S 模式与 P2P 模式进行分析。

7.1　互联网的概念

7.1.1　互联网服务提供商

互联网（Internet）在有些文献中被称为因特网。互联网由分布在世界各地的广域网、城域网、局域网和个人区域网通过路由器等网络设备互连而成，并且它的结构随时都在变化。因此，描述互联网的网络层次结构是很困难的。但是，互联网用户都要通过互联网服务提供商（Internet Service Provider，ISP）接入互联网。如果从互联网运营管理的角度，而不是从地理位置和实际连接的层次、结构的角度，可以给出一个 ISP 层次结构模型（如图 7-1 所示），它在一定程度上反映了互联网的逻辑结构。

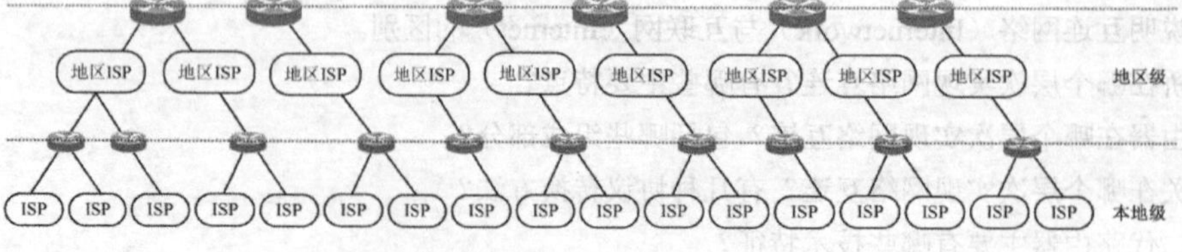

图 7-1　ISP 层次结构模型

ISP 可以分为不同的层次：第一层 ISP、第二层 ISP、第三层 ISP。顶层的 ISP 数量很少，被称为 Tier-1 ISP。大型 ISP 向互联网管理机构申请大量 IP 地址，敷设大量通信线路，购置大量高性能路由器和服务器。家庭或企业用户向 ISP 提出申请并交纳一定费用，ISP 以动态或静态方式为用户提供 IP 地址和接入服务。小型 ISP 可以向电信公司租用通信线路来提供接入服务。

1. 第一层 ISP

第一层国际或国家服务提供商（National Service Provider，NSP）是负责建设和维护主干网的公司，通过网络接入点（Network Access Point，NAP）互连。1994 年，美国出现了第一层 ISP，它们是 Sprint、MCI、AT&T、Qwest 等。实际上，没有一个组织来正式批准哪些 ISP 属于第一层，但是从 ISP 的特征（网络规模、连接位置与覆盖范围）可以确定 ISP 是否处于第一层 ISP 的位置。

第一层 ISP 的主要特点表现在：① 通过路由器组直接与其他第一层 ISP 连接，形成互联网的主干网；② 与大量的第二层 ISP 或其他网络连接；③ 覆盖世界区域。

2. 第二层 ISP

第二层通常是区域或国家级的 ISP，它们的特征是仅与少数第一层 ISP 连接。第二层 ISP 是第一层 ISP 的客户。许多大学、大公司和机构直接与第一层或第二层 ISP 连接。ISP 通常是根据流量向用户收取费用。第二层 ISP 可选择与其他第二层 ISP 连接，网络流量在两个第二层 ISP 之间流动，可以不经过第一层 ISP 的网络。

3. 第三层 ISP

第三层 ISP 通常是地区或本地级的 ISP，它们与一个或几个第二层 ISP 连接。当两个 ISP 的网络之间直接连接时，它们之间的关系是对等的。第三层 ISP 可以是专门提供互联网接入服务的公司，也可以是校园网或企业网。

因此，互联网实际上是由第一层 ISP 和第二层 ISP 以及很多第三层 ISP 或更低层 ISP 互连而形成的一个网际网。

7.1.2 互联网的结构

1. 互联网的逻辑结构

随着互联网的广泛应用，简单的资源子网、通信子网的两级结构的网络模型已很难描述现代互联网的结构。如果借鉴 ISP 层次结构模型，结合近年来国家主干网、宽带城域网设计和建设的思路，可以给出一个互联网的逻辑结构（如图 7-2 所示）。

现代互联网的重要特点如下：

① 大量的用户计算机与移动终端设备通过符合 IEEE802.3 标准的局域网、IEEE802.11 标准的无线局域网、IEEE802.16 标准的无线城域网、无线自组网（Ad hoc）、无线传感器网（WSN）、有线电话交换网（PSDN）、无线 3G/4G 移动通信网、有线电视网（CATV）而接入本地的 ISP、企业网或校园网。互联网接入需求带动了三网融合技术的发展。

② ISP、企业网或校园网汇聚到作为地区主干网的宽带城域网。宽带城域网通过城市宽带出口连接国家或国际级主干网。

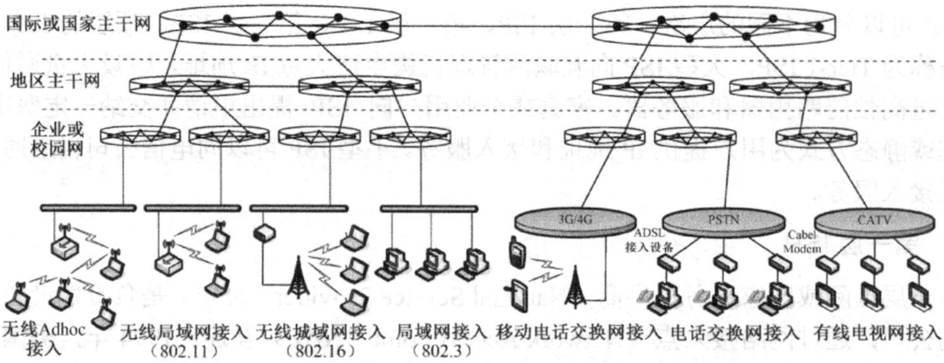

图 7-2 一个互联网的逻辑结构

③ 大型主干网是由大量分布在不同地理位置、通过光纤连接的高端路由器构成，提供高带宽的传输服务。国际或国家级主干网构成互联网的主干网。国际、国家与地区主干网上连接了很多服务器集群，为接入的用户提供各种互联网服务。

2. 互联网的抽象方法

面对复杂的互联网结构，研究者必须对复杂网络进行简化和抽象。在各种简化和抽象方法中，将互联网看成由边缘部分与核心交换部分等两部分组成是最有效的方法。图 7-3 给出了互联网的边缘部分和核心交换部分。

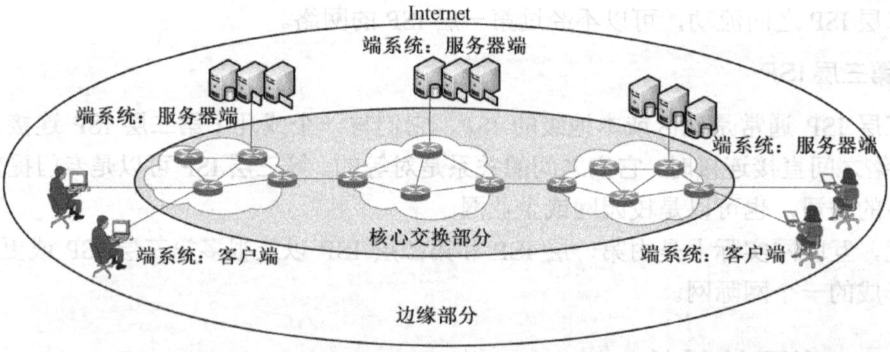

图 7-3 互联网的边缘部分和核心交换部分

边缘部分主要包括接入互联网的大量主机和用户设备，核心交换部分包括由大量路由器互联的广域网、城域网和局域网。边缘部分利用核心交换部分提供的数据传输服务功能，使接入互联网的主机之间能够相互通信和共享资源。

边缘部分的用户设备也称为端系统（End System）。端系统是能够运行各种互联网应用程序（如 Web、E-mail、FTP 或 P2P 文件共享、即时通信等应用）的计算机和各种数字终端设备。因此，端系统又被统称为主机。注意：在未来的网络应用中，端系统的主机类型将从计算机扩展到能够接入互联网的所有设备，如智能手机、Pad、信息家电，以及物联网的 RFID 节点、无线传感器网节点、视频监控设备等。

7.1.3 互联网的发展状况

Internet 代表全球范围无限增长的信息资源，是人类拥有的最大知识宝库之一。随着

Internet 规模的持续扩大，它提供的信息资源及网络服务更丰富，对人类社会的应用价值将越来越高。

1. 国际互联网的发展

Internet 由最初的 ARPANET 发展而成，经过了三个重要的历史阶段：实验性网络、学术性网络、商业性网络。从 ARPANET 诞生到 20 世纪 80 年代中期是实验性网络，这个阶段的连网主机数最多 5000 台。从 NSFnet 成为 Internet 主干网到 20 世纪 90 年代中期是学术性网络，这个阶段的连网主机数每年翻一番，到 1995 年已达 600 万台的规模。从 1996 年至今是商业性网络，这个阶段的连网主机数的增长速度在逐年加快。Internet 发展速度之快是当时研究人员从未料到的事情。

根据某国际组织的统计数据显示：

❖ 1983 年，Internet 主机数为 562 台。
❖ 1989 年，Internet 主机数达到 8 万台。
❖ 1993 年，Internet 主机数达到 120 万台。
❖ 1997 年，Internet 主机数达到 1614 万台。
❖ 2001 年，Internet 主机数达到 1.09 亿台。
❖ 2005 年，Internet 主机数达到 3.17 亿台。

2. 我国互联网的发展

近年来，我国 Internet 的发展速度越来越快，对政治、经济和社会生活的影响越来越大。下面给出了一些 CNNIC 发布的统计数据。

1997 年 10 月，CNNIC 发布第 1 次《中国互联网发展状况统计报告》。报告显示：截至 1997 年 10 月，我国的上网用户数为 62 万，上网计算机数为 29.9 万台；CN 注册域名数量达 4066 个，Web 站点数量达 1500 个；国际出口带宽为 25.4 Mbps。

2005 年 7 月，CNNIC 发布第 16 次《中国互联网发展状况统计报告》。报告显示：截至 2005 年 6 月，我国的上网用户数为 1.03 亿，上网计算机数为 4560 万台；IPv4 地址数量达 6830 万，CN 注册域名数量达 62.1 万，Web 网站数量达 67.7 万；国际出口带宽为 82617 Mbps。

2011 年 7 月，CNNIC 发布第 28 次《中国互联网发展状况统计报告》。报告显示：截至 2011 年 6 月，我国的上网用户数为 4.85 亿，其中手机用户规模达 3.18 亿，互联网普及率为 36.2%；IPv4 地址数量达 3.32 亿，CN 注册域名数量达 786 万，Web 网站数量达 183 万；国际出口带宽为 1 182 261.45 Mbps。

2017 年 8 月，CNNIC 发布第 40 次《中国互联网发展状况统计报告》。报告显示：截至 2017 年 6 月，我国的上网用户数为 7.15 亿，其中手机用户规模达 7.24 亿，互联网普及率攀升至 54.3%；IPv4 地址数量达 3.38 亿，Web 网站数量达 506 万；国际出口带宽为 7 974 779 Mbps。通过本次报告发现，手机上网用户占比达 96.3%，移动互联网主导地位强化。各类手机应用用户规模不断上升，手机外卖用户数达 2.74 亿，网约专车用户数达 2.17 亿，在线教育用户数达 1.44 亿，共享单车用户数达 1.06 亿；移动支付用户规模达 5.02 亿，线下场景使用特点突出，4.63 亿用户在线下消费时使用手机支付。

7.1.4 互联网的管理者

实际上，没有任何组织、企业或政府能够拥有 Internet，它是由一些独立的机构来管理的，这些机构都有自己特定的职能。大多数 Internet 管理和研究机构有两个共同点：都是非赢利的，都是自下向上的结构。这种结构的优点是能体现出 Internet 资源和服务的开放性和公平性原则。

1. 国际 Internet 的管理者

1992 年，Internet 协会（Internet Society，ISOC）成立，它是一个最权威的 Internet 全球协调和合作的国际化组织。ISOC 是由 Internet 专业人员和专家组成的协会，致力于调整 Internet 的生存能力和网络规模。ISOC 的重要任务是与其他组织合作，共同完成 Internet 标准和协议的制定。

1992 年 6 月，Internet 体系结构委员会（Internet Architecture Board，IAB）创立，它是 ISOC 的技术咨询机构。IAB 负责监督 Internet 协议体系结构和发展，提供创建 Internet 标准的步骤，管理 Internet 标准和草案的 RFC 文档。IAB 包括两个机构：Internet 工程任务组（Internet Engineering Task Force，IETF）和 Internet 研究任务组（Internet Research Task Force，IRTF）。其中，IETF 的任务是为 Internet 工程和发展提供技术及其他支持，包括简化现有标准、开发新标准。IRTF 是 ISOC 的具体执行机构。

在 Internet 实际运行中有两个组织扮演着重要角色。Internet 网络信息中心（Internet Network Information Center，InterNIC）负责管理 Internet 域名注册和域名数据库。Internet 赋号管理局（Internet Assigned Numbers Authority，IANA）负责管理 IP 地址和端口号的分配，以及 MAC 地址中的公司标识等编码的注册。注意，InterNIC 和 IANA 承担的都是管理工作，相应的域名注册、IP 地址分配等具体任务都由它们的下属部门或各国的商业性机构来完成。

尽管上述组织对维护整个 Internet 很重要，但 Internet 由很多独立的网络而构成，它们可能由不同国家的政府机构、学校、企业或 ISP 建立。这些网络的建设和维护资金的来源不同，可能来自国家税收、财政拨款或企业资金，也可能来源于网络使用者交纳的费用，因此每个网络都有自己的管理与维护者。

2. 我国 Internet 的管理者

1997 年 6 月 3 日，中国互联网络信息中心（China Internet Network Information Center，CNNIC）正式成立，它是我国 Internet 的管理和服务机构。作为中国信息社会重要的基础设施建设者、运行者和管理者，CNNIC 在“国家公益、安全可信、规范高效、服务应用”方针的指导下，负责国家网络基础资源的运行管理和服务，开展互联网发展研究并提供咨询，促进全球互联网开放合作和技术交流。

CNNIC 的主要职责包括：① 为我国用户提供域名注册、域名解析、WHOIS 查询、IP 地址分配等服务；② 构建全球领先、服务高效、安全稳定的网络基础资源服务平台；③ 开展中国互联网络发展状况统计，提供互联网发展研究和咨询服务；④ 与相关国际组织及其他信息中心进行业务协调和合作。

3. 我国的主干网发展状况

我国从 1994 年开始正式接入 Internet，同年建立和运行自己的域名体系。此后，我国 Internet 的发展速度一直非常快。最初，我国的主干网是中国公用计算机互联网（CHINANET）。目前，我国的主干网主要包括：

- 中国电信：国际出口带宽为 4 451 036 Mbps。
- 中国联通：国际出口带宽为 2 200 947 Mbps。
- 中国移动：国际出口带宽为 1 208 108 Mbps。
- 中国教育和科研网（CERNET）：国际出口带宽为 61 441 Mbps。
- 中国科技网（CSTNET）：国际出口带宽为 53 248 Mbps。

7.2 互联网接入方式

7.2.1 接入技术的概念

接入技术关系到如何将成千上万的家庭、办公室、企业用户的计算机接入互联网，关系到用户能获得服务的类型、应用水平、服务质量、资费等切身利益，也是城市网络基础设施建设中需要解决的一个重要问题。

用户接入可分为以下几类：家庭接入、校园接入、机关和企业接入。接入技术可分为两大类：有线接入、无线接入，如图 7-4 所示。图 7-4 简化了核心交换层和汇聚层的结构细节，并突出了不同接入技术的区别。从实现技术的角度来看，有线接入技术主要包括电话交换网接入、有线电视网接入、光纤接入、局域网接入与电力线接入等。无线接入可以分为无线局域网接入、无线城域网接入、无线自组网接入、移动通信网接入。

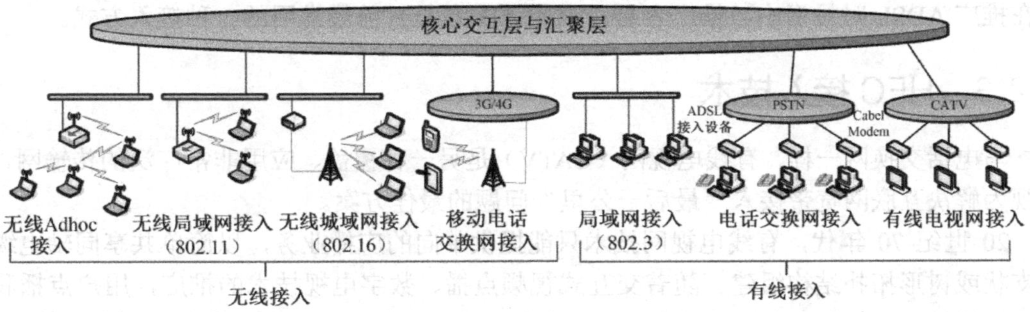

图 7-4　接入技术的主要类型

7.2.2 ADSL 接入技术

当提起家庭用户的计算机接入互联网，人们就会想到利用电话线是最方便的方法。由于电话的普及率很高，如果电话线改造为既能通话又能上网，那是最理想的方法。数字用户线（Digital Subscriber Line，DSL）就是为了达到这个目的而改造传统电话线的产物。数字用户线是指从家庭、办公室到本地电话交换中心的一对电话线。利用数字用户线来实现语音通话与上网有多种技术方案，如非对称数字用户线（Asymmetric DSL，ADSL）、高速数字用户线（High Speed DSL，HDSL）、甚高速数字用户线（Very High Speed DSL，VDSL）。

因此，人们通常用前缀 x 表示不同方案，统称为 xDSL。

家庭用户主要是从互联网下载数据，而向互联网发送数据的量不会很大，如果将从互联网下载数据的信道称为下行信道，将向互联网发送数据的信道称为上行信道，则家庭用户需要的下行信道与上行信道的带宽不对称，因此 ADSL 技术很快在家庭计算机联网中获得广泛的应用，如图 7-5 所示。

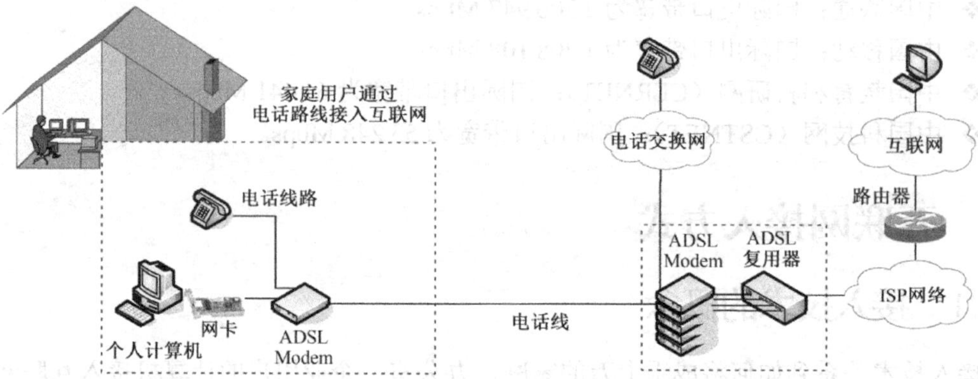

图 7-5 家庭用户使用 ADSL 接入互联网的结构

ADSL 最初由 Intel、Compaq、Microsoft 等公司成立的特别兴趣组（SIG）提出，如今该组织已包括大多数的网络设备制造商和电信运营商。由于电话交换网是唯一可在全球范围内向住宅和商业用户提供接入的网络，使用 ADSL 技术可最大限度保护电信运营商组建电话网的投资，又能够满足用户方便地接入互联网的需求。

ADSL 可在现有电话线上通过传统电话交换网，以不干扰模拟电话业务为前提，同时能提供宽带互联网接入服务。由于用户不需为获得 ADSL 服务而重新铺设线路，电信运营商在推广 ADSL 时投资小、推广容易，因此 ADSL 是目前最常用的一种接入方式。

7.2.3 HFC 接入技术

与电话交换网一样，有线电视网（CATV）是另一种覆盖、应用非常广泛的传输网，它被视为解决互联网宽带接入“最后一公里”问题的最佳方案。

20 世纪 70 年代，有线电视网技术只能提供单向的广播业务，以简单共享同轴电缆的分支状或树形拓扑结构组建。随着交互式视频点播、数字电视技术的推广，用户点播和电视节目播放必须使用双向传输的信道，因此产业界对有线电视网进行大规模双向传输改造。光纤同轴电缆混合网（Hybrid Fiber Coax，HFC）就是在这样的背景下产生，如图 7-6 所示。

HFC 技术的本质是用光纤取代有线电视网中的干线同轴电缆，光纤接到居民小区的光纤节点后，小区内部接入用户家庭仍然使用同轴电缆，这样就形成了光纤与同轴电缆混合使用的传输网络。HFC 网络形成以头端为中心的星形结构。在光纤线路上采用波分复用方法形成上行和下行信道，保证正常的电视节目播放和用户点播服务同时，为家庭用户的计算机接入互联网提供服务。

我国的有线电视网的覆盖面很广泛，通过对有线电视网的双向传输改造，可以为家庭用户接入互联网提供一种经济、便捷的方法。近年来，HFC 已成为一种极具竞争力的宽带接入技术。

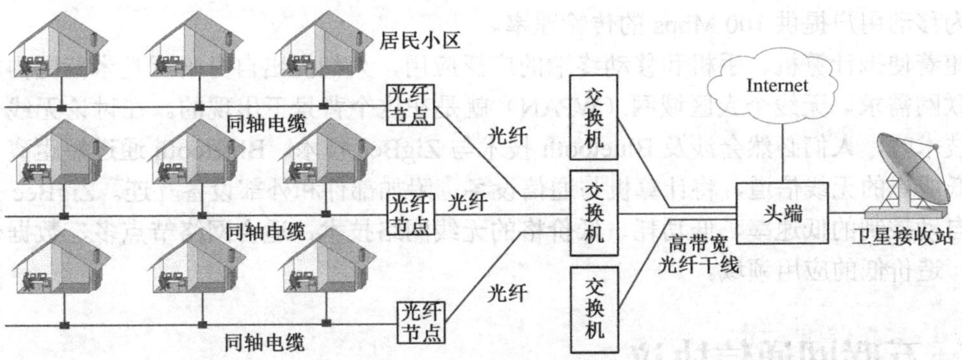

图 7-6 HFC 结构示意

7.2.4 光纤接入技术

多数网络运营商认为理想的宽带接入是基于光纤的网络。无论采用哪种接入技术，传输介质铜缆的带宽瓶颈问题都很难克服。与双绞线、同轴电缆或无线技术相比，光纤的带宽容量几乎是无限的，通过光纤可以长距离传输信号而不需中继。因此，人们非常关注光纤接入技术。目前，光纤接入方式主要有 5 种：光纤到户（Fiber To The Home，FTTH），光纤到路边（Fiber To The Curb，FTTC），光纤到小区（Fiber To The Zone，FTTZ），光纤到大楼（Fiber To The Building，FTTB），光纤到办公室（Fiber To The Office，FTTO）。随着城市信息基础设施建设的发展，很多有条件的社区开始将光纤直接敷设到家庭或办公室。光纤直接连接终端用户的延伸趋势已经明朗。

7.2.5 无线接入方式

按照覆盖范围从小到大的顺序，无线接入技术可以分为无线个人区域网（WPAN）、无线局域网（WLAN）、无线城域网（WMAN）。近年来，无线宽带接入技术已从初期的 WLAN 扩展到 WMAN，传输速率从几百 kbps 扩展到 Gbps，覆盖范围从几米扩展到几十千米，各种无线接入方式的结合将提供无处不在的接入。

IEEE802 委员会成立 802.11 工作组，专门研究无线局域网标准问题，并于 1997 年发布 IEEE802.11 标准。1999 年，由产业界成员发起 Wi-Fi 联盟（Wi-Fi Alliance），致力于解决 WLAN 设备生产及兼容性问题。在无线局域网术语中，Wi-Fi（Wireless Fidelity）涵盖“无线相容性认证”的意义。IEEE802.11 标准定义了 2.4 GHz 频段的物理层与 MAC 层协议，最大传输速率为 2 Mbps。此后，陆续发布一系列 IEEE802.11 标准。2009 年，IEEE802.11n 标准正式发布，通过在物理层和 MAC 层的技术改进，最大传输速率提高到 600 Mbps，覆盖范围扩大到几平方千米。近年来，Wi-Fi 已成为各国建设智慧城市、无线城市的首选方案。

对于城市区域的一些大楼、分散的社区，敷设电缆或光纤的费用通常大于架设无线设备，人们开始研究在市区范围的高楼之间利用无线手段解决局域网、固定或移动的个人用户计算机接入互联网的问题。IEEE802 委员会成立 802.16 工作组，专门研究宽带无线城域网标准问题，并于 2002 年发布 IEEE 802.16 标准。无线城域网需要在每个建筑物上建立基站，基站之间采用全双工、宽带通信方式，满足固定节点以及火车、汽车等移动物体的通信需求。2011 年 4 月，IEEE802.16m 标准正式发布，在固定基站之间提供 1 Gbps 的传输速率，为移动用户提供 100 Mbps 的传输速率。

随着便携计算机、手机和移动终端的广泛应用，人们提出自身附近几米范围内的移动设备联网需求。无线个人区域网（WPAN）就是在这个背景下出现的。在讨论无线个人区域网技术时，人们必然会涉及 Bluetooth 技术与 ZigBee 技术。Bluetooth 通过短距离、低功耗、低成本的无线信道，将计算机与通信设备、附加部件和外部设备互连。ZigBee 是一种面向自动控制的低速率、低功耗、低价格的无线网络技术，适合网络节点多、数据传输量不大、造价低的应用领域。

7.3 互联网通信协议

7.2.1 IP 地址

Internet 地址能够唯一确定每台主机的位置。对于用户来说，Internet 地址有两种表示形式：IP 地址、域名。

1. IP 地址的概念

接入 Internet 的计算机与接入电话网的电话相似，每台计算机或路由器都有一个由授权机构分配的号码，即 IP 地址。例如，作者所在研究室的电话号码为 11116666，研究室所在的地区号为 022，我国的国际电话区号为 086，则完整地描述该研究室的电话号码应为 086-022-11116666。这个电话号码在全世界是唯一的，这是一种典型的分层结构的电话号码定义方法。

IP 地址采用的也是分层结构，如图 7-7 所示。IP 地址由两部分组成：网络号、主机号。其中，网络号用来标识一个逻辑网络；主机号用来标识网络中的一台主机。每台主机至少有一个 IP 地址，并且这个地址是全网唯一的。如果一台主机有两个或多个 IP 地址，则该主机属于两个或多个逻辑网络。

图 7-7　IP 地址的结构

2. IP 地址的分类

IP 地址长度为 32 位，为了方便用户理解与记忆，通常采用 x. x. x. x 格式来表示，每个 x 为 8 位。例如，202.113.29.119，每个 x 的值为 0～255。这种格式的地址称为点分十进制地址（Dotted Decimal Address）。

根据不同的取值范围，IP 地址可分为 5 类：A 类、B 类、C 类、D 类、E 类，如图 7-8 所示。地址前 5 位用于标识 IP 地址的类别，A 类地址的第一位为 0，B 类地址的前两位为 10，C 类地址的前三位为 110，D 类地址的前四位为 1110，E 类地址的前五位为 11110。其中，A 类、B 类、C 类地址为基本地址。IP 地址的长度限定为 32 位，类标识符的长度越长，则可用的地址空间越小。

A 类地址的网络号为 7 位，主机号为 24 位。网络号长度为 7 位，因此允许有 $2^7-2=126$ 个 A 类地址（网络号为全 0 和全 1 的地址保留）。主机号长度为 24 位，因此每个 A 类地址可容纳的主机数为 $2^{24}-2=16\,777\,214$ 个（主机号为全 0 和全 1 的地址保留）。A 类地址的覆盖范围是 1.0.0.0～127.255.255.255。

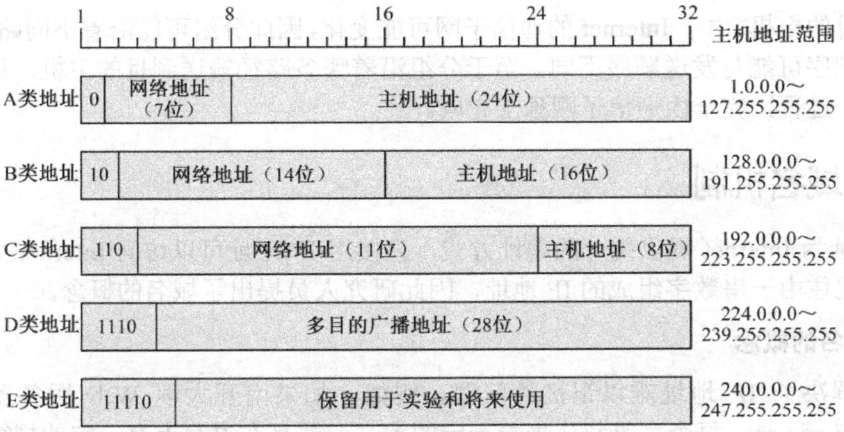

图 7-8　IP 地址的分类

B 类地址的网络号为 14 位，主机号为 16 位。由于网络号长度为 14 位，因此允许有 2^{14}= 16 384 个 B 类地址。由于主机号长度为 16 位，因此每个 B 类地址可容纳的主机数为 2^{16}–2 =65534 个。B 类地址的覆盖范围是 128.0.0.0～191.255.255.255。

C 类地址的网络号为 21 位，主机号为 8 位。网络号长度为 21 位，因此允许有 2^{21}=2 097 152 个 C 类地址。主机号长度为 8 位，因此每个 C 类地址可容纳的主机数为 2^{8}–2=254 个。C 类地址的覆盖范围是 192.0.0.0～223.255.255.255。

D 类地址不标识网络，主要用于特殊用途，如多播（Multicasting）。D 类地址的覆盖范围是 224.0.0.0～239.255.255.255。

E 类地址暂时保留，主要用于实验目的，或保留供未来使用。E 类地址的覆盖范围是 240.0.0.0～247.255.255.255。

通过点分十进制编址很容易识别 IP 地址的类型。例如，根据第一个十进制数，可判定出 15.0.0.0 是 A 类地址，130.22.0.5 是 B 类地址，195.0.47.66 是 C 类地址。

3．IP 分组的传输

Internet 的核心技术是分组交换技术。当一台主机向另一台主机发送数据时，这些数据将被拆分成长度较小的 IP 分组。路由器负责单独对各分组进行转发，在所有分组都到达目的主机后，这些分组被重组成原来的数据。在 IP 分组的传输和处理过程中，涉及两类重要的网络协议：传输层协议（TCP 或 UDP）、网络层协议（IP）。传输层协议将原始数据拆分成 IP 分组，并在目的主机中将 IP 分组重新组合；网络层协议负责为 IP 分组选择合适的路径，并将 IP 分组最终投递到目的主机。

Internet 中的数据传输单位是 IP 分组，其中包含 IP 地址、数据部分，如图 7-9 所示。IP 地址用来保证 IP 分组的正确投递，作用类似于日常生活中信封上的地址。发送数据的主机称为源主机，接收数据的主机称为目的主机。源主机的 IP 地址称为源地址，目的主机的 IP 地址称为目的地址。源主机需要将源地址、目的地址和数据封装在 IP 分组中。

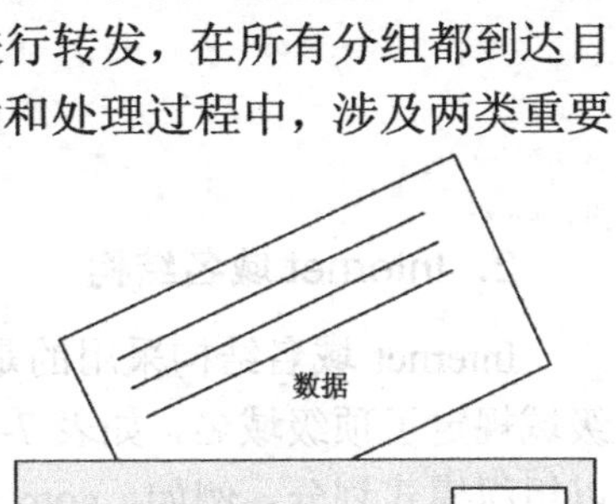

图 7-9　IP 分组的结构

当 IP 分组在 Internet 中传输时，途经的路由器检查每个分组中的地址信息，并以有效路径将分组发送到下一个路由器，分组经过一系列路由器后最终到达目的主机。由于 Internet 的通信子网可能变化，因此分组可能沿着不同路径来传输，并且到达顺序可能与发送顺序不同。至于分组沿着哪条路径输送到目的主机，用户并不需要参与这个过程，完全由通信子网独立完成。

7.3.2 域名机制

IP 地址为 Internet 提供统一的编址方式，直接用 IP 地址可以访问 Internet 主机。但是用户难以记住由一串数字组成的 IP 地址，因此研究人员提出了域名的概念。

1. 域名的概念

域名解决了 IP 地址难以记忆的问题。例如，如果南开大学 Web 服务器的域名为 www.nankai.edu.cn，每个字符都代表着一定的意义，并且在书写上有一定的规律，这样比较便于用户理解和记忆。域名与 IP 地址是相互对应的。由于路由器并不会识别域名，只会通过 IP 地址来实现分组转发，因此需要将域名转换为 IP 地址。当通过域名访问某台主机时，需要先访问域名服务器（Domain Name Server，DNS）。DNS 服务实现从域名到 IP 地址的转换过程，如图 7-10 所示。源主机要访问域名为 www.nankai.com 的主机，首先向主 DNS 服务器发送名字查询请求。如果主 DNS 服务器查到对应的 IP 地址为 203.113.27.66，则向该主机返回包含 IP 地址的查询响应，否则主 DNS 服务器向其他 DNS 服务器发送查询请求。源主机获得目的主机的 IP 地址后，通过这个 IP 地址就可以访问目的主机。

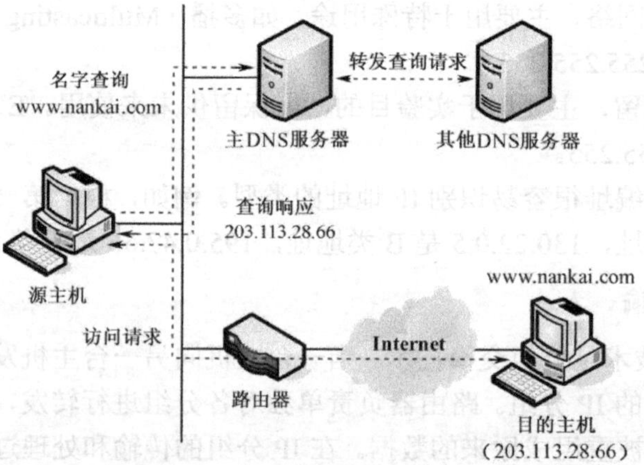

图 7-10 域名转换的工作过程

2. Internet 域名结构

Internet 域名结构采用的是分层结构，将整个 Internet 划分为多个顶级域，并为每个顶级域规定了顶级域名，如表 7-1 所示。由于美国是 Internet 的发源地，因此美国的顶级域名以组织模式划分。例如，com 代表商业组织，edu 代表教育机构，gov 代表政府部门。其他国家的顶级域名以地理模式划分，每个国家作为一个顶级域出现。例如，cn 代表中国，fr 代表法国，uk 代表英国。

InterNIC 负责管理所有的顶级域，将管理权授予指定的管理机构，各管理机构再为自己管理的域分配二级域名，并将二级域管理权授予下属的管理机构。如此层层细分，就形成了分层的 Internet 域名结构。这种分层结构的优点是：各组织在自己域中可自由选择域名，只需保证在自己域中的唯一性。

3. 我国的域名结构

CNNIC 负责管理我国的顶级域，它将 cn 域划分为多个二级域。表 7-2 给出了我国二级域分配方式。我国的二级域划分采用两种模式：组织模式与地理模式。其中，前 7 个域对应于组织模式。例如，com 表示商业组织，edu 表示教育机构，gov 表示政府部门。行政区代码对应于地理模式。例如，bj 表示北京市，tj 表示天津市，he 表示河北省，nm 表示内蒙古自治区，hk 表示香港特别行政区。

表 7-1　顶级域的分配方式

顶级域名	域名类型
com	商业组织
edu	教育机构
gov	政府部门
int	国际组织
mil	军事部门
net	网络支持中心
org	非营利性组织
国家代码	各国家

表 7-2　我国二级域的分配方式

二级域名	域名类型
ac	科研机构
com	商业组织
edu	教育机构
gov	政府部门
int	国际组织
net	网络支持中心
org	各种非营利性组织
行政区代码	我国的各行政区

CNNIC 将我国教育机构的二级域（edu 域）管理权授予 CERNET 网络中心，它将 edu 域划分为很多个三级域，将三级域名分配给各大学（如 nankai 表示南开大学），并将 nankai 域管理权授予南开大学网络中心。南开大学网络中心将 nankai 域划分为多个四级域，并将四级域名分配给下属部门（如 cc 表示计算机与控制学院）。

域名的排列原则是将低层域名放在前面，而将其所属的高层域名跟在后面。这样，域名格式为：四级域名.三级域名.二级域名.顶级域名。例如，在 cc.nankai.edu.cn 中，每个单词依次表示计算机与控制学院、南开大学、教育机构和中国。

7.4 Internet 服务功能

Internet 提供的服务类型非常多，其中大多数服务是免费的。随着 Internet 商业化的发展趋势，它提供的服务类型在持续增加。

7.4.1 Web 服务

WWW（World Wide Web）又称为万维网，通常简称为 Web 服务，它的出现是 Internet 发展中的一个里程碑。Web 浏览是 Internet 中最受欢迎的服务，它的影响力已远超出专业技术范畴，进入电子商务、电子政务、信息服务等领域。

1. 超文本和超媒体

超文本（Hypertext）和超媒体（Hypermedia）是 Web 服务的关键技术之一。长期以来，人们一直在研究如何组织信息，其中最典型的例子是书籍。书籍采用有序方式组织信息，将内容按照章、节的结构组织，读者可以按章节顺序阅读。在 Web 服务中，基本信息组织方式是超文本方式。用户直接看到的是文本信息，在文本信息中包含一些“链接”，通常是上下文关联的单词，点击链接可跳转到其他文本，如图 7-11 所示。超媒体进一步扩展了链

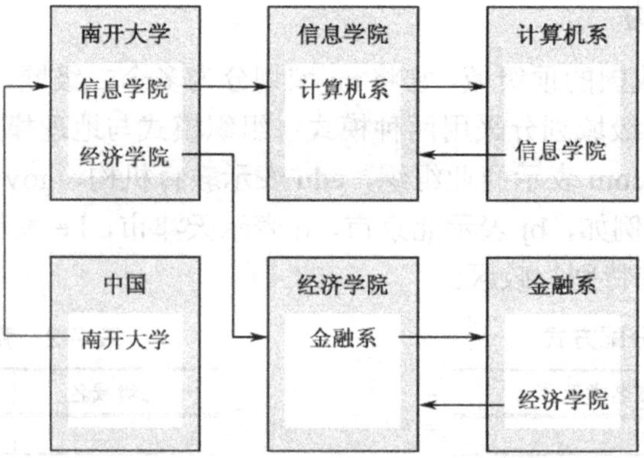

图 7-11　超文本方式的工作原理

接的信息类型，不仅能从文本跳转到其他文本，还能显示一个图片、播放一段音频或视频。例如，当用户选择“音频介绍”时，可播放一段相应的音频，如图 7-12 所示。

2. Web 服务的工作原理

Web 服务提供了包含文本、图片、音频、视频等信息的网页，并且可通过超链接，从一个网页跳转到另一个网页。Web 服务的两个关键技术是：超文本标记语言（HyperText Markup Language，HTML）和超文本传输协议（HyperText Transfer Protocol，HTTP）。HTML 用于实现 Web 服务中的信息资源（网页与其中的链接）；HTTP 是 Web 客户机与服务器之间通信使用的应用层协议。

图 7-13 是 Web 服务的工作原理。Web 服务采用 C/S 工作模式。用户通过 Web 客户机与服务器建立连接，并向服务器发送信息访问请求；Web 服务器根据用户请求找到相应的网页，并向客户机返回网页和相关资源；Web 客户机对接收数据进行解释，并在客户机的屏幕上显示相应的网页。当 Web 服务器向客户机做出响应后，将 Web 服务器与客户机之间的连接断开。

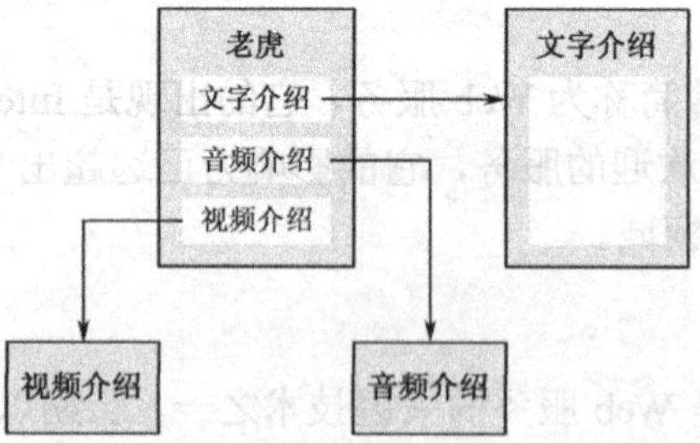

图 7-12　超媒体方式的工作原理

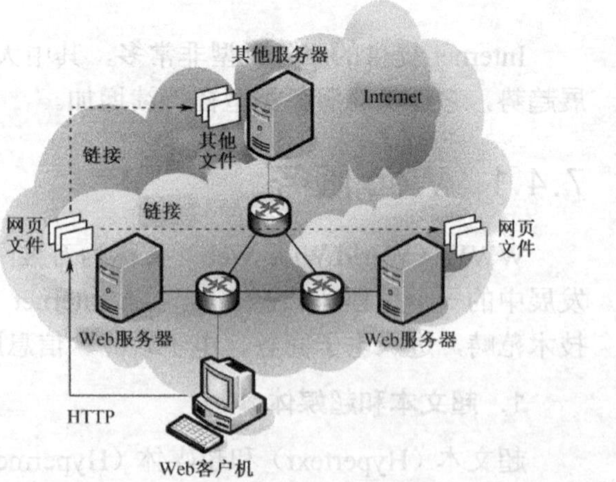

图 7-13　Web 服务的工作原理

3. URL 与信息定位

Internet 中有数量众多的 Web 服务器，每台服务器中又存储着数量众多的网页，如何找到需要的网页是一个问题。这时，需要使用统一资源定位器（Uniform Resource Locators，URL）进行信息定位。标准的 URL 由 3 部分组成：服务类型、主机名、路径及文件名。其中，服务类型是需要访问文件使用的应用层协议，访问网页使用的协议是 HTTP；主机名是需要访问文件所在的主机名（通常是域名），这部分放在 URL 第一个“//”后面；路径及文件名是需要访问文件所在的目录名，这部分放在 URL 第一个“/”后面，可出现多级子目录结构，但是这是在 Web 服务器中的相对目录。

通过 URL 地址可指定需要访问的服务、主机或文件。如果要访问某台 Web 服务器中的某个网页，仅需在 Web 客户机中输入该网页的 URL。图 7-14 是典型的 URL 结构，其中的 URL 为“http://www.nankai.edu.cn/index.asp”。其中，“http:”是指使用 HTTP，“www.nankai.edu.cn”是指访问南开大学 Web 服务器，“index.asp”是访问网页的路径与文件名。如果在 URL 中没有给出文件名，Web 服务器默认返回 Web 服务器的首页。

图 7-14 典型的 URL 结构

4. 网页的概念

Web 服务中的信息资源采用的是网页（Web Page）形式。网页中通常包含文本、图片、音频、视频和其他资源，以及可跳转到其他网页的超链接等。每个 Web 站点都由很多网页组成，是企业、学校、政府部门等发布信息的重要手段。图 7-15 给出了“南开大学”网页，其中虚线框中的部分是网页的基本元素。

图 7-15 “南开大学”网页

网页包含以下基本元素：文本、图片、超链接。文本是网页中最基本的元素；图片也是网页中的基本元素，通常使用 GIF、JPEG 等格式；超链接用来跳转到其他网页或资源，它通常建立在文本与图片这两种载体上，因此分为文本超链接、图形超链接。另外，网页中常用的元素还有表格、音频、视频等。

网页是使用 HTML 编写的文件，通常以 .htm 或 .html 作为文件扩展名。HTML 是一种结构化的编程语言，通过编辑工具打开一个 HTML 文件时，我们会发现这种文档的结构性非常明显，如图 7-16 所示。HTML 使用“<标记>…</标记>”结构来描述所有内容，包括头部信息、段落、列表与超链接等。例如，“<TITLE>南开大学</TITLE>”表示网页标题为“南开大学”。HTML 文件经过 Web 客户机的解释后，网页的内容将显示在客户机的屏幕上。

图 7-16　HTML 文件的例子

5. 浏览器的概念

Web 浏览器是用来浏览网页的 Web 客户机，通常简称为浏览器。当用户使用 Web 服务浏览网页时，在 Web 浏览器上显示的是网页，Web 服务器中存储的是 HTML 文件。图 7-17 是浏览器的工作原理。当用户使用 Web 服务时，浏览器首先与 Web 服务器建立连接，然后向 Web 服务器发送网页访问请求；Web 服务器根据客户请求找到所需的网页，然后将相应的 HTML 文件返回浏览器；浏览器对接收到的 HTML 文件进行解释，然后在浏览器的界面中显示网页信息。

各种操作系统平台上都有流行的浏览器软件。实际上，浏览器程序的种类非常繁多，但是它们提供的浏览功能基本相同。当前的浏览器基本都支持多媒体信息，可以播放动画、音频、视频等，使得 Web 世界变得更加丰富多彩。目前，流行的浏览器软件主要包括：Microsoft 公司的 Internet Explorer（简称 IE）、Google 公司的 Chrome、Apple 公司的 Safari、开源的 Firefox 等，以及各种基于 IE 内核的浏览器。这些浏览器除了可以浏览网页外，通常可访问 FTP、Gopher 等服务器中的资源。

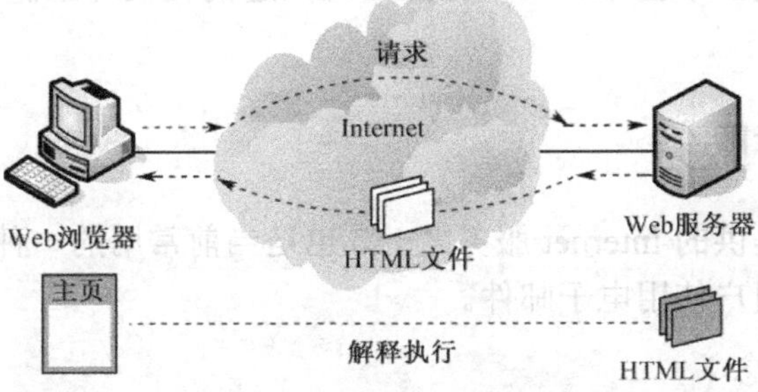

图 7-17　浏览器的工作原理

6. 搜索引擎

Internet 中拥有数以百万计的 Web 服务器，每台服务器中存储的信息类型也很丰富。如果要求用户了解每台 Web 服务器的域名，以及它提供的信息或资源的种类，这简直就是天方夜谭。如何在数百万个网站中快速、有效地查找到所需的信息，这时就需要借助 Internet 中的搜索引擎。

搜索引擎也是 Internet 中的一组 Web 服务器，主动在 Internet 中搜索其他 Web 服务器中的资源，并将索引内容存储在可供查询的数据库中。实际上，搜索引擎是一个包含各种 Internet 资源索引的庞大数据库。搜索引擎通常提供查询和分类目录，用户可轻松地找到自己需要的信息。目前，Internet 中有很多流行的搜索引擎，如百度、Google、Bing、HotBot、Excite 等。图 7-18 显示的是 Google 搜索引擎。

图 7-18　Google 搜索引擎

尽管这些搜索引擎的具体操作多少有些区别，但是它们通常由三部分组成：Web 蜘蛛、数据库和搜索工具。其中，Web 蜘蛛负责在 Internet 上收集信息；数据库负责存储 Web 蜘蛛收集信息的索引；搜索工具为用户提供检索数据库的方法。搜索引擎必须不断更新自己的数据库，以便反映 Internet 中的最新信息。每个搜索引擎至少包含有一个 Web 蜘蛛，它按事先设定的规则收集 Internet 中的特定信息。

当 Web 蜘蛛发现了新的文档或 URL 时，通过自身的代理收集文档的信息和 URL，并将它们发送给搜索引擎的索引软件。索引软件从文档中摘录出用于建立索引的信息，为这些信息建立索引并保持在数据库中。索引类型决定搜索引擎可提供的服务类型，以及返回索引结果的最终显示方式。如果在搜索引擎中输入所需信息的关键字，搜索引擎完成搜索并将搜索结果通过网页显示出来。用鼠标点击感兴趣的文档对应链接时，就会跳转到这个文档所对应的网页。

7.4.2 电子邮件服务

电子邮件是最早提供的 Internet 服务之一，也是当前常用的一种服务类型。目前，每时每刻都有数以亿计的用户使用电子邮件。

1. 电子邮件的概念

电子邮件（E-mail）是指用户通过计算机和 Internet 发送信件。电子邮件提供了一种方便、快速和廉价的通信手段。电子邮件在国际交流中发挥着重要作用，在传统通信中需要几天完成的传递过程，电子邮件仅用几分钟甚至几秒钟就能完成。目前，电子邮件不仅可以传输传统的文本信息，还可传输图片、音频、视频等多媒体信息。

现实生活中的邮政系统已有近千年历史，由于有严密的组织结构和处理流程，保证了世界范围的邮政系统有条不紊地运转。电子邮件与邮政系统有相似的结构和工作流程，不同之处在于：现实生活中的邮政系统是由人在运转，电子邮件是通过计算机、网络、应用软件和协议来运转。电子邮件系统中同样设有邮局，即邮件服务器；电子邮件系统中也有邮箱，即电子邮箱。

邮件服务器（E-mail Server）是电子邮件系统的核心，其主要功能是：接收用户发送的电子邮件，并按收件人地址转发给对方的邮件服务器；接收其他邮件服务器发送的邮件，并按收件人地址分发到相应的电子邮箱中。电子邮箱由提供邮件服务的机构为用户建立。在发送与接收电子邮件时，用户需要使用电子邮件客户端软件。

每个电子邮箱都有自己的邮箱地址，称为电子邮件地址（E-mail Address）。每个邮件地址在全球范围内是唯一的，并且书写格式也是统一的。电子邮件地址的格式是“用户名@主机名”。其中，“主机名”是一台邮件服务器的名称，“用户名”是在邮件服务器中的账号。图 7-19 给出了电子邮件地址结构，其中的电子邮件地址为“island@nankai.edu.cn”，“island”是邮件用户名，“@”表示“at”，“nankai.edu.cn”是邮件服务器名。

图 7-19 电子邮件地址的格式

2. 电子邮件的工作原理

电子邮件系统可分为两部分：邮件服务器、邮件客户机。邮件服务器是提供邮件服务的服务器软件，负责发送、接收、转发和管理邮件；邮件客户机是使用邮件服务的客户端软件。电子邮件服务采用 C/S 模式。电子邮件服务使用的协议主要有简单邮件传输协议（Simple Mail Transfer Protocol，SMTP）、邮局协议第 3 版（Post Office Protocol Version 3，

POP3）、交互式邮件存取协议（Interactive Mail Access Protocol，IMAP），它们是邮件客户机和邮件服务器之间通信的应用层协议。其中，SMTP 用于发送电子邮件，POP3 和 IMAP 用于接收电子邮件。

图 7-20 是电子邮件系统结构。在邮件服务器中，包括用于发送邮件的 SMTP 服务器，用于接收邮件的 POP3 服务器（或 IMAP 服务器），以及用于存储邮件的电子邮箱；在邮件客户机中，包括用于发送邮件的 SMTP 代理，用于接收邮件的 POP3 代理（或 IMAP 代理），以及用于提供管理界面的用户接口。

图 7-20　电子邮件系统结构

图 7-21 是电子邮件的工作原理。如果用户需要发送电子邮件，通过邮件客户机书写邮件，并将邮件发送给自己的邮件服务器；自己的邮件服务器接收到电子邮件后，根据收件人地址发送到接收方的邮件服务器；接收方的邮件服务器收到电子邮件后，根据收件人地址分发到对应的邮箱中。如果用户需要接收电子邮件，通过邮件客户机访问邮件服务器，从自己的电子邮箱中读取邮件，然后可对这些邮件进行相应的操作。电子邮件如何传输到邮件服务器，整个传输过程非常复杂，这个过程不需用户介入。

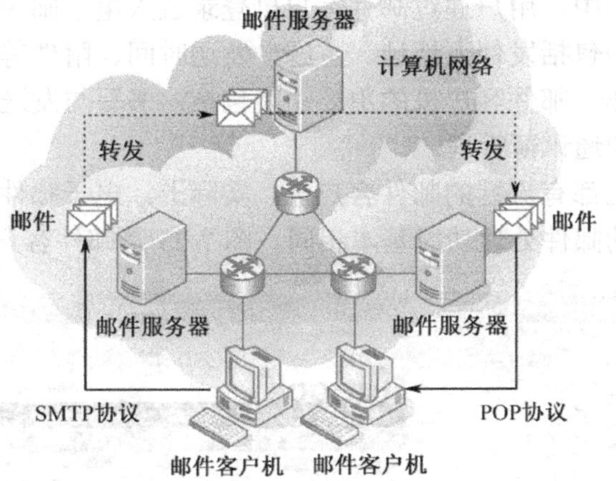

图 7-21　电子邮件的工作原理

3. 电子邮件的信件格式

电子邮件与现实生活中的信件相似，也有自己固定的信件格式。电子邮件包括两部分：邮件头（E-mail Header）、邮件体（E-mail Body），如图 7-22 所示。其中，邮件头由多项内容构成，一部分是由系统自动生成，如发件人地址（From）、发送日期和时间等；另一部分是由发件人自己输入，如收件人地址（To）、抄送人地址（Cc）、邮件主题（Subject）等。邮件体就是实际传输的信件内容。

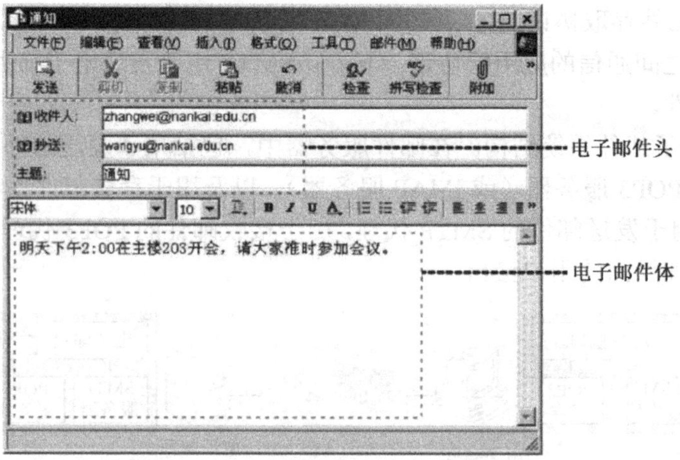

图 7-22　电子邮件的信件格式

电子邮件的附件中可包含二进制文件，如图片、音频、视频、可执行文件等。由于电子邮件无法直接处理二进制文件，因此需要使用某种编码方式进行编码。目前，常用的编码方式主要包括：多用途 Internet 邮件扩展（Multipurpose Internet Mail Extensions，MIME）、文件格式转换程序（Unicode）。接收邮件的用户必须用同一编码方式进行解码。多媒体信息的出现使电子邮件的用途变得广泛。

4．邮件客户机软件

用户通过邮件客户机访问电子邮箱中的邮件。邮件客户机需要安装在计算机或移动终端（如手机、Pad 等）中。用户通过邮件客户机登录进入电子邮箱，这时就能看到邮箱中的所有邮件列表，其中包括发件人地址、主题、发送时间、附件等信息，然后决定对指定的邮件进行具体的操作。邮件客户机的主要功能包括：书写与发送邮件，接收、转发、回复或删除邮件，邮箱和通讯薄管理。

各操作系统平台上都有流行的邮件客户机。实际上，电子邮件客户机程序的种类非常繁多，但是它们提供的邮件处理功能基本相同。图 7-23 是邮件客户机程序的例子。

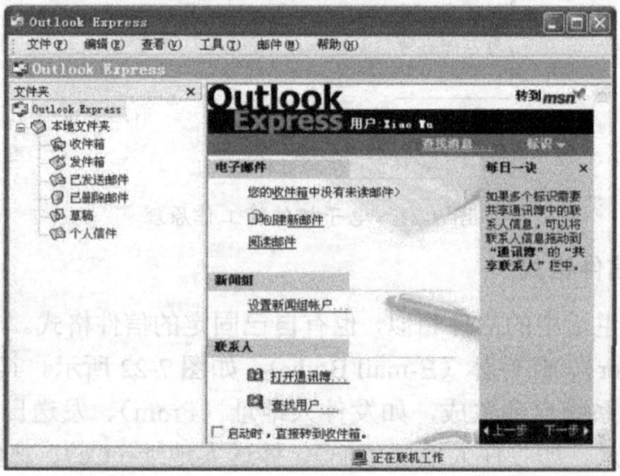

图 7-23　邮件客户机程序的例子

目前，常见的邮件客户机程序主要有 Microsoft 公司的 Outlook Express、Office Outlook 以及 Eudora、Thunderbird、Foxmail 等。例如，Outlook Express 是 Windows 操作系统内置的邮件客户机。随着基于 Web 的电子邮件服务日趋流行，传统的邮件客户机的使用开始减少。

随着越来越多网站提供电子邮件服务，Web 邮件开始成为 Web 服务的重要应用。Web 邮件服务使用的邮件客户机是浏览器，通过登录提供邮件服务的网站访问邮箱。目前，多数门户站点都提供 Web 邮件服务，如网易、腾讯、新浪、Gmail、Hotmail 等。这些 Web 邮件服务大多数是免费提供，并且邮件存放空间越来越大。Web 邮件服务的最大优点是：申请邮箱过程快捷，收发邮件操作简单，不用安装专门的邮件客户机。经常上网的用户拥有多个 Web 邮箱是很普通的事。

7.4.3 文件传输服务

文件传输是最早提供的 Internet 服务之一，也是当前常用的一种服务类型。每天都有数以亿计的文件从 Internet 下载到用户计算机中。

1. 文件传输的概念

由于遵循文件传输协议（File Transfer Protocol，FTP），因此文件传输服务又称为 FTP 服务。FTP 服务也采用 C/S 模式。FTP 服务器是提供服务的服务器端软件；FTP 客户机是使用服务的 FTP 客户端软件。图 7-24 是下载与上传的示意，下载是指将文件从 FTP 服务器传输到客户机，上传是指将文件从 FTP 客户机传输到服务器。

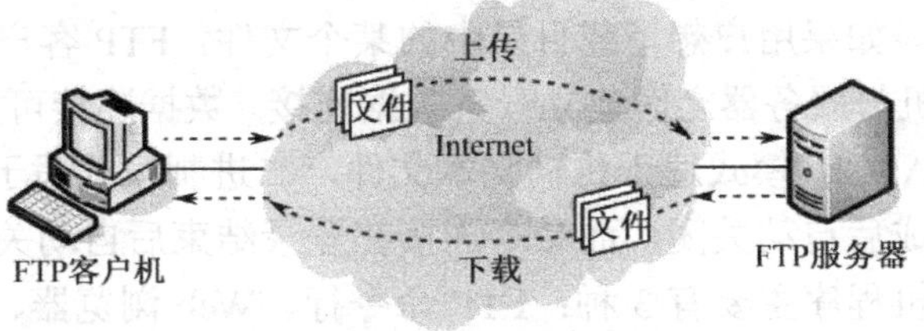

图 7-24 下载与上传的示意

如果用户需要使用 FTP 服务，首先通过 FTP 客户机登录 FTP 服务器，这时需要使用 FTP 服务器名或 IP 地址。图 7-25 给出了 FTP 服务器账号的例子。例如，南开大学的 FTP 服务器为“ftp.nankai.edu.cn”。其中，“ftp”表示 FTP 服务，“nankai.edu.cn”表示南开大学的主机。接着，需要输入 FTP 账号（包括用户名、密码）。有些 FTP 站点是专用的，只允许拥有合法账号的用户访问。

图 7-25 FTP 服务器账号的例子

大多数 FTP 站点提供匿名 FTP 服务，这类 FTP 站点称为匿名 FTP。匿名服务的实质是：

在 FTP 服务器中建立公开的用户名（通常为 anonymous），并赋予该用户访问公共目录权限。如果用户需要访问匿名 FTP 站点，用“anonymous”作为用户名，通常不需要密码。为了保证 FTP 服务器的安全，匿名 FTP 通常仅提供文件下载服务。

2. FTP 服务的工作原理

FTP 服务器中运行着一个守护进程（Daemon），负责为用户提供下载和上传服务。FTP 服务器是提供 FTP 服务的主机，可以被看成一个很大的文件仓库。文件在 FTP 服务器中以目录结构存储，用户需要逐级打开目录找到文件。图 7-26 为 FTP 服务的工作原理。FTP 客户机向服务器发起登录请求，FTP 服务器要求客户机提供账号与密码；当 FTP 客户机成功登录到服务器后，FTP 客户机与服务器之间建立一条命令连接，FTP 客户机通过该连接向服务器发送命令，FTP 服务器通过该连接向客户机返回响应。这时，通过 FTP 客户机看到服务器当前的目录结构。

图 7-26　FTP 服务的工作原理

如果用户想访问 FTP 服务器中的目录，FTP 客户机向服务器请求改变目录，FTP 服务器返回新的目录列表。如果用户想下载目录中的某个文件，FTP 客户机向 FTP 服务器请求下载文件，FTP 客户机与服务器之间建立一条数据连接。数据连接可采用两种模式：ASCII 模式、二进制模式。ASCII 模式适于传输文本文件，二进制模式适于传输二进制文件。数据连接在文件下载完成后自动关闭，而命令连接在登录结束后自动关闭。

目前，FTP 客户机程序主要有 3 种：FTP 命令行、Web 浏览器、FTP 客户机。FTP 命令行是最早的 FTP 客户端，在早期的 Windows 操作系统中使用。FTP 命令行包括 50 多条命令，对于初学者比较难用。目前，大多数 Web 浏览器不但支持网页浏览，而且可以访问 FTP 服务器，URL 中的前缀“ftp://”用于指明 FTP 服务。FTP 客户机程序通常只支持 FTP 服务，提供文件下载、上载、断点续传等功能。目前，FTP 客户机程序的种类很多，常见的有 LeapFTP、CuteFTP、WS-FTP 等。

7.4.4　远程登录服务

远程登录是最早出现的网络服务，要比 TCP/IP 早十几年。在研究网络互连技术的初期，人们需要解决一个重要的问题：如何通过一台终端访问互连的另一台主机。

1. Telnet 的产生背景

TELNET 协议研究出现在 20 世纪 60 年代后期，那时个人计算机还没有出现。当时人们在使用大中型计算机时，首先通过一台直接连接到主机的终端，使用用户名和密码登录成为合法用户之后，才能将软件与数据输入到主机，完成科学计算的任务。当用户需要多台计算机共同完成一个较大的任务时，需要调用远程计算机资源同本地计算机协同工作。当这些大中型计算机互连之后，就需要解决一个基本的问题：不同型号计算机之间的差异性，即异构计算机系统之间的互连问题。

差异性主要表现为不同厂商生产的计算机的硬件、软件、数据格式的不同，最明显的是对终端键盘输入命令的解释。例如，有的系统用 Return 或 Enter 作为行结束标志，有的系统用 ASCII 字符的 CR，而有的系统用 ASCII 字符的 LF。键盘定义的差异给远程登录带来很多问题。在中断一个程序时，有些系统使用“^C”，另一些系统使用 Esc 键。发现这个问题之后，各厂商分别研究如何解决互操作性的方法，如 Sun 公司制定远程登录协议 rlogin，但是该协议是专为 BSD UNIX 系统开发的，只适用于 UNIX 系统。

为了解决异构计算机系统互连中存在的问题，人们研究 TELNET 协议。TELNET 协议引入了网络虚拟终端（Network Virtual Terminal，NVT）的概念，它提供一种专门的键盘定义，用来屏蔽不同计算机系统对键盘输入的差异性，同时定义客户机与远程服务器之间的交互过程。远程登录服务是指用户使用 TELNET 命令，使自己的计算机暂时成为远程计算机的一个仿真终端的过程。RFC854 文档定义了 TELNET 协议标准。

2. 远程登录的工作原理

远程登录服务采用 C/S 模式，如图 7-27 所示。用户的实终端（Real Terminal）采用用户终端格式与本地 Telnet 客户通信。远程计算机采用主机系统格式与 Telnet 服务器通信。Telnet 客户进程与服务器进程之间通过 NVT 标准进行通信。NVT 是一种统一的数据表示方式，保证不同硬件、软件和数据格式的终端与主机之间通信的兼容性。Telnet 客户与服务器完成用户终端格式、主机系统内部格式和标准 NVT 格式之间的转换。互联网上传输的数据都是标准的 NVT 格式。不同的用户终端和服务器进程与不同的本地终端格式无关。

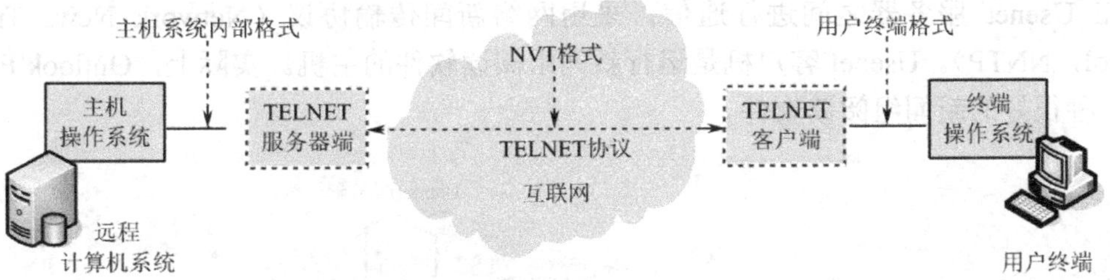

图 7-27　远程登录的工作原理

如果要使用 Telnet 功能，需要具备以下 2 个条件：① 用户计算机中安装有 Telnet 应用软件，如 Windows 操作系统提供的 Telnet 客户端程序；② 用户在远程计算机上有自己的用户账户（包括用户名与密码），或者该远程计算机提供公开的用户账户。

用户在使用 Telnet 命令进行远程登录时，首先应在 Telnet 命令中给出对方计算机的主机名或 IP 地址，然后根据对方系统的询问，正确输入自己的用户名、密码。有时还要根据对方的要求，回答自己使用的仿真终端类型。

当用户成功地实现远程登录，用户就可以像远程计算机的本地终端一样工作，使用远程计算机对外开放的全部资源，如硬件、程序、操作系统、应用软件及信息资源，这个过程对于用户是透明的。因此，TELNET 协议又被称为“终端仿真协议”。

TELNET 协议已成为 TCP/IP 协议集中的一个基本协议，也是最重要的协议。即使当前互联网用户从来没有直接调用 TELNET 协议，但是 E-mail、FTP 和 Web 服务都建立在 Telnet 概念和技术的基础上。

7.3.5 新闻和公告类服务

Internet 的魅力不仅表现在提供丰富的信息资源，还表现在与世界各地的用户针对某个话题展开讨论。

1. 网络新闻组

网络新闻组是利用网络进行专题讨论的论坛，也是 Internet 中最早的在线讨论模式。Usenet 是 Internet 中最大规模的网络新闻组。Usenet 并不是一个实际的网络系统，只是建立在 Internet 上的一个逻辑组织。Usenet 是自发产生和不断变化的，新的新闻组可能不断产生，大的新闻组可能分裂成小的新闻组，同时某些新闻组也可能解散。

Usenet 基本单位是数以千计的新闻组（Newsgroup），每个新闻组专门针对某个话题展开讨论，如哲学、计算机、文学、游戏、科幻等。所有能想到的主题都有相应的新闻组，如“comp”是关于计算机话题的新闻组。新闻组分为不同的等级，一级新闻组下可能有二级新闻组，二级新闻组下可能有三级新闻组，如“comp.os.redhat-linux.software”表示关于 Redhat Linux 操作系统的相关主题。如果用户加入自己感兴趣的某个新闻组，则每次访问 Usenet 服务器时就会收到相应新闻组发送的新消息。如果用户对某个新闻组失去兴趣，可随时退出该新闻组。

Usenet 采用的通信手段是电子邮件，但不是采用点对点的电子邮件，而是采用多对多的电子邮件。图 7-28 是 Usenet 的工作原理。Internet 中有很多 Usenet 服务器，不同服务器之间可互相通信。这样，发布到某个 Usenet 服务器的消息都会自动复制到其他 Usenet 服务器。在 Usenet 服务器之间进行通信，采用网络新闻传输协议（Network News Transfer Protocol，NNTP）。Usenet 客户机是运行新闻组阅读软件的主机。实际上，Outlook Express 也是一种很好的新闻组阅读软件。

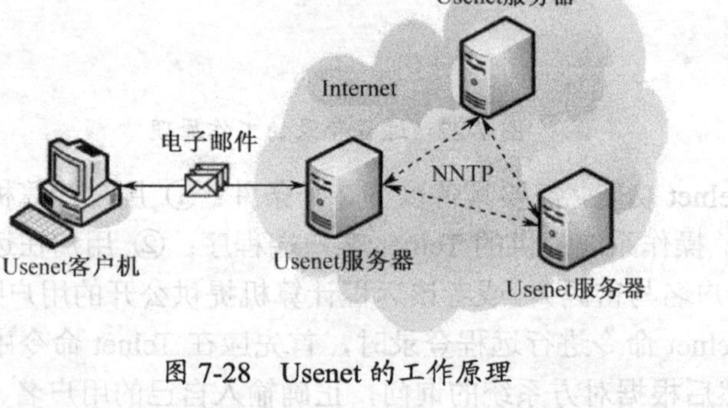

图 7-28 Usenet 的工作原理

2. 电子公告牌

电子公告牌（Bulletin Board System，BBS）是早期常用的服务功能。在 Web 浏览没有普及的时候，BBS 是非常流行的信息交流方式。BBS 提供了一块公共的电子白板，每个用户都可以在上面发布信息。用户可在 BBS 上与未谋面的网友聊天、收发信件、组织聚会、讨论问题、下载资料、寻求帮助等。BBS 中的交流打破了空间和时间的限制。当用户与别人进行交往的时候，不需考虑自己的年龄、学历、财富、外貌、社会地位等，这样就可平等地与其他人对任何问题进行讨论。

BBS 有点像日常生活中的黑板报，按不同的主题划分成很多布告栏，按大多数用户的需求和喜好而设立。用户可阅读别人关于某个主题的观点，它有可能在几秒钟前刚发布；用户可将自己的观点发到布告栏，同样可看到别人对该观点的看法。如果用户之间需要私下交流，可将消息直接发给其他用户。BBS 服务的一个重要功能是网上聊天。一台 BBS 服务器上可开设多个聊天室，建立聊天室的人提出本次聊天主题，进入聊天室的人需要输入一个聊天代号，大家可输入自己想表达的内容。

早期 BBS 服务是一种基于远程登录的服务，如果用户想使用 BBS 服务，首先需要通过 Telnet 登录到 BBS 服务器。每台 BBS 服务器有同时登录人数限制，如果人数已达到服务器的上限，则用户需要等待。很多国内大学的 BBS 站点采用这种方式，最著名的是清华大学的“水木清华”BBS 站点。图 7-29 是清华大学的 BBS 站点。目前，很多 BBS 站点开始提供 Web 访问方式，用户可使用浏览器访问 BBS 站点。

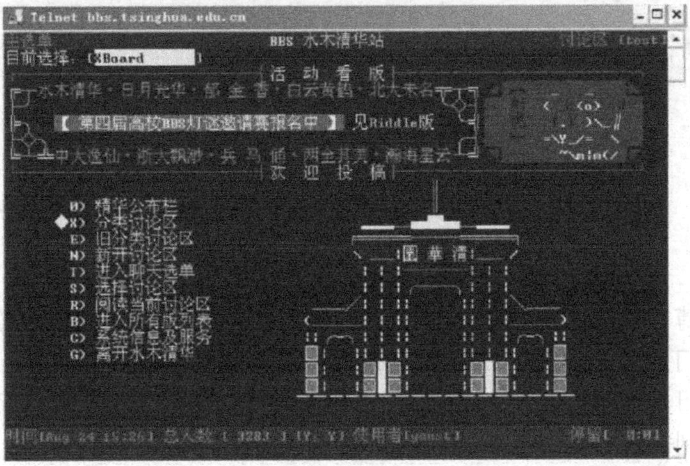

图 7-29　清华大学的 BBS 站点

3. 博客服务

博客（Blog）是网络日志（Weblog）的缩写，是流行的 Internet 服务之一。博客以文章形式在 Internet 中发表与共享信息，在技术上属于共享个人网页应用，是 Web 服务的一种应用。博客是包含一系列文章列表的网页，其中的文章按年份、日期排列。博客内容与创建目的有很大不同，可能是个人对心中所想之事的表达，也可能是一群人基于某个主题的集体创作。

从网络实现技术的角度来看，Web 技术发明人 Tim Berners-Lee 的网站算是博客雏形。现实意义上的博客出现在 20 世纪 90 年代后期。最早的博客软件由 Blogger 公司的前身（Pyra 公司）开发，三位创始人为了开发复杂的群件软件，编写了一个用来保持交流和协同工作的软件。1999 年，他们在网上发布免费的 Blogger 软件，很快受到广大用户的认同和支持，到 2000 年用户数已接近百万。

2000 年，博客开始成为 Internet 中的热门话题。尤其是在“9.11”事件后，在人们最需要交流的那段时期，WarBlog 在公布信息、交流经历、个人感悟等方面发挥着重要的作用。

这时，博客成为人们在 Internet 中交流思想的一种新方式，并且开始得到全社会的广泛关注。2005 年，美国约有 1100 万人建立个人博客，5000 万人经常访问博客站点，这个数字占美国网络用户数的 30%，这充分说明了博客受欢迎的程度。

近年来，博客已成为我国发展最快的应用之一。2002 年，国内第一家博客网站“博客中国”出现。2003 年，国内几大门户网站纷纷推出博客频道。2004 年，很多公众人物与普通网民建立个人博客，每天都吸引数量众多的用户访问。有人说，2003 年是博客商业化的一年，2004 年是博客大众化的一年。图 7-30 是一个博客服务的例子。

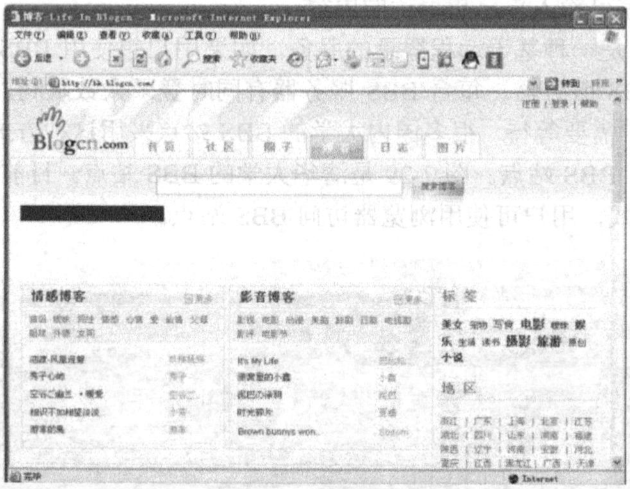

图 7-30　一个博客服务的例子

网络新闻和博客都属于网络媒体的范畴，是用户通过网络获取新闻的主要途径。网络新闻主要由各大门户网站提供，博客的兴起则代表普通网络用户的声音。博客的主要特点表现在：以网络日志的形式出现，由简短、个性化的文章组成；文章（又称帖子）更新频繁，并且按从新到旧的顺序排列；充分利用超链接方式拓展文章内容。

根据使用者与内容的不同，博客可分为 4 种：① 记录个人生活的日记或侧重于表达、交流的个人博客；② 由共同关心某类问题的人或团体形成的博客社区；③ 致力于新闻时事的发表、转载与评论的博客社区；④ 关注学术专题讨论的博客社区。

7.4.6　即时通信服务

即时通信是近年新出现的 Internet 服务功能，也是当前流行的一种 Internet 服务。目前，我国的即时通信用户规模甚至超过了电子邮件的用户规模。

1．即时通信的基本概念

即时通信（Instant Messaging，IM）是一种即时的在线信息交流方式，通信双方通过它可及时收到对方的信息。即时通信服务的最大特点在于即时性，表现在获取信息的速度方面。1988 年，芬兰人 Jarkko Oikarinen 开发了 IRC（Internet Relay Chat），只支持文本聊天，并且不支持好友列表的概念，但是它可以说是即时通信的雏形。1996 年，全世界第一个即时通信软件 ICQ 问世，ICQ 是“I seek you”的缩写，即“我在找你”，这个名字形象地说明了即时通信的特点。

随后，各种即时通信软件开始出现，如 Microsoft 公司的 Windows Live Messenger（MSN）、Skype、AOL Instant Messenger（AIM）等。我国也出现了众多的中文即时通信软件。1999 年，腾讯公司推出的 OICQ 软件获得成功。2000 年，OICQ 软件正式更名为 QQ（如图 7-31 所示），它是国内流行的即时通信软件，其用户数在十年前就已超过 5 亿。后来，陆续出现的即时通信软件包括腾讯公司的微信（WeChat）、阿里旺旺、网易 PoPo、YY 语音、中国移动飞信等。

图 7-31　即时通信 QQ

即时通信是在网络平台上利用点对点协议，实现即时的文本、音频、视频交流的通信方式。Internet 的飞速发展推动即时通信的发展，与传统的电话、电子邮件等通信方式相比，即时通信具有通信费用低、效率高的优点。目前，即时通信已经与电话、电子邮件并列，成为用户最常使用的三种通信方式。即时通信服务具有鲜明的本土化特点，这也是 QQ 受欢迎的主要原因之一。

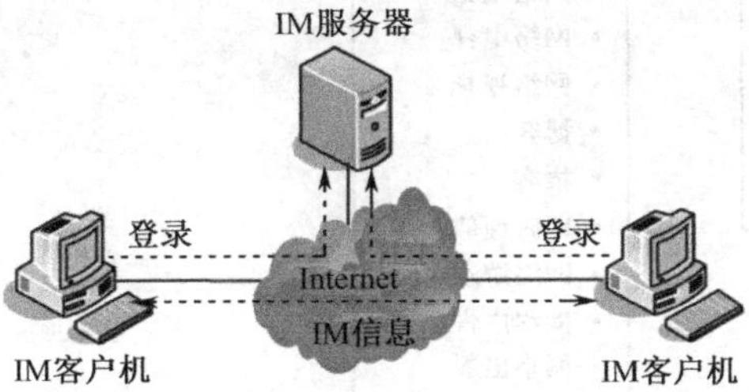

图 7-32　即时通信的工作原理

2．即时通信的工作原理

即时通信服务采用 C/S 模式，包括两部分：IM 客户机、IM 服务器。图 7-32 是即时通信的工作原理。其中，IM 客户机是即时通信的使用者，IM 服务器是即时通信的提供者。每种 IM 软件采用不同的 IM 协议，负责完成 IM 客户机与服务器之间的通信。如果用户想使用即时通信服务，首先通过 IM 客户机登录 IM 服务器，然后与用户列表中的用户交互信息，这个过程在所有 IM 软件中基本相同。

IM 客户机之间通信可采用两种方式：中转方式、点对点方式。其中，中转方式是指 IM 客户机之间不需建立连接，它们之间传输的信息都经 IM 服务器转发。当 IM 客户机之间进行文件传输、音频、视频聊天时，通过 IM 服务器转发的数据量大，可能造成服务器响应不及时。点对点方式是 IM 客户机之间直接建立连接，它们之间传输的信息都通过该连接。目前，多数即时通信服务采用点对点方式。

即时通信软件使用的都不是标准的协议，各厂商制定自己专用的即时通信协议，这就造成了不同即时通信软件之间无法互通。即时通信协议的不统一束缚着即时通信的发展。2002 年，IETF 针对即时通信协议的标准化问题，提出了即时信息和出席协议（Instant Messaging and Presence Protocol，IMPP）。RFC2778 文档定义即时通信服务的功能与框架模型，RFC2779 文档定义即时通信服务的最小需求。

SIMPLE 是一种有影响的即时通信协议，将 SIP（Session Initiation Protocol，会话初始协议）扩展到即时通信服务中。SIP 是 IETF 提出的一种视频会议标准，主要用于创建、终止和管理视频通信，通过即时通信提供音频、视频聊天等功能。XMPP（eXtensible Messaging and Presence Protocol，可扩展消息处理现场协议）是另一种有影响的即时通信协议，基于 XML 的出席信息传输和消息路由协议，为不同网络之间互连提供一种安全、简单的编程语言。XMPP 专门针对即时通信服务而设计，本身具有好友列表、群组等即时通信的所需功能，已被 IETF 批准作为即时通信协议标准。

经过近 10 年的快速发展，即时通信正在向综合通信的方向发展，即从文本向音频、视频等多媒体信息，从固定的互联网向移动的无线通信网，从个人通信向企业通信和协同工作方向发展。随着计算机和通信技术的快速发展，即时通信提供的服务类型将会越来越多，即时通信在个人信息处理上的优势凸现，与社交应用、视频应用将进一步融合。同时，即时通信已开始扩展到手机、Pad 等移动终端。

7.5 互联网应用发展分析

7.5.1 互联网应用发展阶段划分

图 7-33 为互联网应用的发展趋势，可以看出，互联网应用的发展大致分成三个阶段。

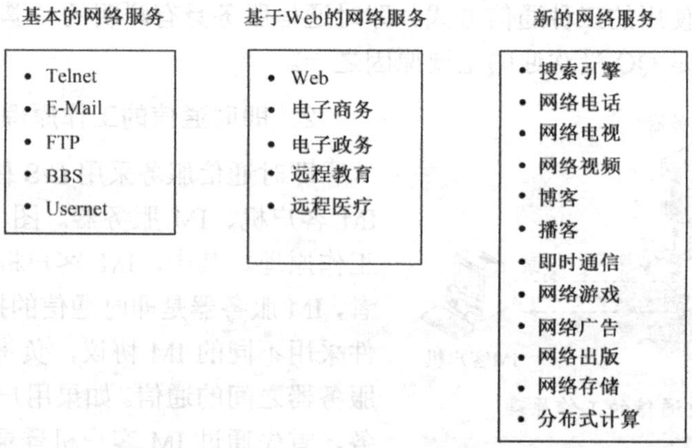

图 7-33 互联网应用的发展趋势

第一阶段互联网应用的主要特征是：提供 Telnet、E-mail、FTP、BBS 与 Usenet 等基本的网络服务功能。

第二阶段互联网应用的主要特征是：Web 技术的出现，以及基于 Web 技术的电子政务、电子商务、远程医疗与远程教育等应用的快速发展。

第三阶段互联网应用的主要特征是：P2P 网络应用将互联网应用推向一个新的阶段。在基于 Web 的网络应用继续发展的基础上，出现了一批基于 P2P 的新型应用。这些新的网络应用主要包括：网络电话、网络电视、博客、播客、即时通信、搜索引擎、网络视频、网络游戏、网络广告、网络出版、网络存储与分布式计算等。这些新的网络应用为互联网与现代信息服务业增加了新的产业增长点。

7.5.2 P2P 模式与 C/S 模式的比较

从互联网应用系统的工作模式角度，互联网应用可以分为两类：客户—服务器（C/S）模式、对等（P2P）模式。

1. C/S 模式的概念

从应用程序工作模型的角度，应用程序分为客户端程序、服务器程序。以 E-mail 应用程序为例，它分为服务器端的邮局程序、客户端的邮箱程序。用户在自己的计算机中安装并运行邮箱程序，就能成为电子邮件系统的客户端。安装邮局程序的计算机就成为邮件服务器，为客户机提供电子邮件服务。

互联网应用系统采用 C/S 模式的主要原因是网络资源分布的不均匀性。网络资源分布的不均匀性主要表现为如下 3 方面：

① 计算机系统的类型、硬件结构、功能都存在很大差异，可以是一台大型计算机、高档服务器，也可以是一台个人计算机，甚至是一个手机或家用电器。它们在运算能力、存储能力和外部设备的配备等方面存在很大差异。

② 从软件的角度来看，很多大型应用软件都是安装在一台专用的服务器中，用户需要通过互联网去访问服务器，成为合法用户之后，才能够使用网络的软件资源。

③ 从信息资源的角度来看，某种类型的数据、文本、图片、音频或视频存放在一台或几台大型服务器中，合法用户可通过互联网访问这些资源。这样做对保证信息资源使用的合法性和安全性是非常必要的。

网络资源分布的不均匀性是网络应用系统设计思想的体现。组建网络的目的是实现资源的共享。“资源共享”表现为网络节点在硬件配置、运算能力、存储能力以及数据分布等方面存在差异和分布的不均匀性。能力强、资源丰富的计算机充当服务器，能力弱或需要某种资源的计算机作为客户机。客户机使用服务器的服务，服务器向客户机提供网络服务。因此，C/S 模式反映网络服务提供者与使用者的关系。在 C/S 模式中，服务器在网络服务中处于中心地位。在这种情况下，“客户机”可以理解为“客户端计算机”，“服务器”可以理解为“服务器端计算机”。

2．对等网络的概念

P2P 是网络节点之间采取对等方式，通过直接交换信息达到共享资源和服务的模式。有时，人们也将这种技术称为“对等计算”，将提供对等通信功能的网络称为“P2P 网络”。目前，P2P 技术已广泛应用于即时通信、协同工作、内容分发和分布式计算等领域。根据统计数据表明，P2P 流量在当前互联网流量中超过 60%，已成为互联网应用的新的重要形式，也是当前网络技术研究的热点问题之一。

P2P 已成为网络技术中的一个基本术语。P2P 的研究主要涉及三方面内容：① P2P 通信模式是指 P2P 网络中对等节点之间直接通信的能力；② P2P 网络是指在互联网中由对等节点组成的一种动态的逻辑网络；③ P2P 实现技术是指为实现对等节点之间直接通信和特定应用而设计的协议、软件等。

3．P2P 与 C/S 模式的区别

图 7-34 是 C/S 与 P2P 模式的区别。在传统的互联网中，信息资源共享是以服务器为中心的 C/S 模式。以 Web 服务器为例，Web 服务器是运行 Web 服务器程序、计算能力和存储能力强的计算机，所有 Web 页都存储在 Web 服务器中。服务器可以为很多 Web 浏览器客户提供服务。但是，Web 浏览器之间不能直接通信。显然，在传统互联网中信息资源的共享关系中，服务提供者与使用者之间的界限是清晰的。

P2P 网络淡化服务提供者与使用者的界限，所有节点同时兼具服务提供者和使用者的双重身份，以达到“进一步扩大网络资源共享范围和深度，提高网络资源利用率，使信息

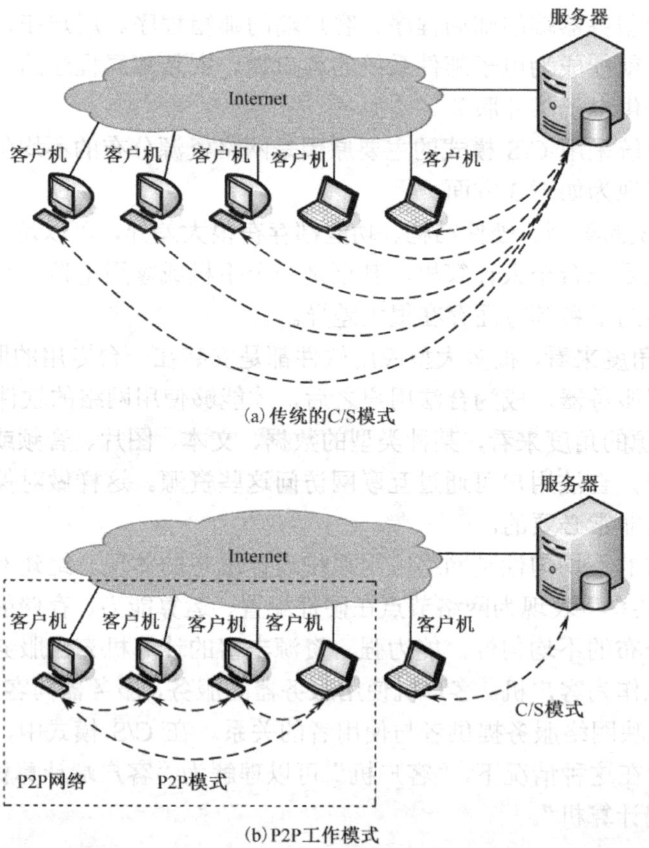

(a) 传统的C/S模式

(b) P2P工作模式

图 7-34　C/S 与 P2P 模式的区别

共享达到最大化”的目的。在 P2P 网络中，成千上万台计算机之间处于对等的地位，整个网络通常不依赖于专用的集中式服务器。P2P 网络中的每台计算机既可作为网络服务的使用者，也可向其他提出服务请求的客户提供资源和服务。这些资源可以是数据资源、存储资源或计算资源等。

从网络体系结构的角度，C/S 与 P2P 模式的区别为：两者在传输层及以下各层的协议结构相同，差别主要表现在应用层。C/S 模式的应用层协议主要包括 DNS、SMTP、FTP、HTTP 等。P2P 模式的应用层协议主要包括支持文件共享类服务的协议、支持多媒体传输类服务的协议等。从这个角度来看，P2P 网络并不是一个新的网络结构，而是一种新的网络应用模式。构成 P2P 网络的节点通常已是互联网节点，它们脱离传统的基于 C/S 模式，不依赖于网络服务器，在 P2P 应用软件的支持下，以对等方式共享资源与服务，在互联网上形成一种逻辑的覆盖网（Overlay Network）。

4．P2P 技术发展的必然性

如果从网络操作系统设计思路的变化来看 P2P 技术，可总结出这样一个思维方式变化过程。早期对等结构网络操作系统采取“我共享你、你共享我”的设计思想，非对等结构网络操作系统采取“能力强的为能力弱的服务”的设计思想，而 P2P 网络信息资源共享模式采取“人人为我、我为人人”的设计思想。这个过程正好体现出“螺旋式上升”的事物发展规律。导致这种演变的内在因素主要是：计算机硬件、软件和信息资源的丰富，以及网络用户对方便访问和利用资源的需求上升。

在所有计算机硬件能力都很弱的初始阶段，采取对等结构是很自然的事。当计算机硬件能力增强，将高性能、高配置的计算机作为服务器，为配置较低的计算机提供网络服务，自然会采取 C/S 的非对等结构。当网络应用发展到一定阶段，作为客户机的个人计算机硬件能力已很强，网络用户自身的信息资源积累比较丰富，很多有用和个性化的信息都存储在客户机中。随着这种信息资源存储格局的变化，人们自然希望寻求以最快的速度、最灵活的方式获取信息，那就是脱离服务器的限制，在客户机之间直接、平等地获取信息和服务。在这样的背景下，开展 P2P 技术研究顺理成章了。

在不同的技术发展阶段，人们对网络应用关注的重点也不同。初期阶段重点是在共享网络硬件上，中期阶段重点是在共享软件和数据上，成熟阶段的重点应该转移到共享信息资源上。这反映了用户希望自己在互联网中扮演角色的转变。用户开始不满足只作为信息资源的享受者，希望能同时扮演信息享受者和提供者的双重身份，这也反映了网络应用水平的提高和网络作用的深化。

小　结

本章主要讲述了以下内容：

① Internet 又称为因特网，是全球性、最有影响力的计算机互连网络，也是世界范围的信息资源宝库。从 Internet 结构的角度来看，它是使用路由器将分布在世界各地、数以千万计的计算机网络互连起来的网际网。

② 接入技术可分为两大类：有线接入、无线接入。有线接入技术主要包括：电话交换网、有线电视网、光纤、局域网、电力线接入等。无线接入主要包括：无线局域网、无线城域网、无线自组网、移动通信网接入等。

③ TCP/IP 是一种计算机之间通信的规则，规定了计算机之间通信的所有细节，如数据格式、发送顺序、对应关系等。Internet 的核心协议就是 TCP/IP 协议族。Internet 地址有两种表示形式：IP 地址、域名。

④ Web 是最受用户欢迎的一种 Internet 服务，电子商务、远程教育、远程医疗等都建立在 Web 服务的基础上。Web 服务的两个关键技术是 HTML、HTTP。Web 服务采用 C/S 模式，在 Web 浏览器与服务器之间实现通信。

⑤ 其他 Internet 服务主要包括：电子邮件、文件传输、远程登录和即时通信，以及新闻、公告类服务等。除了即时通信服务外，多数服务采用 C/S 模式，在相应的客户机和服务器之间实现通信。

⑥ P2P 网络是在互联网中由对等节点组成的一种动态的逻辑网络。P2P 实现技术是为实现对等节点之间直接通信和特定应用而设计的协议、软件等。各种 P2P 网络应用的出现将互联网应用推向一个新的阶段。

习 题 7

一、名词解释（用所给定义解释以下术语，在每个术语前的下划线上标出正确的定义）

术语：

________1．互联网　　________5．电子邮件

________2．覆盖网　　________6．即时通信

________3．搜索引擎　　________7．ADSL

________4．浏览器　　________8．HFC

定义：

A．利用 P2P 应用软件在互联网上形成一种逻辑的覆盖网。

B．利用 Internet 发送和接收邮件的网络服务。

C．用来浏览 Internet 中网页的 Web 客户机软件。

D．利用光纤来改造有线电视网的技术方案。

E．利用数字用户线来实现语音通话和上网的技术方案。

F．利用 Internet 实现即时的文本、音频和视频交流的网络服务。

G．全球性、最具影响力的计算机互连网络。

H．在 Internet 中搜索其他 Web 服务器中的信息并建立索引，并将索引内容存储在可供查询的大型数据库中的 Web 服务器。

二、单项选择“”

1．将文件从 FTP 服务器传输到客户机的过程称为________。

A．下载　　B．浏览　　C．解析　　D．上传

2．在以下协议中，属于即时通信协议的是________。

A．HTTP　　B．SNMP　　C．XMPP　　D．TFTP

3．在电子邮件服务中，发送邮件可采用的协议是________。

A．IMAP　　B．POP3　　C．DNS　　D．SMTP

4．TCP/IP 是 Internet 中计算机之间通信必须遵循的一种________。

A．信息资源　　B．软件系统　　C．通信规则　　D．硬件结构

5．“www.hxedu.com.cn”是用来标识 Internet 主机的________。

A．MAC 地址　　B．域名　　C．IP 地址　　D．密码

6．以下关于互联网的描述中，错误的是________。

A．英文缩写是 Intranet　　B．一个全球性的互连网络

C．主要用路由器实现互连　　D．规模最大的信息资源库

7．以下关于 Web 服务的描述中，错误的是________。

A．又称为 WWW 或万维网　　B．基于超文本和超媒体方式

C．HTML 是网页的编写语言　　D．它的应用层协议称为 URL

8．以下关于 P2P 网络的描述中，错误的是________。

A．它是一个全新的互连网络　　B．采用对等方式来共享资源

C．不依赖于网络中的服务器　　D．需要 P2P 应用软件的支持

三、判断题（判断下列描述是否正确，正确的在下划线上写 Y，错误的写 N）

____1．在按组织模式划分的域名中，“edu”表示的是政府机构。

____2．邮件客户端软件使用 SMTP 从邮件服务器读取电子邮件。

____3．访问匿名 FTP 服务器不需要输入用户名和密码。

____4．无论通过哪种方式接入 Internet，都需要先连接到 ISP。

____5．远程登录服务采用 P2P 工作模式。

____6．在电子邮件中，发件人地址通常是由用户自己来输入。

____7．SIMPLE 是一种有影响的即时通信协议。

____8．从地址结构上看，“130.22.0.5”是一个 C 类地址。

四、问答题

1．请描述互联网的基本逻辑结构。

2．请描述 IP 地址的的分类和用途。

3．请描述 ADSL 与 HFC 接入技术的区别。

4．请描述即时通信服务的工作原理。

5．请描述文件传输服务的工作原理。

6．支持电子邮件服务的协议有哪些？

7．支持 Web 服务的核心技术有哪些？

8．C/S 模式与 P2P 模式的区别和联系是什么？

第 8 章　物联网技术

本章学习要求

⌘ 了解：物联网产生的背景

⌘ 掌握：物联网的基本概念

⌘ 掌握：物联网的体系结构

⌘ 掌握：物联网的关键技术

⌘ 了解：物联网产业和应用发展

物联网是建立在互联网和移动互联网的基础上的，实现物与物、人与物之间互连的智能信息服务系统。本章将介绍物联网的产生背景、定义和体系结构、主要应用领域，以及物联网发展与信息物理融合系统研究的关系。

8.1　物联网产生的背景

8.1.1　物联网概念的提出

在讨论物联网概念与技术发展时，需要注意以下重要内容。

1. Bill Gates 与“未来之路”

物联网的概念最早可追溯到 Bill Gates 于 1995 年出版的《未来之路》。在这本书中，Bill Gates 多次提到“物与物互联”设想。他想象用一根别在衣服上的“电子别针”与家庭电子服务设施相连，通过“电子别针”感知来访者的位置，控制室内的照明和温度，控制电话、音响、电视等家电设备。但是，受到当时网络技术与传感器应用水平的限制，Bill Gates 朦胧的“物联网”理念没有引起重视。

2. Auto-ID 实验室、RFID 与“物联网”的概念

1999 年，美国 MIT 的 Auto-ID 实验室在研究报告中提出物联网（Internet of Things，IOT）的概念。Auto-ID 实验室的研究人员在成功完成产品电子代码（Electronic Product Code，EPC）研究的基础上，提出通过射频标签（Radio Frequency Identification，RFID）、无线网络、互联网等技术，构建物与物互连的物联网概念和解决方案。

3. ITU 互联网发展报告与“物联网时代”的构想

从 1997 年开始，国际电信联盟（ITU）每年发布一份互联网发展报告。2005 年度报告的题目是《The Internet of Things》，其中介绍了意大利、日本、韩国、新加坡等国家/地区的案例，并提出了“物联网时代”的构想。世界上的万事万物，无论是小到钥匙、手表和手机，还是大到汽车、楼房，只要嵌入一个微型的 RFID 或传感器芯片，就能通过互联网实现物与物之间的信息交互，从而形成一个无处不在的物联网。报告预见：RFID、传感器、智能嵌入式及纳米技术将广泛应用。ITU 的报告对物联网概念的兴起有重要推动作用，但是并没有对物联网给出一个清晰的定义。

4．美国政府、IBM 公司与“智慧地球”的构想

国际金融危机爆发以来，为了尽快摆脱危机的影响，很多国家在寻求和培育新的经济增长点。2009 年 1 月，美国总统奥巴马在与工商界领袖的圆桌会议上，听取 IBM 公司首席执行官彭明盛关于“智慧地球”的报告。IBM 研究人员认为：智慧地球通过将感应器嵌入电网、铁路、桥梁、隧道、公路、建筑、大坝、供水系统、油气管道等物体中，并通过超级计算机与云计算技术组成物联网，实现人类社会与物理系统的整合。

从根本上来说，智慧地球的概念是希望通过在基础设施和制造业中大量嵌入传感器，捕捉运行过程中的各种信息，然后通过无线网络接入互联网，通过计算机分析、处理和发出指令，反馈给控制器，远程执行指令。控制的对象小到一个开关、一个控制器、一台发电机，大到一个行业。通过智慧地球技术的实施，人类可精细、动态地管理生产和生活，提高资源利用率和生产能力，改善人类与自然的关系。

智慧地球概念的核心是更透明的感知、更广泛的互连、更深入的智能化。IBM 公司提出六大领域的智慧方案：智慧电力、智慧医疗、智慧城市、智慧交通、智慧供应链、智慧银行。“互联网+物联网=智慧地球”的构想引起世界各国的重视。

5．欧盟委员会的物联网行动方案

2006 年 9 月，欧盟召开“i2010——创建一个无处不在的欧洲信息社会”大会。为了推动物联网的发展，欧盟电信标准化学会的 RFID 研究项目组更名为欧洲物联网研究项目组，致力于物联网标准的研究和制订。

2008 年 5 月 27 日，欧洲智能系统集成技术平台（EPoSSL）发布了《Internet of Things in 2020》报告，其中给出了物联网的定义，并预测了物联网发展的 4 个阶段：2010 年前，将 RFID 技术应用于物流、零售和制药等局部领域；2010 至 2015 年，利用 RFID 标签与传感网实现物体之间的广泛互连；2015 至 2020 年，可执行指令的 RFID 标签广泛应用，物体进入半智能化，完成异构网络互联的标准制订；2020 年后，物体具有完全的智能响应能力，异构系统能实现协同工作，人、物、服务与网络达到深度融合。

2009 年，“美国恢复和再投资法案”提出在电网、教育、医疗卫生等领域加大政府投资力度，发展物联网已成为美国推动经济复苏和重塑国家竞争力的重点。同年，美国国家情报委员会（NIC）发表的“2025 年对美国利益潜在影响的关键技术报告”中，将物联网列为六种关键技术之一。同期，国防部的“Smart Dust”（智能微尘）、国家科学基金会的“GENI”（全球网络研究环境）等项目都将物联网作为提升美国创新能力的重要举措。

2009 年 6 月，欧盟委员会提出“物联网行动计划”方案，描绘了物联网技术在欧盟的应用前景，提出了改善政府对物联网的管理，推动物联网产业发展的政策建议，其中管理体制的制订、安全性保障和标准化是重点内容。

2009 年 9 月，欧盟第七期研究架构计划发布了“物联网策略研究路线图”研究报告，

提出了2010年、2015年、2020年及2020年以后四个阶段的物联网研究路线，列出了汽车、航天、食品安全、医疗、能源、环保等18个物联网重点应用领域，以及识别、物联网架构、通信、网络、安全与隐私等13项需优先发展的关键技术。

2015年3月，欧盟委员会推动“AIOTI”（物联网创新联盟）的建立，意图与所有的利益相关方和技术行动单位密切合作，创造一个充满活力的欧洲物联网生态系统。2015年5月，欧盟提出通过单一数字市场策略，引领欧洲进一步对物联网的加速发展，强调避免市场分裂和促进技术的互操作性。

2015年10月，欧盟开始征集有关物联网的重点研究和大规模试点计划，包括可穿戴设备、智能照护、智能交通、智慧城市、智慧农业和水资源管理等领域，以及发展上述应用而需要解决的共性问题，如用户隐私、数据安全、用户接受度、互操作性等。

6. 日本政府的物联网发展规划

2009年7月，日本政府IT战略本部制订了新一代信息化战略（i-Japan战略2015）。该战略规划提出，到2015年，使信息技术像水和空气一样融入每个角落，针对电子政务、医疗保健、教育与人才等三大核心公共领域，提出了智能电网、灾难应急处置、智能家居、智能交通、智能医疗等项目。

泛在网（Ubiquitous Network，UN）是日本政府提出的一个无处不在的未来网络，其核心是通过IPv6协议将计算机、智能手机、数字电视、信息家电、汽车导航系统、RFID标签、传感器互连，实现泛在个人服务、泛在商业服务、泛在公共服务、泛在行政服务。

7. 我国政府与物联网战略性新兴产业

近年来，我国政府高度重视物联网的研究和发展。2009年8月7日，国务院总理温家宝在无锡视察时发表重要讲话，提出“感知中国”的战略构想，指示要抓住机会发展物联网技术与产业。2010年3月5日，温家宝总理在十一届全国人大三次会议的政府工作报告中指出：国际金融危机正催生新的科技革命和产业革命，发展战略性新兴产业，抢占经济科技制高点，决定国家的未来，必须抓住机遇，明确重点，有所作为。

2011年3月16日，我国国民经济与社会发展“十二五”规划纲要的第十章“培育发展战略性新兴产业”和第十三章“全面提高信息化水平”中多次强调，推动物联网关键技术研发与重点领域应用示范。发展物联网产业成为我国一项有战略意义的重要决策。2011年11月28日，我国工业和信息化部发布了物联网“十二五”发展规划。

2017年1月17日，工业和信息化部发布了物联网“十三五”发展规划，到2020年，物联网总体产业规模突破1.5万亿元，打造10个具有特色的产业集聚区。

8.1.2 物联网发展的背景

1. 信息世界与物理世界的融合

互联网的广泛应用造就了人类历史上最庞大的信息世界。据IDC统计资料，2005年互联网中的数据量约为5×10^9 GB，2007年约为281×10^9 GB，2008年约为487×10^9 GB。从2009到2017年，数据以每年60%的速度增长。为了对这些数据有个直观印象，我们可以做一些比较，我国四库全书包含36000多册，约8亿汉字，总数据量约为1.6 GB；美国国会图书馆藏书的文字部分约为2×10^9 GB。

随着信息技术的广泛应用，信息获取方式逐步从人工生成的单一模式，向人工生成和自动获取并重的模式发展。RFID 标签、各种传感器成为自动获取信息的主要手段，能够实时、准确地感知、测量和监控物理世界。据统计，到 2007 年初，RFID 标签已累计销售 37.52 亿个。2009 年，全球销售 RFID 标签为 19.7 亿个，市场规模已达 56.3 亿美元；2010 年，销售 RFID 标签达到 23.1 亿个，同比增长 17.3%。目前，世界上已有超过 150 亿个具有通信功能的微处理器和微控制器。

互联网广泛应用为物联网发展奠定了坚实的基础，强烈的社会需求也为物理世界和信息世界的融合提供了源动力。物联网从最初的 RFID 标签、传感器通过互联网连接起来，逐步向感知设备多样化、网络多样化和感控结合多样化的方向发展，对传统上分离的物理世界和信息世界实现互连和融合。我们可以清晰地看到：社会需求引领互联网技术的发展，互联网技术发展又为物联网形成奠定了基础。

2. 普适计算的研究

在研究物联网的形成和发展时，需要注意与互联网同期发展的另一个重要研究领域，即普适计算（Pervasive Computing）。

1991 年，美国 Xerox 实验室的 Mark Weiser 发表文章《The Computer for the 21st Century》，正式提出了普适计算的概念。1999 年，欧洲研究团体 ISTAG 提出了环境智能（Ambient Intelligence）的概念。环境智能与普适计算的概念类似。无线传感器网作为普适计算的一种应用示例，已引起学术界和产业界的高度重视。普适计算的最终目标是实现物理空间与信息空间的融合，这点与物联网是非常一致的。

理解普适计算的概念，需要注意以下问题。

① 普适计算的重要特征是“无处不在”和“不可见”。“无处不在”是指随时随地访问信息的能力；“不可见”是指在物理环境中提供多个传感器、嵌入式设备、移动设备，以及其他任何一种有计算能力的设备，可在用户不觉察的情况下进行计算、通信，提供各种服务，最大程度地减少用户的介入。

② 普适计算体现出信息空间与物理空间的融合。普适计算是一种建立在分布式计算、移动计算、嵌入式系统、传感器等技术基础上的新计算模式，反映人类对信息服务的需求提高，具有随时随地享受计算、信息资源和信息服务的能力，以实现物理空间与信息空间的融合。随着无线传感器网的迅速发展，人们惊奇地发现：普适计算的概念在无线传感器网中得到很好的实践和延伸。

③ 普适计算的核心是“以人为本”。在桌面计算模式中，人类是围着计算机转，是以“计算机为本”。普适计算的研究目标是尝试突破桌面计算模式，摆脱计算设备对人类活动的约束，将计算与互连技术相结合，将计算机嵌入环境和日常工具中，让计算机本身从视线中消失，从而使人们的注意力回归需要完成的任务本身。

④ 普适计算的重点在于提供面向用户、统一、自适应的网络服务。普适计算的网络环境包括互联网、移动通信网、有线电视网、无线网络，普适计算的用户设备包括计算机、智能手机、传感器、汽车、家电等可联网设备，普适计算的服务内容包括计算、管理、控制、信息浏览。

3. CPS 技术的研究

随着嵌入式计算、无线通信、自动控制和传感器技术的快速发展和日趋成熟，信息物理融合系统（Cyber Physical Systems，CPS）研究引起了学术界的广泛重视。CPS 是一个综合计算、网络与物理世界的复杂系统，通过计算、通信与控制技术的有机融合和深度协作，可用于智能交通、智能电网、智慧城市、健康医疗、环境监控、军事国防、工农业生产中，实现信息世界与物理世界的融合。

2006 年 2 月，美国科学院发布《美国竞争力计划》，其中将 CPS 列为重要研究项目。2007 年 7 月，美国总统科学与技术顾问委员会（PCAST）在《挑战下的领先——竞争世界中的信息技术研发》报告中列出了八大关键信息技术，其中 CPS 位列首位。各国政府都非常重视 CPS 研究，美国国家科学基金会（NSF）和欧洲第七框架（FP7）的大型科研资助计划都在 CPS 研究领域投入大量经费。我国政府对 CPS 研究也相当重视，国家自然科学基金、973 计划和 863 计划都将 CPS 作为资助重点。

理解 CPS 研究的基本思路，需要注意以下问题：

① CPS 是"人、机、物"深度融合的系统。物联网突出的是物与物之间的互连，而 CPS 在物与物之间互连的基础上，强调的是对物的实时、动态的信息控制和服务。从目前的发展阶段来看，物联网偏重工程技术，而 CPS 更偏重科学研究。CPS 系统的本质是以"人、机、物"融合为目标的计算技术，以实现人的控制在时间、空间等方面的延伸。

② CPS 是 3C 与物理设备深度融合的系统。CPS 是一种综合计算、网络和物理环境的复杂系统，通过 3C（Computation、Communication、Control）技术，使计算、通信和控制技术有机融合和深度协作，实现大型工程系统的实时感知、动态控制和信息服务。

③ CPS 是环境感知、嵌入式计算、网络通信深度融合的系统。CPS 是在环境感知的基础上，形成可控、可信与可扩展的网络化智能系统。学术界将 CPS 系统的功能总结为四个字"感、联、知、控"。"感"是指多感知器协同感知物理世界的状态；"联"是指连接物理世界与信息世界的各种对象实现信息交互；"知"是指通过对感知信息的智能处理，正确、全面地认知物理世界；"控"是指根据正确的认知，确定控制策略，发出指令，指挥执行器协同控制物理世界。图 8-1 是 CPS 中物理世界与信息世界交互过程的示意。从应用的角度来看，CPS 试图打破已有的传感器、计算机、机器人等系统自成一体、应用目标单一、缺乏开放性的缺点，更注重多个系统之间的互连、互通和互操作。通过开发智能计算、通信、控制、新型传感器技术，CPS 提供了智能化、快速响应能力，有效地被应用于嵌入式医疗器械、汽车自动驾驶、灾害紧急救助等领域。CPS 技术发展和普及将推动工业产品和技术升级换代。

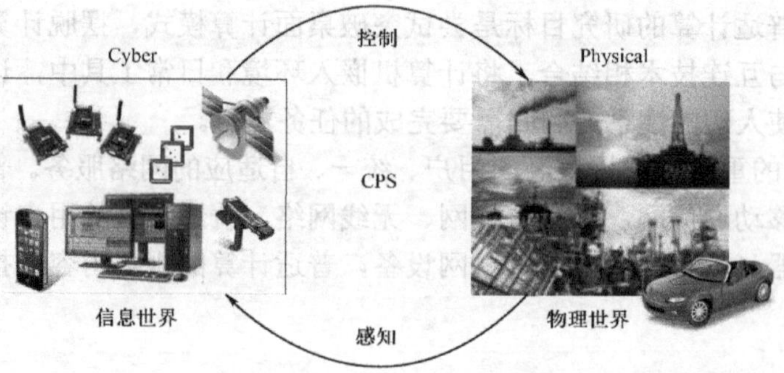

图 8-1　物理世界与信息世界的交互

综上所述，将物联网发展放在经济、社会、管理科学及信息技术发展的大背景下，我们就会清晰地认识到：推动物联网发展的动力是技术进步和社会需求。

8.2 物联网的基本概念

8.2.1 物联网的定义

物联网概念的兴起很大程度上得益于ITU的互联网年度报告，但是报告没有给出“物联网”一个清晰的定义。在学术论文和著作中可看到多种有关物联网的定义，但是确切地说，至今仍然没有形成一个公认和准确的定义。出现这种现象并不奇怪，从20世纪90年代互联网大规模应用开始，所有从事互联网应用研究的学者就一直在争论“什么是互联网”，最终他们达成了一种共识：互联网技术在以超出人们想象的速度发展，只有结合不同阶段的技术发展特点来定义互联网才是可行的。

造成物联网定义困难的原因主要有两个：一是物联网技术研究和产业发展处于起步阶段，物联网体系结构不清晰，理论体系没有建立，确切地定义物联网的内涵比较困难，需要在不断研究和应用的过程中深化认识；二是物联网涉及计算机、通信、电子、自动化等学科，涵盖的内容极为丰富，不同学科的学者从不同角度提出物联网的定义都有合理的一面，但是要形成共识会有一定的难度。

在比较各种物联网定义的基础上，根据目前对物联网技术特点的认知水平，我们认为：物联网是在互联网、移动通信网等通信网络的基础上，针对不同应用领域的需求，利用具有感知、通信和计算能力的智能物体自动获取物理世界的各种信息，将所有能独立寻址的物理对象互连起来，实现全面感知、可靠传输、智能处理，构建人与物、物与物之间互连的智能信息服务系统。

理解物联网的定义和技术特征，需要注意以下三个基本问题：

① 物联网是在互联网基础上发展起来的，与互联网在基础设施上有一定程度的重合，但它不是互联网在概念、技术和应用上的简单扩展。

② 互联网扩大了人与人之间信息共享的深度和广度，而物联网更强调它在社会生活的各方面、国民经济的各领域的广泛和深入应用。

③ 物联网的主要特征是全面感知、可靠传输、智能处理。

正如邬贺铨院士所说：与其说物联网是网络，不如说物联网是业务或应用。物联网是继计算机、互联网之后，世界信息产业的第三次革命，是一种新的计算模式变革。如果说计算机、互联网停留在信息世界，那么物联网将实现信息世界与物理世界的融合。物联网将带来巨大的产业发展机遇，引发信息技术的重大变革。

研究人员脑海中都会呈现出一个美好的愿景：将传感器或RFID标签嵌入电网、建筑物、桥梁、公路、铁路、汽车、手机、家电，以及周围环境和各种物体中，并将这些物体互连起来形成物联网，实现信息世界与物理世界的融合，使人类对世界具有更透彻的感知能力、更全面的认知能力、更智慧的处理能力。物联网计算模式在提高生产力和效益的同时，改善人类社会发展与地球生态可持续发展的关系。

8.2.2 物联网的技术特征

1. 智能物体的概念

（1）智能物体是对连接到物联网的人或物的抽象

物联网中的物体（Thing）是物理世界中的人或物，只是为它们增加感知、通信和计算能力。为商场出售的微波炉贴 RFID 标签，当顾客将商品推到结算柜台，RFID 读写器通过无线方式读取标签信息，就知道商品的生产商、价格等信息。这样，这台贴有 RFID 标签的商品是一个智能物体（Smart Thing），或者被称为一个智能对象（Smart Object）。在智能电网中，安装在家的智能电表是一个智能物体。在智能交通中，安装有智能传感器的汽车也是一个智能物体。在智能医疗中，佩戴生理传感器的每位病人是一个智能物体。智能物体可以很小，也可以很大；可以固定，也可以移动；可以有生命，也可以无生命；可以是人，也可以是动物。因此，智能物体是对连接到物联网中的人或物的抽象。

（2）感知、通信与计算能力

智能物体的物理与生物特征可以不同，但是有一个特点是相同的：它们都通过安装 RFID 标签或某种传感器而具有感知、通信和计算能力。智能物体的感知能力由选用的传感器或 RFID 标签类型来决定。通信能力的不同表现在：可以主动发送数据，也可以被动发送数据；可以是有线方式，也可以是无线方式；可以远距离通信，也可以近距离通信。计算能力的不同表现在：可能只是产生数据，可能执行计算量较小的数据汇聚，也可能需要执行计算量较大的数据融合。

（3）对物联网标识符的理解

在互联网中，名字、地址与路径是有区别的，名字说明它是谁，地址说明它在哪里，路径说明如何找到它。名字不会因位置变化而改变，而地址表示的是所在的位置。例如，一台 Web 服务器的名字是“www.nankai.edu.cn”，按连接的网络分配一个 IP 地址“202.113.25.10”。路由器可根据 IP 地址找到这台服务器。

在物联网中，为了实现全球范围的智能物体之间互连，必须解决智能物体的标识问题。如果智能物体拥有足够大的内存，可以为每个物体分配一个 IP 地址。IP 地址分为两类：IPv4、IPv6 地址。目前，IPv4 地址已基本用完，物联网节点通常使用 IPv6 地址。RFID 标签编码还没有形成统一的国际标准。近年来，影响最大的两个标准分别是：欧美支持的电子产品编码（Electronic Product Code，EPC）、日本支持的泛在识别（Universal Identification，UID）标准。目前，我国的 RFID 相关标准正在制订中。

（4）智能物体与嵌入式技术的关系

智能物体的感知、通信和计算能力的大小，应根据物联网应用系统的需求来确定。智能物体可以本身就是一种嵌入式设备，或者是安装嵌入式设备的人、动物或物体。嵌入式设备可以是功能简单的 RFID 芯片，或者是功能复杂的无线传感器。嵌入式设备可能配备简单的处理器芯片和小的内存，或者功能强的处理器芯片和大的内存。

2. 任何物体随时随地的互连

在泛在网的任何时间、任何地方的互连基础上，物联网还增加了任何物体之间的连接，从时间、地点、物体三个维度分析了物联网的运行特点（如图 8-2 所示）。图 8-2 中描述物联网的一个重要特点是：在物联网中，任何一个合法用户（人或物），可在任何时候

（Anytime）、任何地方（Anywhere）与任何物体（Anything）进行通信，共享信息、交换数据或协同完成特定的服务。

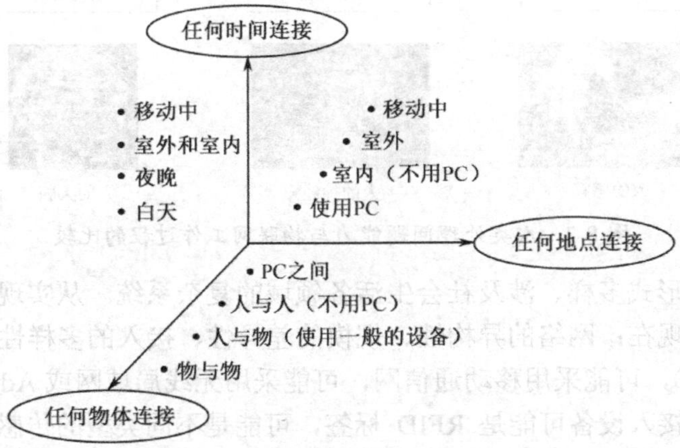

图 8-2　物联网运行的特点

为了实现在任何时候、任何地方与任何物体的通信，需要研究和解决以下问题：

❖ 如何连接不同物体？
❖ 如何实现不同物体之间的通信？
❖ 如何建立物联网的通信模型？
❖ 如何保证物联网的服务质量？
❖ 如何实现物联网中的物体命名、编码、识别和寻址？
❖ 如何保护物联网中的信息安全和个人隐私？

8.3　物联网的体系结构

8.3.1　物联网层次结构

在研究物联网的体系结构之前，可比较物联网工作过程与人类感知外界过程。每个人拥有各种感知器官，如眼睛、耳朵、鼻子、舌头、皮肤等。眼睛能看影像，耳朵能听声音，鼻子能嗅气味，舌头能尝味道，皮肤能感知温度。人类依据自己感官感知的信息，由神经系统传递给大脑，由大脑根据知识做出判断，选择处理问题的最佳方案。如果将人类处理问题能力与物联网工作过程进行比较，不难看出两者有惊人的相似点。

人类的感官用来获取信息，神经用来传输信息，大脑用来处理信息，这样人类具有智慧处理问题的能力。物联网处理问题同样要经过三个过程：全面感知、可靠传输、智能计算，因此有人将它比喻成人类的感官、神经和大脑。图 8-3 是人类处理问题能力与物联网工作过程的比较。

一个复杂大系统的设计需要采用化整为零、分而治之的分层结构，计算机网络体系结构就是这样的典型结构。互联网正是成功地使用了这样的设计思想，组建和运行一个覆盖全世界、用户超过十亿的大型网络系统。

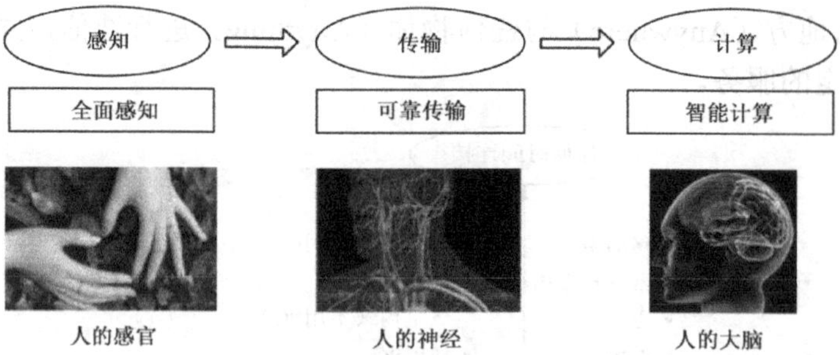

图 8-3 人类处理问题能力与物联网工作过程的比较

物联网是一个形式多样、涉及社会生活各领域的复杂系统。从实现技术角度，物联网的一个重要特点表现在：网络的异构性、规模的差异性、接入的多样性。传输网可能采用虚拟专用网（VPN），可能采用移动通信网，可能采用无线局域网或 Ad hoc 或者多种异构网络互连的结构。接入设备可能是 RFID 标签，可能是不同类型的传感器，可能是智能手机、PAD 或微型机，甚至是超级计算机或整个云计算平台。应用系统可能是一台智能家电，可能是深山密林中的无线传感器网，也可能是覆盖全球的物流供应链。因此，物联网应用系统的规划、设计和实现可能涉及多种技术。

尽管物联网系统的结构复杂，不同应用系统的功能、规模差异大，但是它们必然存在着很多的内在共性特征。通过借鉴成熟的计算机网络层次结构模型，可以建立一个物联网层次结构模型。图 8-4 是物联网层次结构模型。物联网系统可以分为三层：感知层、网络层、应用层。其中，感知层是最低层次，实现信息获取功能；网络层是中间层次，实现数据传输功能；应用层是最高层次，实现应用服务功能。

图 8-4 物联网层次结构模型

8.3.2 感知层的主要功能

感知层是物联网的基础，是联系物理世界与信息世界的纽带。理解感知层的主要功能需要注意以下问题。

1. 感知层设备的分类

感知层设备主要分为两类：自动感知设备、人工生成设备。

自动感知设备是可自动获得外部环境信息的设备，主要包括 RFID 标签、传感器、GPS 终端、智能家电、智能测控设备等。

人工生成设备是通过人工方式获得信息的设备，它们是自动感知的辅助手段。这类设备主要包括计算机、智能手机、个人数字助理（PDA）等。

2. 感知能力与控制能力

人们将 RFID 形容成能够让物体“开口”的技术。RFID 标签中存储了物体的信息，通过无线信道将信息传送到 RFID 系统。传感器通常仅具有感知周围环境参数的能力。在一个环境监测物联网系统中，温度传感器可实时传输测量到的环境温度，但是它对环境温度不具备控制能力。在一个精准农业物联网系统中，定点浇灌传感器监测到土地湿度低于某个数值，就自动开启开关给果树或蔬菜浇水，这种感知节点同时具有控制能力。在一个突发事件应急处理物联网系统中，核泄漏现场机器人可根据指令进入指定位置，通过传感器测量周边核泄漏相关参数，并根据指挥中心指令完成下一步操作。因此，从 RFID 标签、温度传感器或测控设备到一个复杂的智能机器人，它们之间最重要的区别表现在：智能物体是否需要同时具备感知能力、控制能力、执行能力，以及需要怎样的控制能力、执行能力。

图 8-5 是不同结构的物联网应用系统。

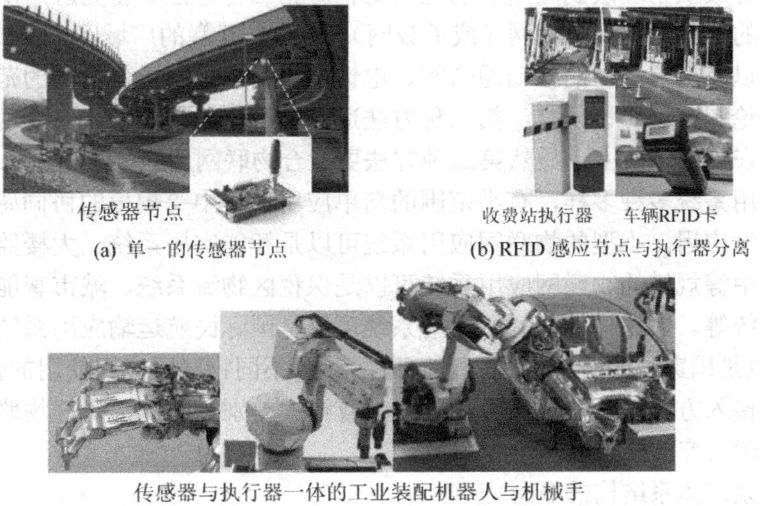

传感器节点

(a) 单一的传感器节点

收费站执行器　　车辆RFID卡

(b) RFID 感应节点与执行器分离

传感器与执行器一体的工业装配机器人与机械手

(c)传感器节点与执行器一体

图 8-5　不同结构的物联网应用系统

图 8-5(a)描述了一个应用于桥梁监控的无线传感器网，无线传感器网的主要功能是监控桥梁安全状态，及时报告管理中心，对状态数据的分析、处理由专业工程师完成，因此

这类系统没有控制任务，不需设置执行器。图 8-5(b)描述了一个应用于高速公路收费站的RFID 自动收费 ETC 系统，通过的车辆配备了 RFID 标签，ETC 收费站设置有 RFID 读写器，而执行器是受 ETC 系统控制的抬杠设备，感知节点与执行节点是分开的。图 8-5(c)描述了一个应用于汽车装配线上的智能机器人系统，智能机器人或机械手通过传感器感知加工部件的位置与状态，同时根据智能控制执行工件的装配工序，这里的感知节点与执行节点是一体的。

3. 感知层技术的发展

目前讨论的物联网主要针对大规模和造价低的 RFID、传感器的应用问题，这在物联网发展的第一阶段是非常自然和必须的。但是，我们应注意到世界各国正在大力研究的智能机器人技术发展，以及智能机器人在军事、防灾救灾、安全保卫、航空航天及其他特殊领域的应用问题。智能机器人具有很强的外部环境感知能力、自适应和协同工作能力，以及对问题的智能处理能力。目前，通过网络控制大量智能机器人协同工作的机器人集群，正在展示它能有效增强人类感知世界、智慧处理问题的能力。随着智能机器人技术日益成熟，机器人集群必然会进入物联网，并成为物联网中的重要成员。

8.3.3 网络层的主要功能

很多文献将网络层又称为传输层。理解网络层的主要功能，需要注意以下问题。

1. 网络层分层设计的意义

（1）网络层次结构模型研究

讨论计算机网络层次结构模型有两种基本方法。第一种方法是 OSI 参考模型的角度，将计算机网络分成从物理层到应用层的七层结构。第二种方法是将为应用层进程通信提供数据传输服务的部分都称为传输网（或承载网）。那么，互联的广域网、城域网、局域网和个人区域网，以及电信公司的移动通信网、电话交换网，都属于传输网的范畴。第一种方法适合网络理论和分层协议研究，第二种方法适合网络应用系统设计与实现。物联网研究的侧重点应放在网络应用上，显然第二种方法更适合物联网层次结构研究。

物联网应用系统多种多样，有小范围的简单应用，有中等规模的协同感知应用，也有大规模的行业性应用。小型的物联网应用系统可以是智能家居系统、大楼监控系统、仓库管理系统等。中等规模的物联网应用系统可以是保税区物流系统、城市智能交通系统、智能医疗保健系统等。大规模的物联网应用系统可以是国际民航运输应用系统、海运物流应用系统，也可以是国家级的智能电网、智能环保系统。不同物联网应用使用的传感器和 RFID 标签的类型、接入方式、数据量、传输方式都有很大差别。因此，研究物联网层次结构有必要借鉴互联网研究的成熟模型。

（2）应用系统体系结构的概念

互联网结构是非常复杂的，在最初研究互联网层次结构模型时，研究人员也遇到过类似的问题。经过大量的实践和理论研究，研究人员遵循“自顶向下”的设计方法和思路，提出了应用系统体系结构（Application Architecture）的概念，将庞大的互联网系统分为网络应用与传输网两大部分。在设计一个大型互联网应用系统时，首先将注意力集中在应用层功能规划、工作模型与协议设计，以及计算模型与应用软件开发上；再根据应用系统对数据传输服务质量的需求，选择适当的传输网技术和网络结构。

（3）物联网层次结构划分

在分析互联网的传输网结构时，引入接入层、汇聚层、核心交换层的概念。接入层通过各种接入技术，连接最终用户设备；汇聚层聚合接入层的用户流量，实现数据路由、转发和交换；核心交换层为物联网提供一个高速、安全和保证服务质量的数据传输环境。汇聚层和核心交换层的网络设备、通信线路构成了传输网。

在设计一个具体的城域网、企业网、园区网或校园网时，设计人员可根据网络规模大小和功能需求，在网络结构设计中采用三层结构，或者是取它的一个子集，即仅设计接入层和汇聚层，在网络规模扩大时再增加核心交换层。由于物联网的网络规模、传输技术差异很大，因此在网络层结构中引入接入层、汇聚层、核心交换层，促使物联网层次结构具有更好的开放性和适应性。

2．接入层的概念

接入层相当于 OSI 参考模型中的物理层和数据链路层。RFID 标签、传感器、接入层设备构成物联网感知层的基本单元。

（1）RFID 基本单元

图 8-6 是 RFID 基本单元结构。理解接入层与 RFID 基本单元的关系需要注意以下问题：

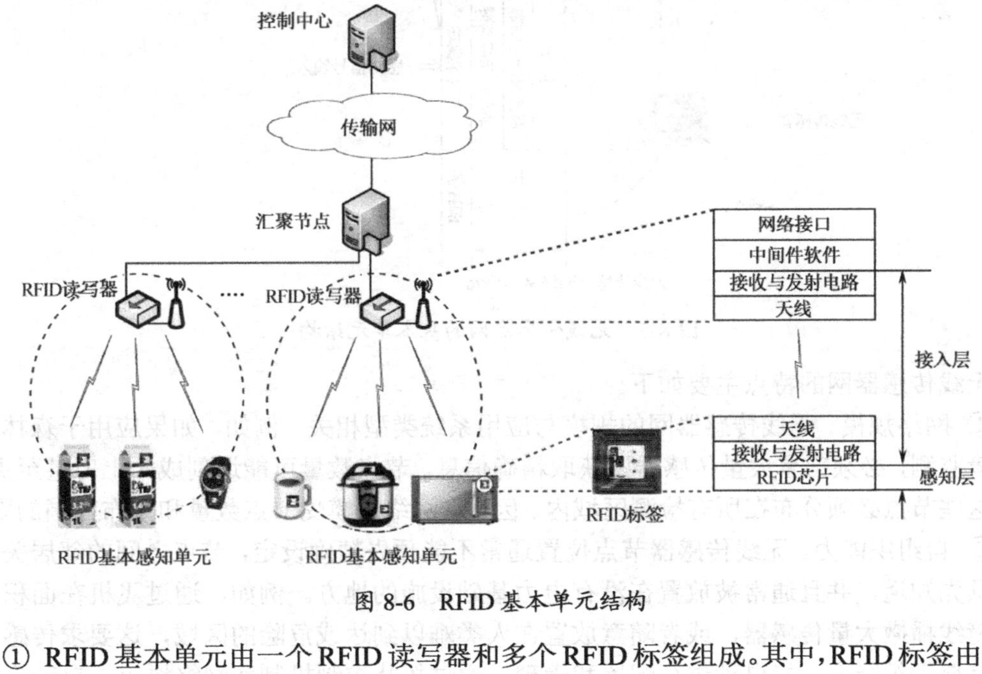

图 8-6 RFID 基本单元结构

① RFID 基本单元由一个 RFID 读写器和多个 RFID 标签组成。其中，RFID 标签由 RFID 芯片、接收和发射电路、天线等部分组成。

② RFID 读写器由接收和发射电路、天线、中间件软件、网络接口等组成。RFID 读写器通过接收和发射电路、天线与 RFID 标签通信，通过网络接口与汇聚层通信。

③ 从计算机网络理论角度，RFID 接入层结构、工作原理与无线局域网相似，RFID 芯片与 RFID 读写器之间的数据传输采用单跳方式，仅需物理层和数据链路层就可完成通信任务，不存在网络拓扑控制、路由选择问题。接入层的物理层实现二进制比特数据传输，

数据链路层实现多点接入控制与数据传输的差错控制。

（2）无线传感器网基本单元

图 8-7 是无线传感器网的基本单元结构。无线传感器节点由感知层的传感器芯片、接入层的数据处理电路、接收和发射电路、天线等组成。多个无线传感器节点组成一个无线传感器网。

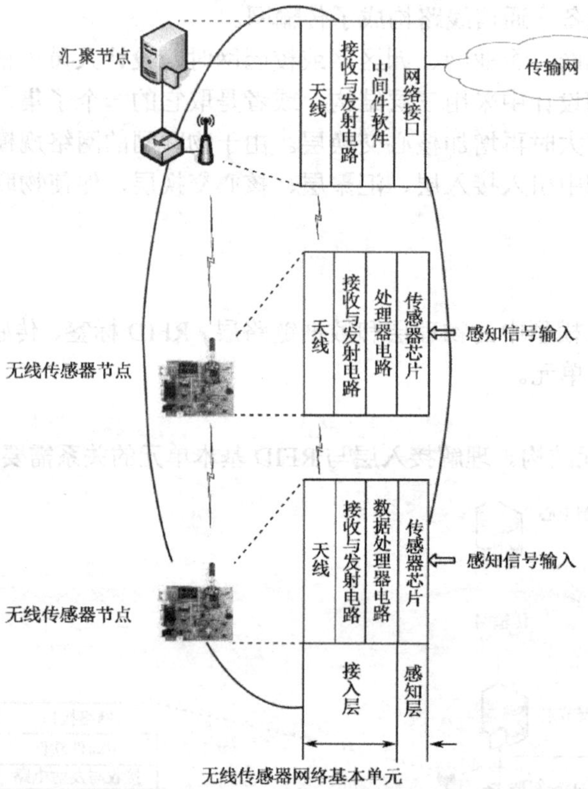

图 8-7　无线传感器网的基本单元结构

无线传感器网的特点主要如下。

① 网络规模。无线传感器网的规模与应用系统类型相关。例如，如果应用于森林防火和环境监测，必须部署大量传感器以获取精确信息，节点数量可能达到成千上万甚至更多，而且这些节点必须分布在所有检测区域内。因此，网络规模受节点数量和分布范围的影响。

② 自组织能力。无线传感器节点位置通常不能预先精确设定，节点之间的邻居关系也不能预先知道，并且通常被放置在没有电力基础设施的地方。例如，通过飞机在面积广阔的边境线播撒大量传感器，或者随意放置在人类难以到达或危险的区域，这要求传感器节点具有自组织能力，能自动进行配置和管理，通过拓扑控制机制和网络协议，自动形成转发感知数据的多跳无线网络。因此，无线传感器网是一种典型的无线自组网。

③ 拓扑重构能力。传感器节点的主要限制是携带电池能量有限。传感器节点作为一种微型嵌入式系统，微处理器的计算能力较弱，存储器容量较小，但是需要完成感知数据的采集和转换、应答汇聚节点的任务请求、节点控制等工作。在使用过程中，部分节点可能因能量耗尽或环境因素而失效，这就必须增加一些新节点来补充，节点数量的动态增减带来网络拓扑的动态变化。这就要求无线传感器网能适应变化，具有动态系统重构能力。

（3）接入层网络技术类型

接入层网络技术可分为两类：无线接入、有线接入。无线接入技术主要包括：无线个人区域网、无线局域网、移动通信中的M2M通信等。有线接入主要包括现场总线网接入、电力线接入、有线电视网、电话网接入等。

3．汇聚层的概念

图8-8是物联网汇聚层与核心交换层结构，是一个基于RFID的大型零售与物流企业的物联网系统，由分布在各地的零售商场、仓库、物流中心以及公司主干网组成。每个零售商场和仓库与物流中心都会存在多个自动感知的RFID基本单元，因此在一个基于RFID的大型物联网应用系统中，不能随意地将接入层产生的数据流不经汇聚，简单地通过核心交换层传输到高层的数据处理中心。我们应参考互联网成功的设计思路，在接入层与核心交换层之间加入汇聚层。

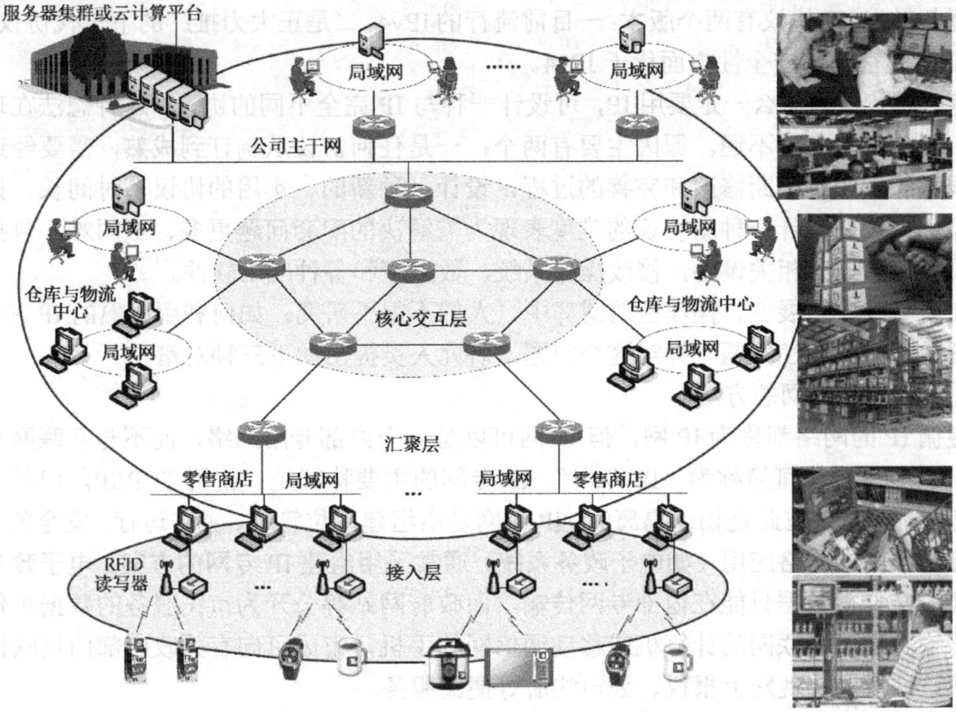

图8-8　物联网汇聚层与核心交换层结构

汇聚层的主要功能包括：① 接收来自接入层的用户流量，进行数据的汇聚、转发和交换；② 对用户流量执行过滤、整形、负载均衡、优先级管理，以及安全控制、地址转换等；③ 根据处理结果将用户流量转发到核心交换层或执行本地路由。

汇聚层网络技术可分为两类：无线网络、有线网络。无线网络技术主要包括：无线个人区域网、无线局域网、无线城域网、移动通信中的M2M通信等。有线网络技术主要包括：现场总线网接入、电力线接入、有线电视网、电话网接入等。

4．核心交换层的概念

核心交换层为物联网提供高速、安全和保证服务质量的数据传输环境。理解核心交换层的基本功能需要注意以下问题。

（1）IP 网、IP 专网和虚拟专网

在讨论物联网的概念时，人们对物联网与互联网的密切关系感到疑惑，因为互联网的安全性受到社会大众普遍质疑。为什么在不安全的互联网上发展物联网？为了回答这个问题，首先需要说明 IP 网与互联网的关系，以及 IP 专网和虚拟专网的概念。

互联网的核心技术是 TCP/IP。TCP 是实现互联网中的计算机之间分布式进程通信的协议，IP 是实现互联网中传输网的路由选择、分组传输和网络互连的协议。IP 是实现网络互连的最主要协议，按 TCP/IP 体系构建的网络经常简称为“IP 网”。由于互联网遵循 TCP/IP，因此有人将互联网简称为“IP 网”。但是互联网可以简称为 IP 网，并不是 IP 网就是互联网。

IP 协议的关键特征有两个：IP 分组、IP 地址。IP 规定了 IP 分组的结构，需传输的数据都封装在 IP 分组中。IP 分组头中包含源地址和目的地址。从具体实现技术的角度，IP 网可理解为：数据封装在 IP 分组中传输，路由器能够识别 IP 分组，并根据 IP 地址进行路由选择与转发。IP 协议有两个版本：一目前流行的 IPv4，二是正大力推广的下一代协议 IPv6。IPv6 在地址空间和安全性方面优于 IPv4。

有人提出：为什么一定要用 IP，可设计一种与 IP 完全不同的协议。这种想法在理论上可行，但是实际上行不通。原因主要有两个：一是任何协议从制订到成熟，需要经过大量的实践考验，经过不断修改和完善的过程，设计一种新的、实用的协议，时间长、投资多和风险大；二是设计一种新协议的难度表现为需解决的配套问题更多、更困难，包括需要重新设计路由器和相关设备，修改操作系统、数据库和各种应用软件。

在安全性、扩展性、操作性的博弈中，人们不得不研究：如何利用成熟的 IP 和技术，同时解决它的安全性问题。针对这个问题，研究人员提出如下三种对策。

① 组建 IP 专网的方法

遵循 IP 的网络都称为 IP 网，但 IP 网可以是一个内部专用网络，而不与互联网有任何连接。IP 专用网络可简称为“IP 专网”。IP 专网的主要特征是：使用 TCP/IP，但是与互联网没有任何连接，彼此是物理隔离的。IP 专网是由组建单位管理、独立运行、安全的 IP 网。安全性要求高的网络应用（如电子政务系统）通常采用组建 IP 专网的方案。电子政务系统中的涉密文件、数据只能在内部专网传输，而政府网站等公开为市民服务的数据可依靠互联网传输。通过互联网的计算机或移动通信网的手机，市民可向有关政府部门反映情况，了解政策法规，实现网上报税、公司注册等便民服务。

对于典型的物联网应用系统（如智能电网），同样不会使用互联网这样不安全的通信环境，对于发电和送变电过程中使用的各种设备，如控制传感器和执行器、用户智能电表、控制中心计算机等，这些重要数据的传输都要使用自己建设和管理的专用网络。供电信息发布、用户用电查询等公众服务可使用互联网。智能电网的内部专网与互联网是物理隔离。图 8-9 是 IP 专网与互联网作用的比较。

② IP 专网与代理服务器相结合的方法

图 8-10 是 IP 专网与代理服务器结合的方法。在有些互联网应用中，用户数据需要实时录入数据库中，同时用户可能随时需要查询数据。例如，在银行网络系统中，客户在超市使用借记卡购物时，银行客服系统立即通过短信方式通知用户。客户也可通过互联网查询自己账户中的金额。银行网络系统不能让客户直接访问，采用图 8-10(a)的结构，通过

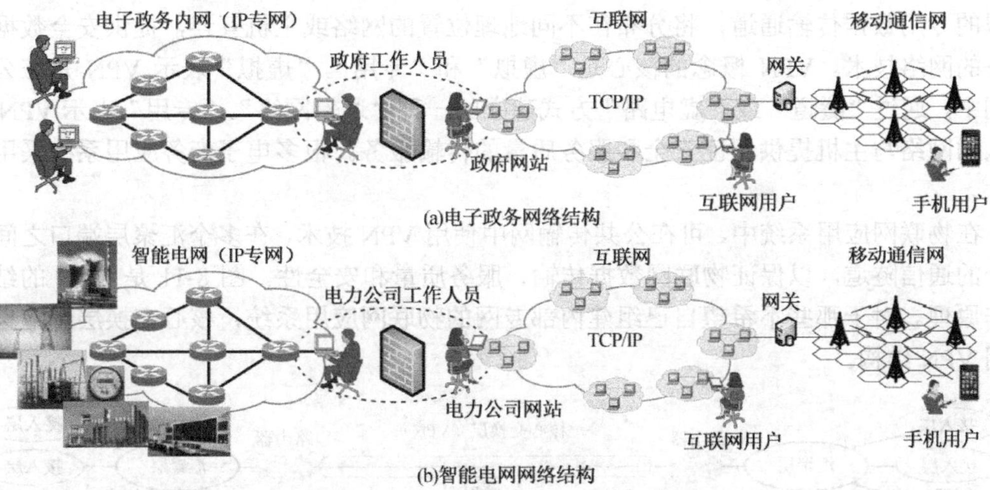

图 8-9 IP 专网与互联网作用的比较

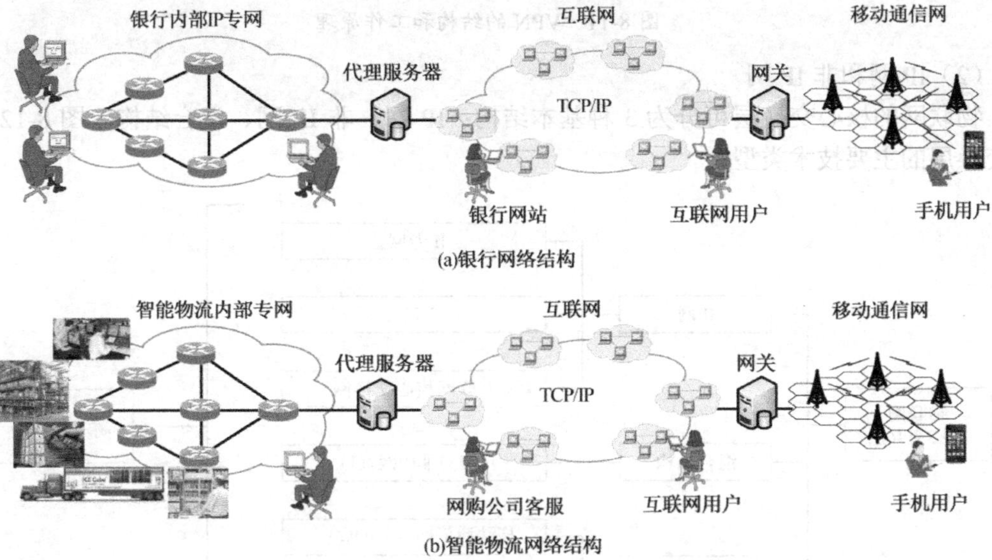

图 8-10 IP 专网与代理服务器结合的方法

一个代理服务器（Agent Server）隔离客户与内部网络。代理服务器在核实客户身份之后，接收客户查询账户的请求，将客户请求变成代理请求，查询数据库，再将查询结果反馈给客户。代理服务器在隔离客户对内部数据库读写请求同时，完成客户合理的访问请求。因此，代理服务器起到一种防火墙的作用。

智能物流系统的网络可采用图 8-10(b)所示的结构。所有货物销售管理、资金流管理、仓库管理、采购管理、货物调运、配送路线规划等企业内部运行环节的数据传输都依靠安全的内部专网。产品推销、网络购物和客户服务可在互联网中运行，客户通过互联网中的计算机或移动通信网的手机完成相应操作。订单数据仅能由客服人员通过代理服务器传送到内部数据库，外部用户不能对内部数据库直接操作。

③ 组建虚拟专网的方法

虚拟专网（Virtual Private Network，VPN）是指在基于 IP 组建的公共传输网络中建立虚拟的专用数据传输通道，将分布在不同地理位置的网络或主机互连，提供安全数据传输服务的网络技术。VPN 概念的核心是“虚拟”和“专用”。“虚拟”表示 VPN 是在公共传输网中，通过“隧道”或“虚电路”方式建立的一种“逻辑网络”。“专用”表示 VPN 可为接入的网络与主机提供保证安全和服务质量的传输服务。很多电子商务应用系统采用这种方法。

在物联网应用系统中，可在公共传输网中使用 VPN 技术，在多个汇聚层端口之间建立安全的通信隧道，以保证物联网数据传输、服务质量和安全性。图 8-11 是 VPN 的结构和工作原理。对于那些不希望自己组建内部专网的物联网应用系统，核心交换层网络也可以采用 VPN 结构。

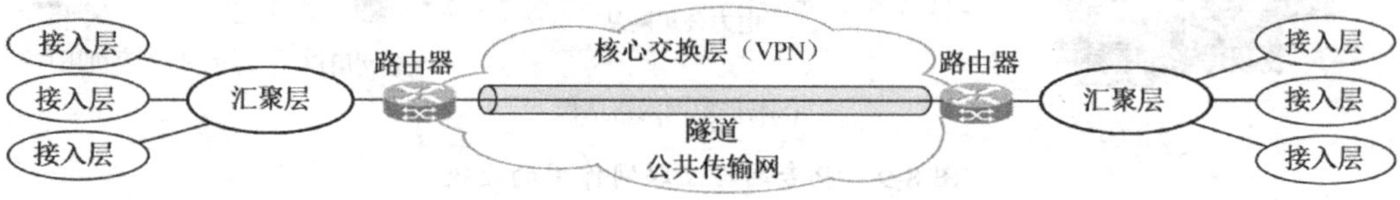

图 8-11　VPN 的结构和工作原理

（2）IP 网和非 IP 网

物联网的核心交换层可分为 3 种基本结构：IP 网、非 IP 网、混合结构。图 8-12 为核心交换层的主要技术类型。

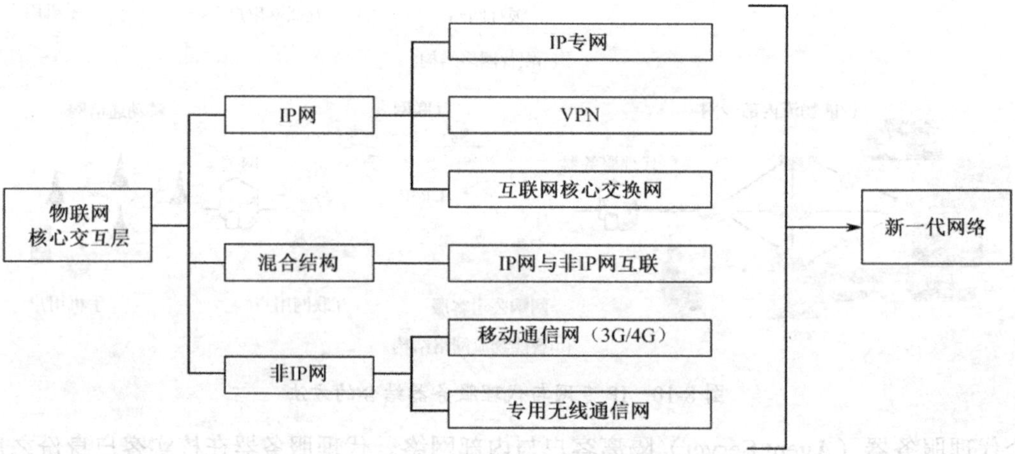

图 8-12　核心交换层的主要技术类型

目前，非 IP 网主要是指移动通信网（3G/4G）和专用无线通信网。在实际应用中必然会出现 IP 网和非 IP 网互联的混合结构。图 8-13 是 IP 网与非 IP 网互连的结构。实现 IP 网与非 IP 网互连的关键设备是网关（Gateway），其功能是完成不同协议的网络之间数据的格式变换。IP 网中的分组格式由 IP 规定，显然与非 IP 网的分组格式不同。如果 IP 分组不经变换就传输到非 IP 网，非 IP 网的网络设备由于不认识 IP 分组而丢弃它。网关用协议变换方法可将异构的 IP 网与非 IP 网互连起来。

目前，学术界比较重视另一种研究思路：设计与 TCP/IP 通信模型不同的新一代网络，以适应物联网不同的应用需求、应用环境、流量模型和资源限制。

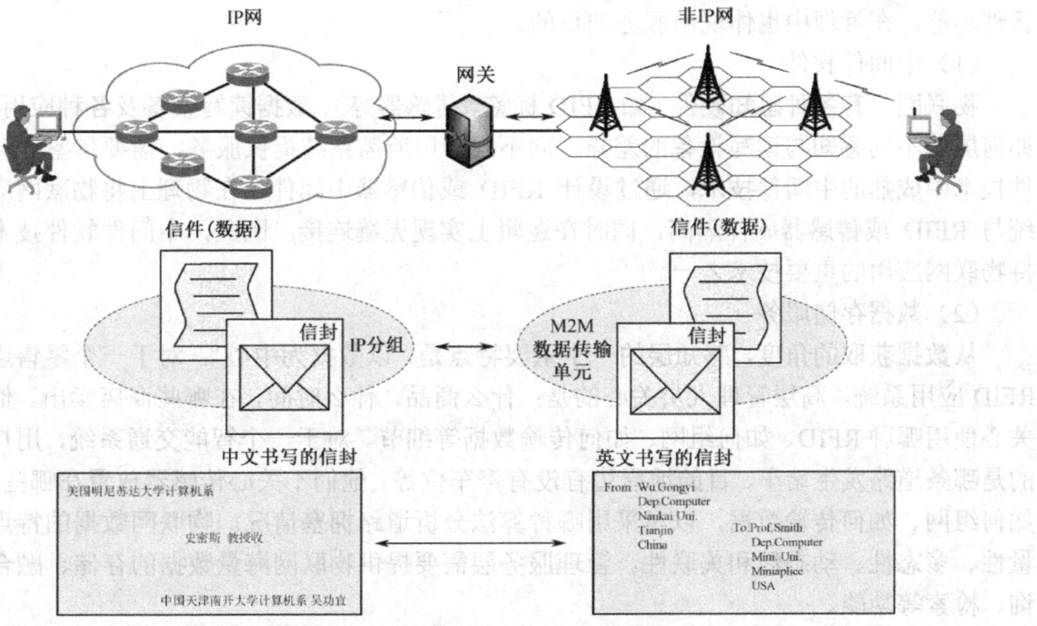

图 8-13 IP 网与非 IP 网互连的结构

（3）无线网络技术的作用

最初研究的无线网络技术主要是 IEEE802.11 无线局域网。随着移动互联网的发展，无线网络技术已形成从互连 10m 以内的计算与通信设备的个人区域网，扩展到覆盖几十千米的无线城域网；传输速率也从 kbps 扩展到 Gbps，基本形成覆盖一座城市的“无处不在”与“全覆盖”的无线网络体系。尤其是高速无线局域网 IEEE802.11n 标准问世，以及可在提供固定的基站之间提供 1 Gbps 传输速率的高速无线城域网 IEEE802.16m 标准出现，促进各国产业界、网络运营商与政府对“无线城市”建设计划的高度兴趣。

在“无线城市”建设计划中，无线城域网是城市主干网的重要组成部分。无线城域网基站通过光纤与互联网连接，无线城域网与分布在城市各位置的无线局域网接入点连接，这种无线城域网与无线局域网结合的组网方式，为所有移动终端设备提供互联网接入服务，同时为物联网应用发展奠定坚实的基础。在未来的物联网中，智能与非智能、移动与固定、大与小的节点，都可通过它实现更大范围、更方便的互连。

8.3.4 应用层的主要功能

物联网的应用层可进一步分为管理服务层、行业应用层。其中，管理服务层通过中间件软件实现感知硬件和应用软件的物理隔离与逻辑无缝连接，提供海量数据高效、可靠的汇聚、整合和存储，通过数据挖掘、智能数据处理和决策计算，为行业应用层提供安全的网络管理和智能服务。

1. 管理服务层的功能

管理服务层位于传输层与行业应用层之间。当感知层产生的大量数据经过传输层传输到应用层时，如果不经过有效的整合、分析和利用，那么物联网就不可能发挥应有的作用。在提供数据存储、检索、分析等服务同时，管理服务层要提供信息安全、隐私保护和网络管理功能，在管理中也体现出服务的目的。

（1）中间件软件

物联网中有各种感知硬件（如 RFID 标签、传感器等）、数据读写设备及各种应用系统，如何屏蔽不同感知与读写设备的差异，向不同应用所需系统提供服务，需要借鉴计算机软件技术中成熟的中间件技术，通过设计 RFID 或传感器中间件，在物理上将物联网应用系统与 RFID 或传感器硬件隔离，同时在逻辑上实现无缝连接。因此，中间件软件技术是支持物联网应用的重要技术之一。

（2）数据存储服务

从数据获取的角度，感知层的一个重要特点是“以数据为中心”。对于一个零售连锁店 RFID 应用系统，高层管理人员关心的是：什么商品，什么时间，在哪些商店卖出。他们不关心使用哪种 RFID、如何组网、如何传输数据等细节。对于一个智能交通系统，用户关心的是哪条道路发生堵车、目的地周边有没有停车位等。他们不关心传感器放置在哪些位置、如何组网、如何传输数据，以及采用哪种算法分析道路拥塞情况。物联网数据的特点是海量性、多态性、动态性和关联性。管理服务层需要提供物联网海量数据的存储、融合、查询、检索等功能。

（3）智能数据处理和决策服务

面对物联网产生的海量数据，人们必须借助计算机才能获得相关知识。数据挖掘（Data Mining）就是运用关联规则挖掘、分类与预测、聚类分析等算法，从大量数据中提取或挖掘知识的过程。在一个精准农业生产物联网应用中，通过传感器获取各项环境参数（如温度、湿度、土壤等）；需要比较、分析大量的历史数据，及时掌握当前农作物生长环境的现状和变化趋势；通过数据挖掘算法，找出影响农作物产量的因素和获得丰产的最佳条件；通过控制大棚的温度、湿度，以及恰当的施肥时机和数量，达到以最小投入获得最高产量的目的。在大型连锁店销售和物流配送的物联网应用中，需要分析和比较历年不同季节货物销售数据，分析和预测货物销售趋势，制订销售策略；通过分析库存情况，决定采购计划；通过分析各销售商店的存货数量，确定商品调度计划，计算配送货车的优化运输路径。通过信息流加快物流和资金流的周转，达到节约成本、获取更高效益的目的。物联网的价值体现在对于海量感知信息的智能数据处理和智能决策水平上。

2．行业应用层的功能

物联网的特点是多样化、规模化和行业化。物联网可用于智能电网、智能交通、智能物流、智能工业制造、智能建筑、智能农业、智能家居、智能环境监控、智慧医疗、智慧城市等领域，如图 8-14 所示。

物联网的行业应用层由多样化、规模化的行业应用系统构成。为了保证物联网的人与人、人与物、物与物之间有条不紊地交换数据，必须制订一系列的信息交互协议。行业应用层的主要组成部分是应用层协议，由语法、语义和时序组成。其中，语法规定了智能服务过程中的控制信息与数据的结构与格式；语义规定了需要发出的控制信息，以及完成的动作和返回的响应；时序规定了事件实现的顺序。

不同的物联网应用系统需要制订不同的应用层协议。例如，智能电网系统与智能交通系统的应用层协议不可能相同，为了实现智能电网系统的复杂功能，需要为智能电网的工作过程制订整套的协议。

图 8-14 物联网应用示意

物联网体系结构是物联网层次结构模型和各层协议的集合，对物联网应该实现的功能进行了精确定义。物联网体系结构是抽象的，而实现协议的技术是具体的。物联网体系结构将在物联网应用发展过程中不断完善。

3．支持物联网的共性技术

涉及感知层、网络层和应用层的共性技术包括：信息安全、网络管理、对象名字服务与服务质量保证。

（1）信息安全

在计算机网络安全研究中，人们提出了 5 项基本的评价标准：可用性、保密性、完整性、不可否认性、可控性。这些评价标准也适用物联网。在研究物联网安全问题时，除了互联网需要解决的网络安全、计算机系统安全、数据库安全与应用系统安全外，物联网还需要考虑 RFID 安全、无线网络安全、位置信息与隐私保护问题。

各厂商在推广 RFID 应用同时，一些黑客开始研究如何攻击 RFID 系统。RFID 标签数据通过无线方式传输到物联网。考虑 RFID 大规模应用中规模与价格的矛盾，必须控制 RFID 标签成本，简单和低成本的 RFID 标签不可能支持复杂的密码学计算。目前，RFID 系统的安全隐患主要包括：窃听与中间人攻击，欺骗、重放与克隆，物理破解与窜改数据，拒绝服务与病毒攻击等。例如，RFID 标签与读写器交换数据时，攻击者可在附近窃取数据，也可发送干扰信号，使数据交换过程无法正常进行。

对无线传感器网的攻击方法也很多，攻击者很可能俘获一些传感器节点，通过分析节点数据结构和通信协议，破解无线传感器网的安全体系，然后方便地窃取、伪造或窜改数据。攻击节点可在工作频段上发送干扰信号，使周边的节点不能正常工作。当攻击节点达到一定数量时，就会造成整个网络瘫痪。利用通信协议漏洞，攻击者可通过持续通信方式，造成传感器节点能量耗尽，严重时也可以使网络崩溃。

物联网面临的另一个重要威胁是位置信息和隐私保护问题，这是由于 RFID 应用系统、无线传感器网、移动通信网都可获取用户准确的位置信息。在物联网应用快速发展的同时，必须从法律、道德与技术等层面来保护位置隐私。因此，物联网的信息安全涉及感知层、网络层和应用层。

（2）网络管理

任何一种网络都存在网络管理问题，小到个人区域网，大到互联网、物联网。ISO 组织将网络管理定义为 5 个功能域：配置管理、性能管理、记账管理、故障管理和安全管理。其中，配置管理用于监控网络中各设备的配置信息；性能管理用于测量和监控网络的运行状态；故障管理包括故障检测、差错跟踪、故障恢复等；安全管理通过设定若干规则，防止网络遭受有意或无意的破坏，并限制对敏感资源的未授权访问；记账管理用于测量和收集各种资源的使用情况，为按流量或时间的计费提供依据

互联网的网络管理研究建立在 TCP/IP 的基础上，而物联网的网络管理必须面对 IP 网与非 IP 网的异构网络系统，涉及从感知设备接入、汇聚和核心交换，到大数据处理、云计算平台的所有层次。物联网的网络管理提出了一个困难的研究课题。

（3）对象名字服务

在讨论物联网行业应用层时，需注意 RFID 应用中存在的对象名字服务（Object Naming Service，ONS）。物联网中的 ONS 与互联网的域名服务（Domain Name Service，DNS）功能类似。在互联网中，在访问一个 Web 网站之前，需要通过 DNS 查询到网站的 IP 地址。在物联网中，为了查询 RFID 标签对应物品的详细信息，必须借助 ONS 服务器、数据库和服务器体系。与互联网的 DNS 体系一样，为了提高系统运行效率，必须在物联网体系中的不同层次建立本地 ONS 服务器、高层 ONS 服务器及根 ONS 服务器，形成覆盖整个物联网的 ONS 服务体系。

（4）服务质量保证体系

在互联网技术发展过程中，人们投入很大精力研究服务质量（Quality of Service，QoS）问题。物联网传输信息既包括海量感知信息，又包括反馈的控制信息；既包括对安全性、可靠要求高的数字信息，包括对实时性要求很高的视频信息，又包括对安全性、可靠性和实时性要求都高的控制信息。因此，物联网对数据传输 QoS 要求比互联网更复杂，必须在整个物联网体系的各层，通过协同工作方式予以保证。物联网 QoS 保障体系的建立是一个富有挑战性的研究课题。

基于上述内容，结合物联网应用系统的主要特点，物联网层次结构模型如图 8-15 所示。

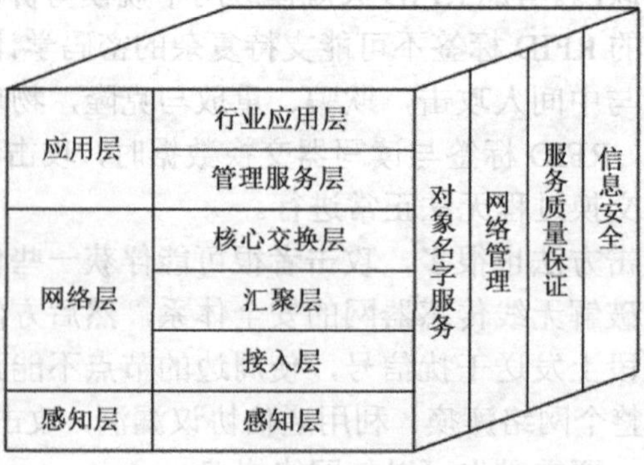

图 8-15 物联网层次结构模型

8.4 物联网的技术发展

8.4.1 物联网关键技术

物联网的多样化、规模化、行业化的特点使得物联网涉及的技术种类非常多。从物联网应用系统设计、组建、运行和管理的角度，可以将多种技术归纳为几项关键技术，如图 8-16 所示。

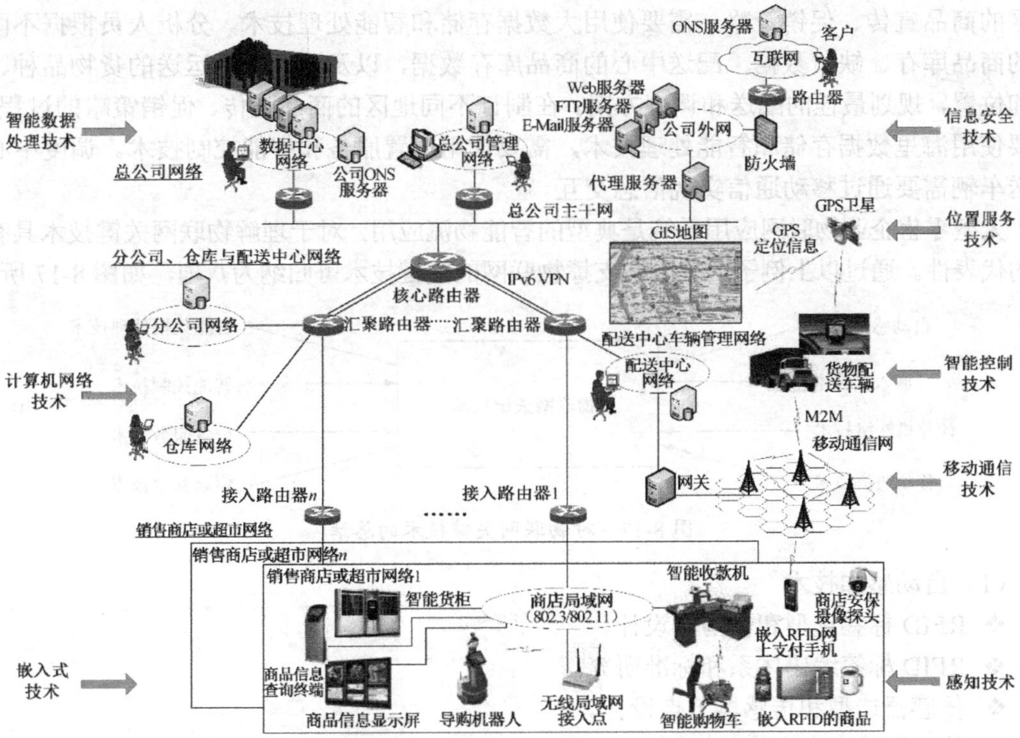

图 8-16 智能物流系统的关键技术

我们可以从完成用智能物流的设计思路规划一个覆盖全国的大型零售企业物联网应用系统入手，归纳出支撑物联网应用系统设计、组建、运行、应用和管理所需要的关键技术。

一个覆盖全国的大型零售企业是由总公司，分布在不同地区的分公司、仓库、配送中心，以及分散在不同位置的销售商店或超市组成的。为了构建一个大型零售企业物联网应用系统，需要将总公司的局域网作为核心网络，通过核心路由器、光纤与汇聚路由器连接，实现与不同地区的分公司、仓库、配送中心的局域网互连；汇聚路由器再通过光纤或其他通信线路连接销售商店或超市的局域网。大型零售企业的专业网络是由企业建设，用于传输企业内部涉及商业机密的业务数据，互联网用户不能直接访问这个网络。但是，大型零售企业需要提供网上订购服务。在企业内部网中可增加一个外部网，通过防火墙、路由器与互联网相连，通过代理服务器与内部网连接。外部网可接入企业对外宣传、发布商品信息，以及客户订单与售后服务的 Web、E-mail 服务器，供互联网用户访问。

分散在不同城市、不同位置的销售商店或超市承担着商品销售任务。按照物联网思路来设计的销售商店或超市，其中的商品贴有 RFID 标签。商店内有固定的商品信息查询终端、显示屏，以及流动的导购机器人。客户可以推着智能购物车，将需购买的商品放到购物车中，只要智能购物车经过智能收款机时，收款机通过商品的 RFID 标签计算付款金额，并发送到客户的智能手机上。客户只需通过智能手机进行确认，就能方便地完成整个购物过程。智能购物车、贴有 RFID 标签的商品、智能手机，以及保障商店安全的摄像头，这些都属于具有自动感知能力的嵌入式电子设备。

销售商店或超市需要将销售数据实时传送给总公司。总公司的工作人员使用数据挖掘技术，对销售数据进行智能分析，从中找出不同地区、不同商品的销售规律，并制订不同地区的商品宣传、促销策略，需要使用大数据存储和智能处理技术。分析人员根据不同商店的商品库存、缺货数据，配送中心的商品库存数据，以及配送车辆运送的货物品种、数量和位置，规划最佳的配送和调度方案。在制订不同地区的商品宣传、促销策略的过程中，需要使用海里数据存储和智能处理技术，需要使用位置服务和智能控制技术。调度中心和配送车辆需要通过移动通信实现信息交互。

大型零售企业物联网应用系统是典型的智能物流应用，对于理解物联网关键技术具有一定的代表性。通过以上例子的分析，支撑物联网的关键技术可归纳为八项，如图 8-17 所示。

图 8-17　对物联网关键技术的总结

（1）自动感知技术

❖ RFID 标签选型和读写器设计。
❖ RFID 标签编码体系和标准研究。
❖ 传感器选型和传感器节点设计。
❖ 传感网设计和实现。
❖ 中间件、数据处理软件的设计和实现。

（2）嵌入式技术

❖ 专用芯片设计制造。
❖ 嵌入式硬件结构设计和实现。
❖ 嵌入式操作系统研究。
❖ 嵌入式应用软件编程技术。
❖ 微机电（MEMS）技术和应用。

（3）移动通信技术

❖ 无线通信技术的选型。
❖ 无线通信网络系统设计。
❖ M2M 协议和应用。

（4）计算机网络技术

❖ 网络技术选型。
❖ 网络结构设计。

❖ 异构网络互连。
❖ 异构网络管理。
（5）智能数据处理技术
❖ 数据格式与标准化。
❖ 信息融合技术。
❖ 海量数据存储和搜索技术。
❖ 中间件和应用软件编程技术。
❖ 数据挖掘和知识发现算法。
（6）智能控制技术
❖ 环境感知技术。
❖ 规划和决策算法。
❖ 智能控制方法。
（7）位置服务技术
❖ 位置信息的获取方法。
❖ GPS、GIS 和网络地图应用技术。
❖ 位置服务方法。
（8）信息安全技术
❖ 感知层安全。
❖ 网络层安全。
❖ 应用层安全。
❖ 隐私保护技术和法律法规。

8.4.2 物联网产业的发展

物联网产业能够形成从上游“产品制造”、中游的“系统集成与软件开发”到下游的“应用服务”的完整产业链，如图 8-18 所示。

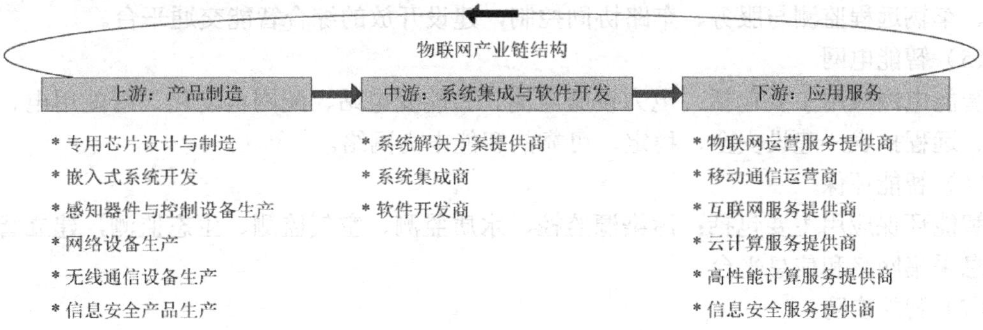

图 8-18 物联网产业链结构

（1）上游的“产品制造”产业

“产品制造”产业主要包括：专用芯片设计与制造、嵌入式系统开发、感知器件与控制设备生产、网络设备生产、无线通信设备生产、信息安全产品生产等。

（2）中游的“系统集成与软件开发”产业

“系统集成与软件开发”产业主要包括系统解决方案提供商、系统集成商、软件开发商等。

（3）下游的“应用服务”产业

“应用服务”产业主要包括：物联网运营服务提供商、移动通信运营商、互联网服务提供商、云计算服务提供商、高性能计算服务提供商、信息安全服务提供商等。

随着物联网应用的快速发展，社会将对物联网产业不断提出新的需求，使得物联网产业形成从上游的“产品制造”、中游的“集成与软件开发”到下游的“应用服务”产业，相互依存、相互影响、相互促进的良性循环关系。

8.4.3 物联网应用发展

2011 年 11 月 28 日，我国工业和信息化部发布《物联网“十二五”发展规划》。该规划是根据我国《国民经济和社会发展第十二个五年规划纲要》和《国务院关于加快培育和发展战略性新兴产业的决定》而制订。该规划明确指出：物联网已是当前世界新一轮经济和科技发展的战略制高点之一，发展物联网对促进经济发展和社会进步具有重要意义。

在“十二五”期间，我国将重点发展以下 9 个领域的物联网应用示范工程。

（1）智能工业

智能工业应用主要包括：生产过程控制、生产环境监测、制造供应链跟踪、产品全生命周期监测，促进安全生产和节能减排。

（2）智能农业

智能农业应用主要包括：农业资源利用、农业生产精细化管理、生产养殖环境监控、农产品质量安全管理和产品溯源。

（3）智能物流

智能物流应用主要包括：建设库存监控、配送管理、安全追溯等现代物流系统，建设跨区域、行业、部门的物流公共服务平台，实现电子商务和物流配送一体化管理。

（4）智能交通

智能交通应用主要包括：交通状态感知与交换、交通诱导与智能化管控、车辆定位与调度、车辆远程监测与服务、车路协同控制，建设开放的综合智能交通平台。

（5）智能电网

智能电网应用主要包括：电力设施监测、智能变电站、配网自动化、智能用电、智能调度、远程抄表，建设安全、稳定、可靠的智能电力网络。

（6）智能环保

智能环保应用主要包括：污染源监控、水质监测、空气监测、生态监测，建立智能环保信息采集网络和信息平台。

（7）智能安防

智能安防应用主要包括：社会治安监控、危化品运输监控、食品安全监控，重要桥梁、建筑、轨道交通、水利设施、市政管网等基础设施安全监测、预警和应急联动。

（8）智能医疗

智能医疗应用主要包括：药品流通和医院管理，以人体生理和医学参数采集及分析为切入点，面向家庭和社区开展远程医疗服务。

（9）智能家居

智能家居应用主要包括：家庭网络、家庭安防、家电智能控制、能源智能计量、节约低碳、远程教育等。

小 结

本章主要讲述了以下内容：

① 物联网是在互联网、移动通信网等通信网络的基础上，针对不同应用领域的需求，利用具有感知、通信和计算能力的智能物体自动获取物理世界的信息，将所有能独立寻址的物理对象互连起来，实现全面感知、可靠传输、智能处理，构建人与物、物与物之间互连的智能信息服务网络系统。

② 通过借鉴计算机网络层次结构模型，可建立一个物联网层次结构模型。物联网系统结构可划分为三层：感知层、网络层、应用层。其中，感知层实现信息获取功能，网络层实现数据传输功能，应用层实现应用服务功能。

③ 物联网的感知层设备主要分为两类：自动感知设备、人工生成设备。自动感知设备是可自动获得外部环境信息的设备，主要包括 RFID 标签、传感器、智能家电等。人工生成设备是通过人工方式获得信息的设备，主要包括计算机、智能手机等。

④ 由于物联网的网络规模、传输技术差异大，因此在网络层结构中引入接入层、汇聚层与核心交换层，使物联网层次结构具有更好的开放性、适应性。

⑤ 物联网的应用层可进一步分为管理服务层、行业应用层。其中，管理服务层通过中间件软件实现感知硬件与应用软件的物理隔离与逻辑无缝连接，通过数据挖掘、智能数据处理与决策计算，为行业应用层提供安全的网络管理与智能服务。

⑥ 物联网应用系统涉及的技术包括：自动感知、嵌入式、计算机网络、移动通信、智能数据处理、智能控制、位置服务、信息安全等。

习 题 8

一、名词解释（用所给定义解释以下术语，在每个术语前的下画线上标出正确的定义）

术语：

________1．物联网	________5．TCP/IP
________2．承载网	________6．CPS
________3．网关	________7．VPN
________4．泛在计算	________8．ITU

定义：

A．互联网的核心协议。

B．术语“虚拟专用网络”或“虚拟专网”的英文缩写。

C．术语“普适计算”或“无处不在的计算”的另一种表述。

D．在 2005 年发布《Internet of Things》年度报告的国际组织。

E．将计算和通信能力嵌入到物理系统，形成信息物理融合系统的技术。

F．为分布式进程通信提供数据传输服务的传输网的另一种名称。

G．实现 IP 网与非 IP 网互连的网络设备。

H．实现人与物、物与物互连的智能信息服务网络系统。

二、单项选择

1．在物联网体系结构中，实现信息获取功能的层次是________。

A．接入层　　B．感知层　　C．汇聚层　　D．传输层

2．在 RFID 应用系统中，附加在感知物体上的设备称为________。

A．RFID 读写器　　B．防火墙　　C．RFID 标签　　D．网关

3．在物联网标识领域中，产品电子编码的英文缩写是________。

A．EPC　　B．VPN　　C．DNS　　D．SSL

4．无线传感器网在形成网络拓扑时采用的方式是________。

A．集中管理　　B．基于 AP　　C．预先分配　　D．自组织

5．在以下这些感知层设备中，属于人工生成信息的设备是________。

A．传感器　　B．智能手机　　C．机器人　　D．RFID 标签

6．以下关于物联网特点的描述中，错误的是________。

A．物联网不是互联网概念、技术与应用的简单扩展

B．物联网特征是全面感知、可靠传输、智能处理

C．物联网与互联网在基础设施上没有重合之处

D．物联网计算模式可提高人类的生产力、效益

7．以下关于物联网传输层的描述中，错误的是________。

A．物联网传输层也称为网络层

B．研究物联网的层次结构可借鉴互联网层次结构模型

C．为应用进程通信提供数据传输服务的部分统称为传输网

D．互联的城域网、局域网与个人区域网不属于传输网的范畴

8．以下关于物联网接入层的描述中，错误的是________。

A．物联网接入层相当于 OSI 参考模型中的物理层

B．RFID 标签、传感器和接入层设备构成物联网感知网络的基本单元

C．RFID 接入层采用单跳的无线方式传输

D．无线传感器网接入层采用多跳的无线方式传输

三、判断题（判断下列描述是否正确，正确的在下画线上写 Y，错误的写 N）

____1．物联网是实现物与物之间互连的智能信息服务系统。

____2．物联网研究仅需要关注数据链路层和网络层的内容。

____3．物联网的网络层可分为接入层、汇聚层、服务层。

____4．核心交换层为物联网提供高速、安全和保证服务质量的数据传输环境。

____5．互联网与 IP 网是同一种网络的两种叫法。

____6．感知层设备仅包括两类设备：RFID 标签、传感器。

____7．普适计算的核心是“以计算机为本”。

____8．不同行业的物联网应用系统的功能、规模差异通常很大。

四、问答题

1. 请说明互联网与物联网的区别和联系。
2. 物联网采用层次结构模型有什么好处？
3. 请说明 CPS 与物联网的区别和联系。
4. 请说明 RFID 应用系统的基本工作流程。
5. 无线传感器网的主要特点是什么？
6. 物联网的网络层设计需要注意哪些问题？
7. 请举例说明物联网的感知层设备类型。
8. 物联网的应用领域主要有哪些？

第 9 章　网络安全和网络管理

本章学习要求

⌘ 了解：网络安全和网络空间安全
⌘ 掌握：OSI 安全体系结构的内容
⌘ 掌握：加密与认证的基本概念
⌘ 掌握：网络安全协议的内容
⌘ 掌握：防火墙的基本概念
⌘ 了解：入侵检测的基本概念
⌘ 了解：恶意代码发展及防护技术
⌘ 掌握：网络管理的基本概念

随着计算机网络技术的发展和广泛应用，网络在信息系统中的作用变得越来越重要，用户也越来越关心网络安全问题。本章将在讨论网络安全的重要性基础上，系统介绍网络安全技术的基本概念、网络安全策略设计、网络防火墙技术、网络文件备份和恢复、网络防病毒技术、网络管理技术。

9.1　网络空间安全和网络安全

9.1.1　网络空间安全的概念

目前，互联网、移动互联网、物联网已应用于现代社会的政治、经济、文化、教育、科研与社会生活的各个领域，这种开放的网络环境下的安全问题更加严重。例如，2016 年就发生了一系列攻击事件，美国纽约联邦储备银行遭到黑客攻击，失窃金额达到 8100 万美元；德国一座核电站的计算机系统中发现了恶意程序，导致核电站关闭，所幸没有涉及与核燃料相关的部分；美国旧金山地铁的计算机售票系统遭到攻击，攻击者开出 100 比特币的赎金要求；美国域名服务提供商 Dyn 遭到 DDoS 攻击，导致 GitHub、Twitter、PayPal 等大量网站无法访问。网络安全问题人们的社会生活与经济生活已须臾不能离开网络，网络安全已成为影响社会稳定、国家安全的重要因素之一。

回顾网络安全研究发展的历史，“网络空间”与“国家安全”关系的讨论由来已久。早在 2000 年，美国政府在《美国国家信息系统保护计划》中提到：在不到一代人的时间内，信息革命和计算机在社会所有方面的应用，已改变了我们的经济运行方式，改变了维护国家安全的思维，也改变了日常生活的结构。著名的未来学家预言：谁掌握信息，谁控制网络，谁就拥有世界。《下一场世界战争》一书预言：在未来的战争中，计算机本身就是武器，前线无处不在，夺取作战空间控制权的不是炮弹和子弹，而是计算机网络中流动的比特和字节。网络安全已严重影响到每个国家的社会、政治、经济、文化和军事安全。网络安全问题已上升到世界各国安全战略的层面。

2010 年，美国国防部发布《四年国土安全报告》，将网络安全列为国土安全五项首要任务之一。2011 年，美国政府在《网络空间国际战略》报告中，将网络空间（Cyber Space）看作与国家领土、领海、领空、太空等四大常规空间同等重要的“第五空间”。近年来，世界各国纷纷研究和制定网络空间安全政策。

9.1.2 我国网络空间安全战略

我国网络空间安全政策建立在“没有网络安全就没有国家安全”的理念上。2016 年 12 月 27 日，我国国家互联网信息办公室发布《国家网络空间安全战略》。为了更好地理解网络空间安全和网络安全的概念，需要分析安全战略的目标、原则和战略任务。

1. 网络安全形势

我国网络空间安全战略指出：网络安全形势日益严峻，国家政治、经济、文化、社会、国防安全及公民在网络空间的合法权益面临严峻风险和挑战。

这些威胁主要表现在以下 5 方面：

① 网络渗透危害政治安全。政治稳定是国家发展、人民幸福的基本前提。利用网络干涉他国内政、攻击他国政治制度、煽动社会动乱、颠覆他国政权，以及大规模网络监控、网络窃密等活动严重危害国家政治安全和用户信息安全。

② 网络攻击威胁经济安全。网络和信息系统已经成为关键基础设施乃至整个经济社会的神经中枢，遭受攻击破坏、发生重大安全事件，将导致能源、交通、通信、金融等基础设施瘫痪，造成灾难性后果，严重危害国家经济安全和公共利益。

③ 网络有害信息侵蚀文化安全。网络上各种思想文化相互激荡、交锋，优秀传统文化和主流价值观面临冲击。网络谣言、颓废文化和淫秽、暴力、迷信等违背社会主义核心价值观的有害信息侵蚀青少年身心健康，败坏社会风气，误导价值取向，危害文化安全。

④ 网络恐怖和违法犯罪破坏社会安全。恐怖主义、分裂主义、极端主义等势力利用网络煽动、策划、组织和实施暴恐活动，威胁人民生命财产安全、社会秩序。计算机病毒、木马等在网络空间蔓延，网络欺诈、黑客攻击、侵犯知识产权、滥用个人信息等不法行为大量存在，一些组织肆意窃取用户信息、交易数据、位置信息以及企业商业秘密，严重损害国家、企业和个人利益。

⑤ 网络空间的国际竞争方兴未艾。国际上争夺和控制网络空间战略资源、抢占规则制定权和战略制高点、谋求战略主动权的竞争日趋激烈。个别国家强化网络威慑战略，加剧网络空间军备竞赛，世界和平受到新的挑战。

2. 网络安全目标

我国网络空间安全战略的总体目标：以国家安全观为指导，贯彻落实创新、协调、绿色、开放、共享的发展理念，增强风险意识和危机意识，统筹国内和国际两个大局，统筹发展和安全两件大事，积极防御、有效应对，推进网络空间和平、安全、开放、合作、有序，维护国家主权、安全、发展利益，实现建设网络强国的战略目标。

我国网络空间安全战略的具体内容如下。

① 和平：信息技术滥用得到有效遏制，网络空间军备竞赛等威胁国际和平的活动得到控制，网络空间冲突得到有效防范。

② 安全：网络安全风险得到有效控制，国家网络安全保障体系健全完善，核心技术装备安全可控，网络和信息系统运行稳定可靠。网络安全人才满足需求，全社会的网络安全意识、防护技能和利用网络的信心大幅提升。

③ 开放：信息技术标准、政策和市场开放、透明，产品流通和信息传播更顺畅，数字鸿沟日益弥合。不分大小、强弱、贫富，世界各国能分享发展机遇、共享发展成果、公平参与网络空间治理。

④ 合作：世界各国在技术交流、打击网络恐怖和网络犯罪等领域的合作更加密切，多边、民主、透明的国际互联网治理体系健全完善，以合作共赢为核心的网络空间命运共同体逐步形成。

⑤ 有序：公众的知情权、表达权、监督权等合法权益得到保障，个人隐私在网络空间获得有效保护。国内和国际法律体系、标准逐步建立，网络空间实现依法有效治理，信息自由流动与维护国家安全、公共利益实现统一。

3. 网络安全原则

一个安全稳定繁荣的网络空间，对各国乃至全世界都具有重大意义。中国愿意与各国加强沟通、扩大共识、深化合作，积极推进全球互联网治理体系变革，共同维护网络空间的和平安全。

① 尊重维护网络空间主权。网络空间主权不容侵犯，尊重各国自主选择发展道路、网络管理模式、互联网公共政策和平等参与国际网络空间治理的权利。各国有权根据本国国情，借鉴国际经验，制定有关网络空间的法律法规，依法采取必要措施，管理本国信息系统及网络活动。

② 和平利用网络空间。和平利用网络空间符合人类的共同利益。各国应遵守《联合国宪章》关于不得使用或威胁使用武力的原则，防止信息技术被用于与维护国际安全与稳定相悖的目的，共同抵制网络空间军备竞赛、防范网络空间冲突。

③ 依法治理网络空间。全面推进网络空间法治化，坚持依法治网、依法办网、依法上网，让互联网在法治的轨道上健康运行。依法构建良好网络秩序，保护网络空间信息依法有序自由流动，保护个人隐私，保护知识产权。

4. 战略任务

我国的网民数量和网络规模世界第一，维护好网络安全不仅是自身需要，对于维护全球网络安全乃至世界和平都有重大意义。网络空间是国家主权的新疆域。建设与我国国际地位相称、与网络强国相适应的网络空间防护力量，大力发展网络安全防御手段，及时发现和抵御网络入侵，铸造维护国家网络安全的坚强后盾。

为了以立法方式捍卫我国网络空间安全，2016 年 11 月 7 日全国人民代表大会常务委员会通过《中华人民共和国网络安全法》（以下简称《网络安全法》），并于 2017 年 6 月 1

日起实施。《网络安全法》是我国第一部全面规范网络空间安全管理的基础性法律，在我国网络安全史上具有里程碑意义。《网络安全法》全文共七章七十九条，涵盖了保障网络安全的原则，以及网络安全等级保护制度、个人信息保护、关键信息基础设施运行安全、网络信息安全、监测预警与应急处置、法律责任等具体细则。

9.1.3 网络空间安全理论体系

网络空间安全研究主要包括 5 方面的内容：应用安全，系统安全，网络安全，网络空间安全基础，密码学及其应用。图 9-1 给出了网络空间安全研究的基本内容。网络空间安全理论包括三大体系：基础理论体系、技术理论体系、应用理论体系。

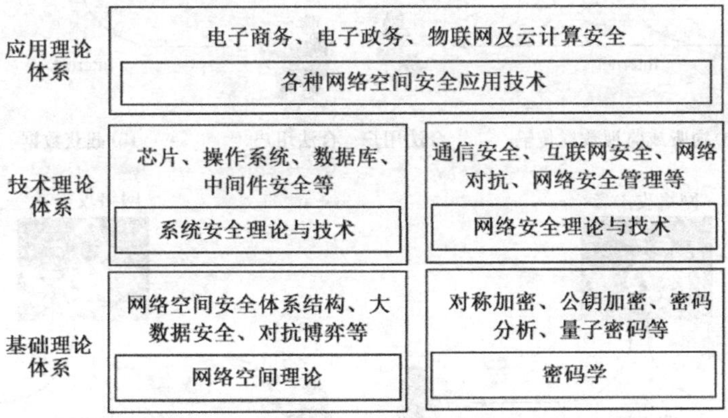

图 9-1　网络空间安全研究的基本内容

（1）基础理论体系

基础理论体系主要包括两部分：网络空间理论、密码学。

网络空间理论研究主要包括：网络空间安全体系结构，大数据安全，对抗博弈。

密码学研究主要包括：对称加密，公钥加密，密码分析，量子密码和新型密码。

（2）技术理论体系

技术理论体系主要包括两部分：系统安全理论、网络安全理论与技术。

系统安全理论研究主要包括：可信计算，芯片与系统硬件安全，操作系统与数据库安全，应用软件与中间件安全，恶意代码分析与防护。

网络安全理论与技术研究主要包括：通信安全，网络对抗，互联网安全，网络安全管理。

（3）应用理论体系

应用理论体系主要是各种网络安全应用技术，研究内容主要包括：电子商务、电子政务安全技术，云计算与虚拟化计算安全技术，社会网络安全、内容安全与舆情监控，物联网安全，隐私保护。

9.2 OSI 安全体系结构

9.2.1 安全体系结构的概念

1989 年，ISO 发布 ISO7498-2 标准，定义了 OSI 安全体系结构（Security Architecture），

提出了网络安全体系的三个重要概念：安全攻击（Security Attack）、安全服务（Security Service）、安全机制（Security Mechanism）。

1．网络攻击

任何危及网络与信息系统安全的行为都视为“攻击”。常见的网络攻击通常可分为两大类型：被动攻击（Passive Attack）、主动攻击（Active Attack）。图 9-2 是网络攻击的 4 种类型。

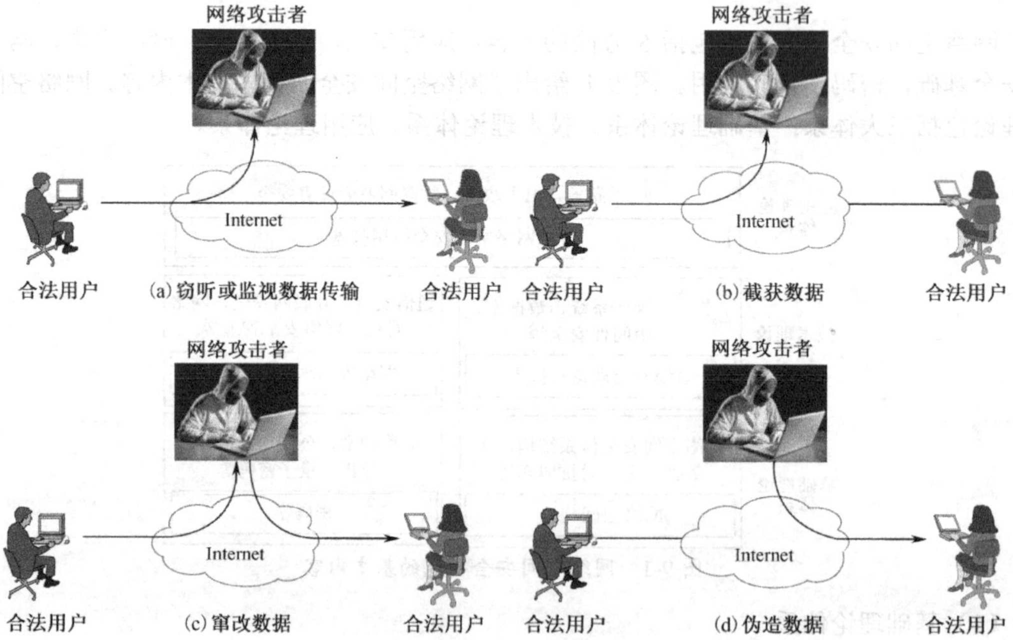

图 9-2　网络攻击的 4 种类型

（1）被动攻击

窃听或监视数据传输属于被动攻击，如图 9-2(a)所示。网络攻击者通过在线窃听方法，非法获取网络上传输的数据，或通过在线监视网络用户的身份、传输数据的频率与长度，破译加密数据，非法获取敏感或机密的信息。

（2）主动攻击

主动攻击可分为如下 3 种基本方式。

① 截获数据：网络攻击者假冒和顶替合法的接收者，在线截获网络上传输的数据，如图 9-2(b)所示。

② 窜改或重放数据：网络攻击者假冒接收者，在截获网络上传输的数据之后，经过窜改，再发送给合法的接收者；或者在截获数据之后的某个时刻，一次或多次重放该数据，造成网络数据传输混乱，如图 9-2(c)所示。

③ 伪造数据：网络攻击者假冒合法的发送用户，将伪造的数据发送给合法的接收用户（如图 9-2(d)所示）。

2．网络安全服务

为了评价网络系统的安全需求，指导网络硬件和软件制造商开发网络安全产品，ITU 的 X.800 标准和 IETF 的 RFC2828 文档定义了网络安全服务。其中，X.800 标准将网络安全服务定义为：开放系统的各层协议为保证系统与数据传输有足够的安全性所提供的服务。RFC2828 文档进一步明确网络安全服务为：由系统提供的对网络资源进行特殊保护的进程或通信服务。

X.800 标准将网络安全服务分为如下 5 种。

① 认证（Authentication）：提供对通信实体和数据来源的认证与身份鉴别。

② 访问控制（Access Control）：通过对用户身份的认证和用户权限的确认，防止未授权的用户非法使用系统资源。

③ 数据机密性（Data Confidentiality）：防止数据在传输过程中被窃听或泄漏。

④ 数据完整性（Data Integrity）：确保接收数据与发送数据的一致性，防止数据被修改、插入、删除或重放。

⑤ 防抵赖（Non-reputation）：确保数据由特定用户发送，或由特定用户接收，防止发送方在发送数据后否认，或接收方在接收数据后否认。

3．网络安全机制

网络安全机制主要包括以下 8 项内容。

① 加密（Encryption）：确保数据的机密性，根据层次和对象的不同，可采用不同的加密方法。

② 数字签名（Digital Signature）：确保数据的真实性，利用数字签名技术对用户身份和消息进行认证。

③ 访问控制（Access Control）：按照事先确定的规则，保证用户对主机系统与应用程序访问的合法性。当有非法用户尝试入侵时，实现报警与记录日志的功能。

④ 数据完整性（Data Integrity）：确保数据的完整性，防止数据被插入、更改、重新排序或重放。

⑤ 认证（Authentication）：利用密码、数字签名、生物特征（如指纹）等手段，实现对用户身份、消息、主机与进程的认证。

⑥ 流量填充（Traffic Padding）：利用在数据流中填充冗余字段，防止攻击者分析网络传输的流量。

⑦ 路由控制（Routing Control）：通过预先安排好传输路径，尽可能使用安全的子网与链路，保证数据传输安全。

⑧ 公证（Notarization）：公证机制通过第三方参与的数字签名机制，对通信实体进行实时或非实时的公证，预防伪造签名与抵赖。

9.2.2 网络安全模型的提出

为了满足网络用户对网络安全的需求，针对攻击者对通信信道上传输的数据，以及对网络计算资源等不同的情况，分别提出网络安全模型与网络安全访问模型。

1．网络安全模型

图 9-3 为一种通用的网络安全模型。网络安全模型主要涉及 3 类对象：通信对端（发送端与接收端）、网络攻击者、可信的第三方。发送方通过网络将数据发送到接收端。攻击者可能在通信信道上伺机窃取传输数据。为了保证网络通信的机密性、完整性，网络用户

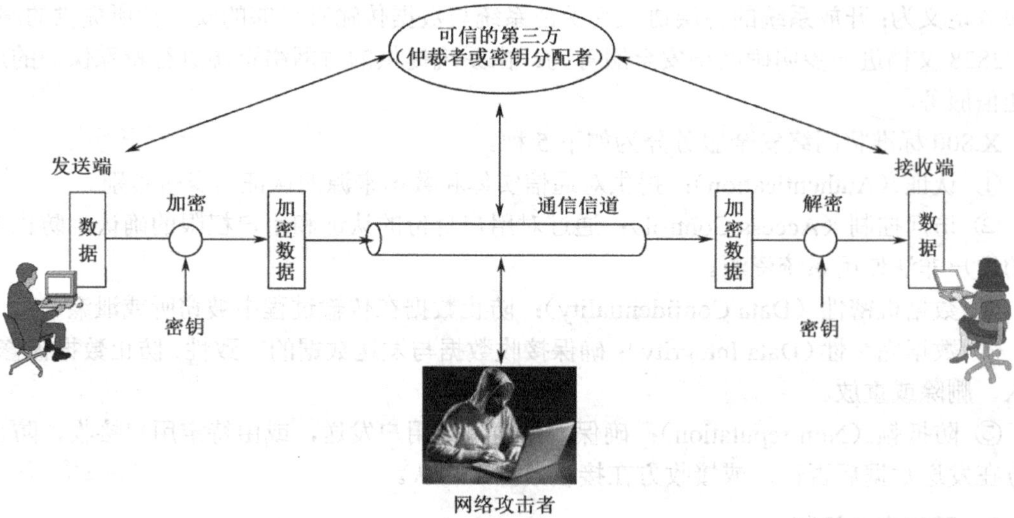

图 9-3　一种通用的网络安全模型

需要做两件事：一是对数据进行加密与解密；二是需要一个可信的第三方，用于分发加密的密钥或确认通信双方的身份。

2．网络安全访问模型

图 9-4 为一种通用的网络安全访问模型。网络安全访问模型主要从网络访问的角度，分析了对网络实施攻击的两类对象：网络攻击者、恶意代码软件。黑客（Hacker）的含义经历了复杂的演变过程，现在人们已习惯将网络攻击者统称为黑客。恶意代码是指：利用操作系统或应用软件的漏洞、通过浏览器或利用信任关系，在计算机之间或网络之间大量、快速传播的程序，目的是在用户不知情的情况下修改网络配置、破坏网络正常运行或非法访问网络资源。恶意代码主要包括病毒、特洛伊木马、蠕虫、攻击脚本，以及垃圾邮件、流氓软件等多种形式。

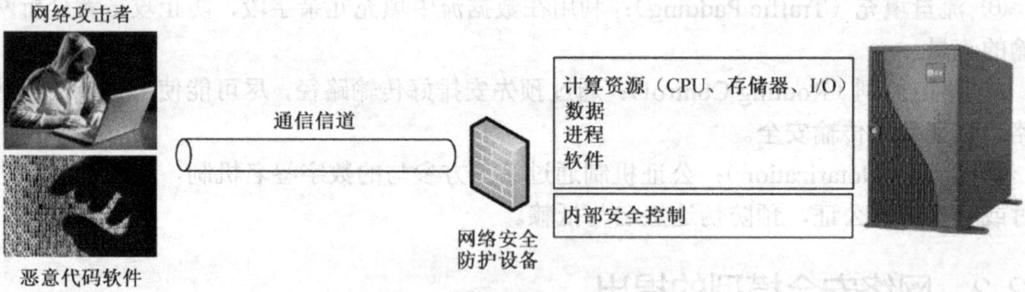

图 9-4　一种通用的网络安全访问模型

对网络资源的攻击行为可分为两类：服务攻击、非服务攻击。其中，服务攻击是指对 E-mail、FTP、Web 或 DNS 服务器的攻击，造成服务器工作不正常甚至瘫痪。非服务攻击不针对某种具体的应用服务，而是对网络设备或通信线路发起攻击，造成网络设备或通信线路严重阻塞甚至瘫痪。网络安全研究包括开发网络安全防护工具（硬件和软件），保护网络系统和网络资源不受攻击。

9.2.3 用户对网络安全的需求

通过上述讨论的内容，用户对网络安全的需求可总结为以下 5 点。

① 可用性。在可能发生突发事件（如停电、自然灾害、事故或攻击等）的情况下，计算机网络仍然可以处于正常运转状态，用户可以使用各种网络服务。

② 机密性。保证网络中的数据不被非法截获或被非授权用户访问，保护敏感数据和涉及个人隐私信息的安全。

③ 完整性。保证在网络中传输、存储的数据完整，防止数据被修改、插入或删除。

④ 不可否认性。确认通信双方的身份真实性，防止对已发送或接收的数据出现否认。

⑤ 可控性。控制和限制网络用户对主机系统、网络资源、网络服务的访问和使用，防止非授权用户读取、写入或删除数据。

9.2.4 网络安全的法律法规

仅靠技术来保护网络安全是远远不够的，还必须依靠政府与立法机构制定法律法规。我国非常重视计算机、网络和信息安全的立法问题。从 1987 年开始，我国政府相继制定与颁布了一系列行政法规，它们主要包括《电子计算机系统安全规范》、《计算机软件保护条例》、《计算机软件著作权登记办法》、《中华人民共和国计算机信息与系统安全保护条例》、《计算机信息系统保密管理暂行规定》等。另外，全国人民代表大会常务委员会通过了《关于维护 Internet 安全决定》。

国外关于网络与信息安全技术和法规的研究起步较早，比较重要的组织有美国的国家标准与技术协会（NIST）、国家安全局（NSA）等。它们的工作各有侧重点，主要集中在计算机、网络和信息系统的安全政策、协议标准、安全工具、防火墙、网络防攻击技术，以及网络紧急情况处理与援助等方面。用于评估计算机、网络与信息系统安全性的标准已有多个，最先颁布、有影响的是美国国防部的黄皮书“可信计算机系统评估准则”。欧洲信息安全评估标准（ITSEC）最初用来协调法国、德国、英国等国的指导标准，目前已经被欧洲各国接纳成为信息安全标准。

1983 年，可信计算机系统评估准则（TC-SEC-NCSC）发布。1985 年，可信网络说明（TNI）发布。TC-SEC-NCSC 将计算机系统安全等级分为 4 类 7 个等级，即 D、C1、C2、B1、B2、B3 与 A1。其中，D 级系统的安全要求最低，A1 级系统的安全要求最高。D 级系统属于非安全保护类，不能用于多用户环境下的重要信息处理。C 级系统为用户能定义访问控制要求的自主保护类型，分为两个级别：C1 级和 C2 级。B 级系统属于强制型安全保护类，即用户不能分配权限，仅网络管理员可为用户分配访问权限。B 类系统分为三个级别：B1、B2 与 B3 级。A1 级提供的安全服务功能与 B3 级基本一致。A1 级系统在安全审计、安全测试、配置管理等方面提出更高要求。A1 级在系统安全模型设计及软件、硬件实现方面要通过认证，要求达到更高的安全可信度。一般的 UNIX 系统通常能满足 C2 级标准，只有部分产品可达到 B1 级标准的要求。

9.3 加密和认证技术

9.3.1 密码学中的概念

密码技术是保证网络与信息安全的核心技术之一。密码学（Cryptology）主要包括：密码编码学、密码分析学。密码体制设计是密码学研究的主要内容。人们利用加密算法和一个秘密值（称为密钥）对信息编码进行隐蔽，而密码分析学试图破译算法和密钥。两者相互对立，又互相促进向前发展。

1．加密算法和解密算法

加密的基本思想是伪装明文以隐藏其真实内容。伪装明文的操作称为加密，加密时使用的变换规则称为加密算法。由密文恢复出原明文的过程称为解密，解密时采用的信息变换规则称为解密算法。

图 9-5 为数据加密和解密的过程。如果用户 A 想通过网络发送数据“My bank accound # is 1947”，首先用加密算法与密钥将数据由明文变成密文，并在网络上传输这个密文。即使窃听者获得密文也很难解密。当用户 B 接收到这个密文后，用双方商议解密算法和密钥将密文还原成明文。

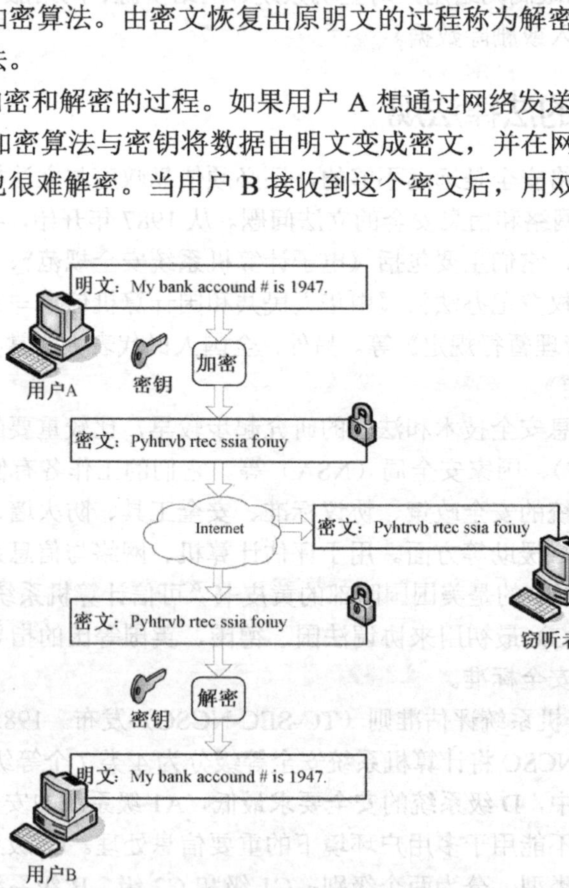

图 9-5　数据加密和解密的过程

2．密钥的作用

加密技术可分为两部分：加密算法和解密算法，密钥。其中，加密算法是用来加密的数学函数，而解密算法是用来解密的数学函数。密码是明文经过加密算法运算后的结果。实际上，密码是含有一个参数 K 的数学变换：

$$C = E_K(M)$$

其中，M 是未加密的信息（明文），C 是加密后的信息（密文），E 是加密算法，参数 K 称为密钥。密文 C 是明文 M 使用密钥 K，经过加密算法计算后的结果。

密码体制是指密码系统的工作方式。如果加密和解密使用相同密钥，则该密码体制称为对称密码（Symmetric Cryptography）。如果加密和解密使用不同密钥，则该密码体制称为非对称密码（Asymmetric Cryptography）。加密、解密算法可视为常量，而密钥则是一个变量。因此，密钥需要严格保密，用户应该及时更换密钥。

例如，凯撒密码是一种置位密码，明文与密文的对应关系如下：

明文：a b c d e f g h i j k l m n o p q r s t u v w x y z

密文：Q B E L C D H G I A J N M O P R Z T W V Y X F K S U

这种方法称为“单字母表替换法”，密钥是明文与密文的字母对应表。明文“nankai”对应的密文是“OQOJQI”。采用单字母替换的密钥有 4×10^{26} 个。虽然加密方法很简单，但是破译者哪怕用 1 μs 尝试一个密钥，最多需要 10^{13} 年时间。这个系统表面上看很安全，其实通过统计字母出现频率可找出规律。从数学的角度，密钥改变后，实际改变了明文与密文之间等价的数学函数关系。

为了确保数据加密的安全性，人们一直在争论密钥长度问题。从理论上来说，密钥长度越大，说明密钥空间越大，攻击者越难以通过蛮力攻击来破译。在蛮力攻击中，破译者可通过穷举法来猜测密钥的所有组合，直到找出密钥为止。但是，密钥长度越大，加密和解密过程所需的计算时间越长。

9.3.2 对称密码体制

1. 对称加密的概念

对称加密技术对数据的加密与解密都使用同一密钥。图 9-6 是对称加密的工作原理。加密与解密必须使用同种加密算法和相同的密钥。

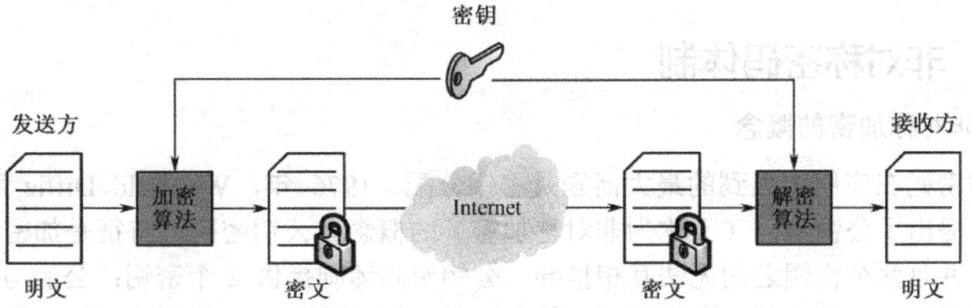

图 9-6 对称加密的工作原理

理解对称加密体制的工作原理，需要注意以下 4 个问题：

① 由于加密与解密使用同一密钥，因此第三方获得密钥就会造成失密。

② 如果某个用户要与 n 个用户通信，每个用户对应一个密钥，那么该用户需要维护 n 个密钥。当网络中有 n 个用户时，则需要 $n\times(n-1)$个密钥。

③ 由于加密和解密使用同一密钥，保密性主要取决于密钥的安全性，因此密钥的传递和分发必须通过安全通道。如何产生满足保密要求的密钥，以及安全、可靠地传送密钥是很复杂的问题。

④ 密钥管理涉及密钥的产生、分配、存储和销毁。

2．典型的对称加密算法

数据加密标准（Data Encryption Standard，DES）是典型的对称加密算法，是由 IBM 公司提出、ISO 认定的国际标准。DES 在美国政府、银行业中得到广泛应用。DES 是一种典型的分组密码，将数据分解成固定大小的分组，以分组为单位加密或解密。DES 每次处理一个 64 位的明文分组，每次生成一个 64 位的密文分组。DES 算法采用 64 位的密钥，其中 8 位用于奇偶校验，用户可使用其余 56 位。在加密与解密过程中，DES 将置换与代换等操作相结合。从 DES 出现以来，人们认为 DES 使用的密钥长度太短，难以抵御蛮力攻击。随着技术进步带来计算能力提高，DES 的安全性受到严峻的挑战。

三重 DES（Triple DES，3DES）是针对 DES 安全性的改进方案。1999，NIST 将 3DES 指定为过渡的加密标准。3DES 以 DES 算法为核心，采用 3 个 56 位的密钥对数据执行三次 DES 计算，即加密、解密、再加密的过程。如果三个密钥互不同，则相当于一个 168 位的密钥。3DES 仍采用 DES 算法为核心，其迭代次数是 DES 的 3 倍，显然 3DES 的运算速度比 DES 慢得多。

高级加密标准（Advanced Encryption Standard，AES）是后出现的一种对称加密算法。AES 将数据分解成固定大小的分组，以分组为单位进行加密或解密。AES 的主要参数是：分组长度、密钥长度与计算轮数。分组与密钥长度是 32 位的整数倍，范围是 128～256 位。AES 规定分组长度为 128 位，密钥长度可以为 128、192 或 256 位，根据密钥长度分别称为 AES-128、AES-192 或 AES-256。AES 以 32 位为单位处理密钥，AES-128、AES-192 和 AES-256 的密钥长度分别为 4、6、8。计算轮数与密钥长度直接相关，AES-128、AES-192 和 AES-256 的计算轮数分别为 10、12、14。AES 通过使用更长的密钥来保证安全，在加密和解密速度上有所牺牲。

其他对称加密算法主要包括 IDEA、Blowfish、RC2、RC4、RC5、CAST 等。

9.3.3 非对称密码体制

1．非对称加密的概念

对称密码在应用中遇到的最大问题是密钥分配。1976 年，Whitfield Diffie 和 Martin Hellman 提出了公钥密码（又称为非对称加密）的概念。公钥密码的特征是加密与解密密钥不同，并且两个密钥之间无法互相推导。公钥密码体制提供 2 个密钥：公钥与私钥。其中，公钥是可公开的密钥；私钥是需严格保密的密钥。公钥密码体制使用的加密与解密算法公开。公钥密码对保密性、密钥分发与认证都有深远影响。

图 9-7 为公钥密码的工作模式。在数据加密应用中，发送方使用接收方的公钥对明文加密，接收方使用自己的私钥对密文解密；在数字签名应用中，发送方使用自己的私钥对明文加密，接收方使用发送方的公钥对密文解密。与对称加密技术相比，公钥加密的加密和解密速度比较慢。很多数论概念是设计公钥密码算法的基础，如素数与互为素数、费马定理、欧拉定理、中国余数定理、离散对数等。公钥加密算法的主要运算是模运算，包括模加、模乘、指数模运算等。

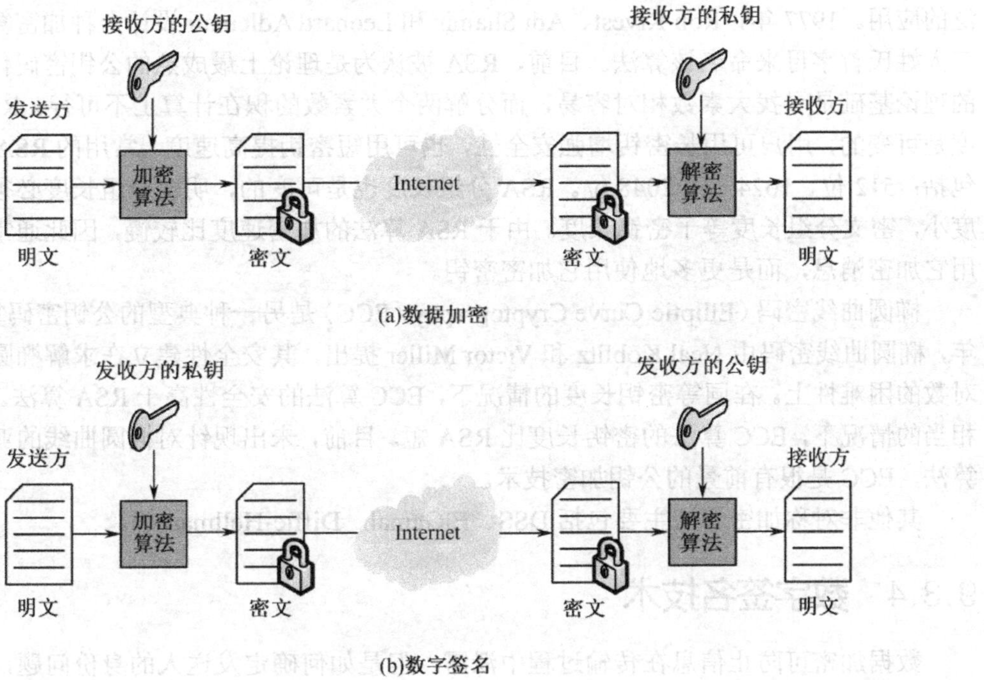

图 9-7　公钥密码的工作模式

除了提供数据加密功能外，公钥密码技术还能解决两个问题：密钥交换、数字签名。在不同的安全应用中，公钥与私钥的用途是不同的。表 9-1 给出了公钥密码的应用领域，可以看出，RSA 和 ECC 是应用领域最广的公钥密码技术。公钥密码的计算速度决定了它主要用于少量信息加密。

表 9-1　公钥密码的应用领域

公钥密码技术	主要应用领域
RSA	数据加密、数字签名与密钥交换
ECC	数据加密、数字签名与密钥交换
DSS	数字签名
ElGamal	数字签名
Diffie-Hellman	密钥交换

理解非对称加密的工作原理，需要注意以下 4 个问题：

① 在非对称密码体系中，公钥与私钥不同，并且从理论上证明由公钥分析出私钥在计算上是不可行的。因此，公钥可以公开，私钥需要保密。

② 如果以公钥作为加密密钥，可实现多个用户加密的数据，只能由持有私钥的那个用户解密，这样公钥密码可用于数据加密。

③ 如果以私钥作为加密密钥，可实现一个用户加密的数据，可以由持有公钥的多个用户解读，这样公钥密码可用于数字签名。

④ 非对称加密可极大简化密钥管理，网络中 n 个用户之间进行通信加密，仅需要使用 n 对密钥。

与对称加密相比，公钥加密的优势在于：私钥不需要发往任何地方，即使公钥在传送过程中被截获，由于没有与公钥相匹配的私钥，公钥对入侵者也没有太大意义。公钥加密的缺点是加密算法复杂，加密和解密的速度比较慢。

2．典型的非对称加密算法

RSA（Rivest Shamir Adleman）是一种典型的公钥加密算法，在网络安全领域中得到广泛的应用。1977 年，Ron Rivest、Adi Shamir 和 Leonard Adleman 设计一种加密算法，并用三人姓氏首字母来命名该算法。目前，RSA 被认为是理论上最成熟的公钥密码体制。RSA 的理论基础是寻找大素数相对容易，而分解两个大素数的积在计算上不可行。RSA 密钥长度是可变的，用户可用长密钥增强安全性，也可用短密钥提高速度。常用的 RSA 密钥长度包括：512 位、1024 位、2048 位。RSA 分组长度也是可变的，明文分组长度必须比密钥长度小，密文分组长度等于密钥长度。由于 RSA 算法的加密速度比较慢，因此通常不直接使用它加密消息，而是更多地使用它加密密钥。

椭圆曲线密码（Elliptic Curve Cryptography，ECC）是另一种典型的公钥密码算法。1985 年，椭圆曲线密码由 Neal Koblitz 和 Victor Miller 提出，其安全性建立在求解椭圆曲线离散对数的困难性上。在同等密钥长度的情况下，ECC 算法的安全性高于 RSA 算法。在安全性相当的情况下，ECC 算法的密钥长度比 RSA 短。目前，未出现针对椭圆曲线的亚指数时间算法，ECC 是很有前景的公钥加密技术。

其他非对称加密算法主要包括 DSS、ElGamal、Diffie-Hellman 等。

9.3.4 数字签名技术

数据加密可防止信息在传输过程中泄露，但是如何确定发送人的身份问题，需要使用数字签名技术来解决。

1. 数字签名的概念

亲笔签名是保证文件或资料真实性的一种方法。在网络环境中，通常使用数字签名来模拟日常生活中的亲笔签名。数字签名将发送方身份与信息相结合，保证信息在传输过程中的完整性，并提供信息发送方的身份认证，防止发送方的抵赖行为。目前，各国已制定相应的法律法规，将数字签名作为执法的依据。采用非对称加密（如 RSA 算法）作数字签名是最常用的方法。

数字签名需实现三项主要功能：① 接收方可核对发送方的签名，以确定对方身份；② 发送方在发送数据后，无法抵赖其发送行为；③ 接收方无法伪造发送方的签名。

2. 数字签名的工作原理

非对称加密算法使用两个密钥：一个是用来加密的公钥，任何用户都可获得公钥；另一个是用户自己保管的私钥，可对公钥加密的数据进行解密。RSA 算法的计算效率比较低，并对加密的数据长度有一定限制。在采用 RSA 算法进行数字签名前，通常先使用单向散列函数对签名信息进行计算，生成信息摘要，并对信息摘要进行签名。

下面用一个例子来说明单向散列函数的实现方法。对一段英文消息中“a、e、h、o”出现次数进行计数，生成的消息摘要值 H 取“a、e、h”出现次数的乘积，再加上“o”出现次数。那么，对于一句英文消息：

the combination to the safe is two, seven, thirty-five.

在这段英文消息中，a 出现次数为 2，e 出现次数为 6，h 出现次数为 3，o 出现次数为 4。那么，按照消息摘要生成规则：

$$H=(2\times6\times3)+4=40$$

如果有人截获这段消息，并把它修改为：

You are being followed, use back roads hurry.

在这段英文消息中，a 出现次数为 3，e 出现次数为 4，h 出现次数为 1，o 出现次数为 4。那么，按照消息摘要生成规则：

$$H' = (3\times4\times1)+4 = 16$$

显然，修改过的消息摘要值会发生变化。通过检查消息摘要值方法，可发现消息是否被人篡改。单向散列函数可对任意长的消息文生成定长的散列值。由于它生成的散列值具有唯一性，散列值经常被称为消息“指纹”，因此用单向散列函数可检测消息完整性。图 9-8 为数字签名的工作原理。

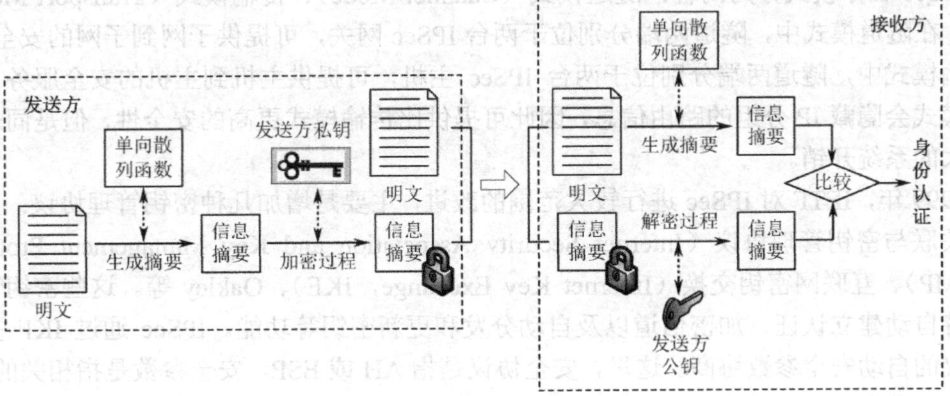

图 9-8　数字签名的工作原理

数字签名的工作过程如下：

<1> 发送方使用单向散列函数对消息进行计算，生成消息摘要。

<2> 发送方使用自己的私钥，利用非对称加密算法，对消息摘要进行数字签名。

<3> 发送方将消息和经过签名的消息摘要共同发送给接收方。

<4> 接收方使用相同的单向散列函数对消息进行计算，生成消息摘要。

<5> 接收方使用发送方的公钥对消息摘要进行解密。

<6> 接收方比较解密的信息摘要与计算出的消息摘要，判断消息是否被篡改。

常用的数字签名算法是消息摘要（Message Digest 5，MD5）。MD5 是 Rivest 提出的一种单向散列算法，可对任意长度的数据生成 128 位的散列值，也称为“不可逆指纹”。攻击者不能从 MD5 生成的散列值反向计算出原始数据。注意，MD5 算法并没有对数据进行加密操作，仅生成用于判断数据完整性的散列值。

9.4 网络安全协议

9.4.1 网络层安全和 IPSec

1. IPSec 安全体系结构

IPSec 是 IETF 为网络层通信安全制订的一个协议集，目前已被广泛应用于 VPN 系统中。IPSec 适用于各版本的 IP 协议（IPv4、IPv6），IPv4 将 IPSec 作为一种可选的扩展协议，IPv6 将 IPSec 作为组成部分来使用。IPSec 设计目标是为 IP 分组传输提供安全服务，如数据源身份认证、数据完整性认证与数据加密等。1995 年，RFC1825 至 RFC1829 定义了 IPSec。由于 IPSec 工作在网络层，因此各种应用层协议都可使用 IPSec。

IPSec 主要包括三部分：认证头（Authentication Header，AH）、封装安全负载（Encapsulating Security Payload，ESP）、密钥管理协议。其中，AH 协议可提供数据源身份认证、数据完整性认证，以及可选的抗重放数据包功能；ESP 协议可提供 AH 协议的所有功能与数据加密服务；密钥管理协议用于通信双方之间协商安全参数，如工作模式、认证或加密算法、密钥和生存期等。实际上，AH 和 ESP 协议都是网络层的安全协议，而密钥管理协议是应用层的安全协议。

IPSec 工作模式分为两种：隧道模式（Channel Mode）、传输模式（Transport Mode）。其中，在隧道模式中，隧道两端分别位于两台 IPSec 网关，可提供子网到子网的安全服务；在传输模式中，隧道两端分别位于两台 IPSec 主机，可提供主机到主机的安全服务。由于隧道模式会隐藏 IP 分组的路由信息，因此可提供比传输模式更高的安全性，但是同时会带来更大的系统开销。

1999 年，IETF 对 IPSec 进行较大范围的改进，主要是增加几种密钥管理协议：互联网安全关联与密钥管理协议（Internet Security Association and Key Management Protocol，ISAKMP）、互联网密钥交换（Internet Key Exchange，IKE）、Oakley 等。这些密钥管理协议支持自动建立认证、加密信道以及自动分发和更新密钥等功能。IPSec 通过 IKE 完成安全协议的自动安全参数协商。这里，安全协议是指 AH 或 ESP，安全参数是指相关的密钥、生存期、发布和更新方式等。

安全关联（Security Association，SA）是 IPSec 的重要概念。在基于 IPSec 的 VPN 系统中，数据的安全传输依靠的是专用的隧道，可以通过 AH 或 ESP 来建立。IKE 负责隧道相关安全参数的自动协商，这些参数主要包括：IPSec 模式、AH 或 ESP、认证与加密算法、密钥、生存期等。安全关联是一组上述安全参数的集合，每个安全关联都与一条隧道相关。安全关联主要有两个特点：安全关联描述了一种单向关系，如果通信双方的数据传输双向需要保护，则为输入与输出建立不同的安全关联；安全关联针对的是一种安全协议，如果节点同时使用 AH 与 ESP，则为 AH 与 ESP 建立不同的安全关联。

2. AH 的工作原理

AH 可工作在传输模式或隧道模式。图 9-9 是传输模式 AH 的工作原理。在传输模式下，生成的 AH 头直接插入原 IPv4 分组头的后面；对于 IPv6 协议，AH 头则是 IPv6 的扩展头一部分。

① 下一个头字段标识 AH 头部之后的头类型。AH 与 ESP 可组合使用，如果下一个头是 ESP 头，则下一个头字段值为 50。

② 净荷长度字段表示 AH 头部中认证数据长度。不同认证算法形成的数据长度不同。AH 头部长度是以 32 bit 为单位。如果 AH 头部长度（包括安全参数索引、序列号、认证数据）是 6，减去固定的长度 2，那么净荷长度字段值为 4。

③ 安全参数索引字段保存双方协商的密码算法、密钥及密钥生存期等参数。

④ 序列号字段是发送方为每个发送 IP 分组分配的序列号。接收方根据序列号确定该分组是否属于重放的 IP 分组。

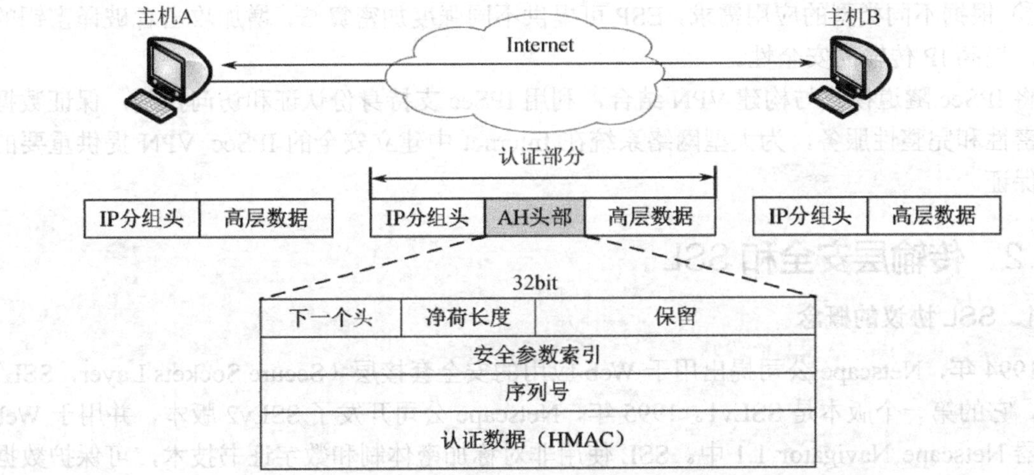

图 9-9　传输模式 AH 的工作原理

⑤ 认证数据字段是发送方根据消息认证码（MAC）为每个 IP 分组计算的 IP 分组完整性校验值（ICV）；接收方根据 ICV 值确定该分组在传输中是否被修改。

3. ESP 的工作原理

ESP 可工作在传输模式或隧道模式。图 9-10 是隧道模式 ESP 的工作原理。

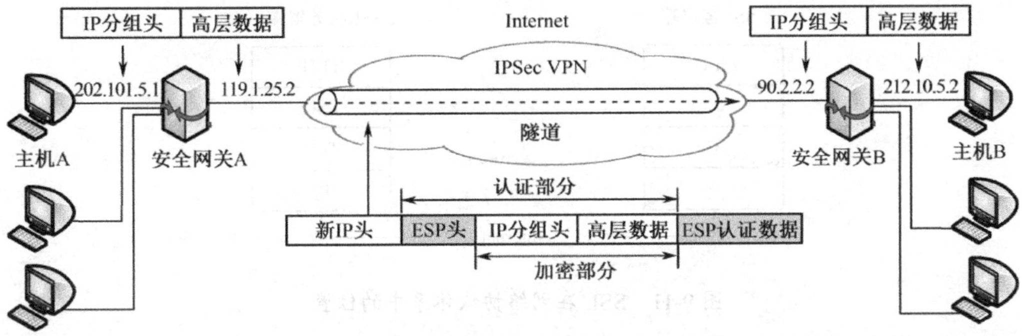

图 9-10　隧道模式 ESP 的工作原理

理解隧道模式 ESP 的工作原理，需要注意以下 5 点：

① 隧道模式一般通过安全网关来实现，由安全网关执行 ESP 协议。如果主机 A 与 B 通过安全网关 A 与 B 建立网络层安全连接，ESP 执行过程由安全网关 A 与 B 完成。这个过程对于主机 A 与 B 是透明的。

② 在隧道模式中，原始 IP 分组经过安全处理封装在新 IP 分组中。新的 IP 分组头中的源地址与目的地址分别为两个安全网关的 IP 地址。主机 A（202.101.5.1）发送给主机 B（212.10.5.2）的分组，经过安全网关 A 进入隧道传输时，新分组的 IP 地址使用安全网关 A（119.1.25.2）和安全网关 B（90.2.2.2）的 IP 地址。

③ 隧道模式采用 ESP 提供的主机认证和数据加密服务，加密和认证算法是由安全网关在建立安全关联过程中协商确定。

④ 对原始 IP 分组进行加密，可保证分组传输的安全性；对 ESP 头、加密的原始 IP 分组进行认证，可确认发送方与接收方身份的合法性。

⑤ 根据不同类型的应用需求，ESP 可提供不同强度加密算法，增加攻击者破译密钥的难度，提高 IP 传输的安全性。

将 IPSec 隧道模式与构建 VPN 结合，利用 IPSec 支持身份认证和访问控制，保证数据的秘密性和完整性服务，为大型网络系统在 Internet 中建立安全的 IPSec VPN 提供重要的技术保证。

9.4.2 传输层安全和 SSL

1. SSL 协议的概念

1994 年，Netscape 公司提出用于 Web 应用的安全套接层（Secure Sockets Layer，SSL）协议，它的第一个版本是 SSLv1。1995 年，Netscape 公司开发了 SSLv2 版本，并用于 Web 浏览器 Netscape Navigator 1.1 中。SSL 使用非对称加密体制和数字证书技术，可保护数据传输的秘密性和完整性。SSL 是最早应用于电子商务的一种安全协议。

同期，Microsoft 公司开发了类似的协议——PCT（Private Communication Technology）。Netscape 公司在 SSLv2 的基础上加以改进，并推出了 SSLv3 版本。鉴于 SSL 与 PCT 不兼容的现状，IETF 发布传输层协议（Transport Layer Security，TLS），希望推动传输层安全协议的标准化。RFC2246 对 TLS 协议进行详细描述。目前，世界各国网上支付系统广泛应用的仍是 SSLv3。图 9-11 给出了 SSL 在网络协议体系中的位置。

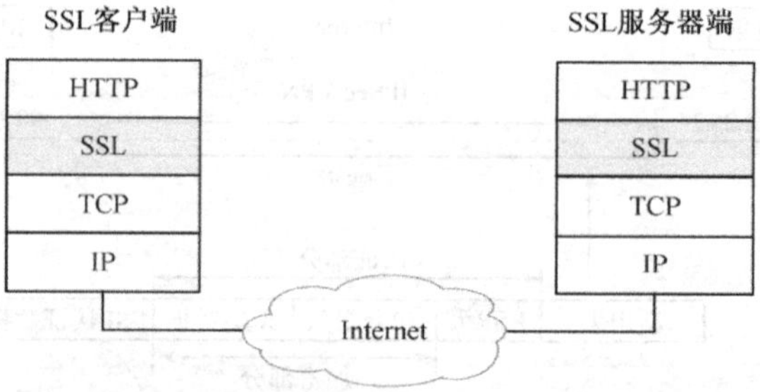

图 9-11 SSL 在网络协议体系中的位置

2. SSL 协议的特点

SSL 协议的特点主要表现在以下 5 方面。

① SSL 可用于 HTTP、FTP、TELNET 协议等，但是目前主要应用于 HTTP，为基于 Web 服务的各种网络应用的身份认证和安全传输提供服务。

② SSL 处于端系统的应用层与传输层之间，在 TCP 上建立一个加密的安全通道，为 TCP 的数据传输提供安全保障。

③ 当 HTTP 使用 SSL 时，HTTP 请求、应答格式与处理方法不变。不同之处在于：应用进程的数据经过 SSL 加密后，再通过 TCP 连接传输；在接收方的 TCP 软件将加密数据传送给 SSL 解密后，再发送给应用层的 HTTP。

④ 当 Web 系统采用 SSL 时，Web 服务器的默认端口号从 80 变换为 443，浏览器使用 “https” 代替常用的 “http”。

⑤ SSL 主要包含两个协议：SSL 握手协议（SSL Handshake Protocol）、SSL 记录协议（SSL Record Protocol）。其中，SSL 握手协议实现双方的加密算法协商和密钥传递；SSL 记

录协议定义 SSL 数据传输格式，实现对数据的加密和解密操作。

1995 年，开放源代码的 OpenSSL 软件包发布，目前已推出 OpenSSL 0.6.1 版，支持 SSLv3 和 TLSv1 版本。

9.4.3 应用层安全和 PGP、SET

1. PGP 协议

近年来，垃圾邮件、诈骗邮件、病毒邮件等问题，已经引起人们高度的重视。未加密的电子邮件在网络上很容易被截获，如果电子邮件未经过数字签名，则用户无法确定邮件是从哪里发送。为了解决电子邮件安全问题，可采用以下几种技术：端 - 端的邮件安全、传输层安全、邮件服务器安全、用户端安全邮件技术。目前，已出现一些邮件安全相关的协议和标准，如 PGP（Pretty Good Privacy）、S/MIME（Secure MIME）、MOSS（MIME Object Security Services）。

PGP 协议于 1995 年开发，包括电子邮件的加密、身份认证、数字签名等功能。PGP 用来保证数据传输过程的安全，它的设计思想与数字信封一致。图 9-12 给出了数字信封的工作原理。PGP 涉及两个加密过程：明文加密、对称密钥加密。首先，利用对称加密算法加密邮件内容，每次传输可重新生成新密钥。其次，利用公钥加密算法加密对称密钥，保证密钥传递的安全性。PGP 数字签名能保证邮件完整性、身份真实性和不可抵赖性，数据加密可保证邮件内容的机密性。

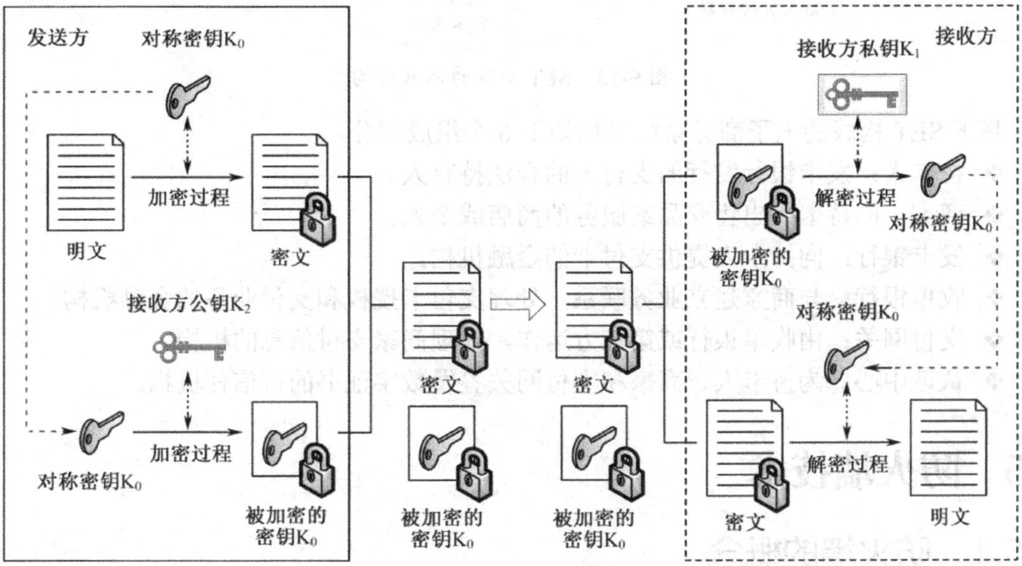

图 9-12　数字信封的工作原理

2. SET 协议

电子商务是以 Internet 环境为基础，在计算机系统支持下进行的商务活动。电子商务是基于浏览器/Web 服务器工作模式，实现网上购物和在线支付的新型商业模式。

基于 Web 的电子商务需要以下这些安全服务：① 鉴别贸易伙伴、持卡人的合法身份，以及交易商家身份的真实性；② 确保订购与支付信息的机密性；③ 保证在交易过程中数据不被篡改或伪造，确保信息的完整性；④ 运行在 TCP/IP 上，不抵制其他安全协议，不依赖特定硬件平台、操作系统。

1997 年，两家信用卡公司 VISA 和 MasterCard 共同提出了 SET 协议，并已成为目前公认、成熟的电子支付安全协议。SET 使用对称加密与公钥加密体制，以及数字信封、信息摘要与双重签名技术。SET 定义了体系结构、电子支付与证书管理过程。SET 的设计思想是：在持卡人、商家与银行之间建立可靠的金融信息传递关系，解决网络环境中的三方支付机制的安全性。图 9-13 给出了 SET 协议的体系结构。

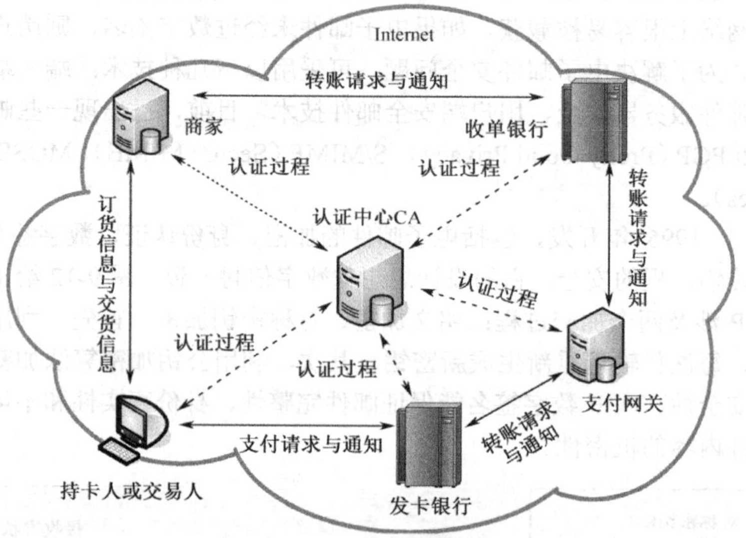

图 9-13　SET 协议的体系结构

基于 SET 构成的电子商务系统包括如下 6 个组成部分。

❖ 持卡人：发卡银行发行的支付卡的合法持有人。
❖ 商家：向持卡人出售商品或服务的商店或个人。
❖ 发卡银行：向持卡人提供支付卡的金融机构。
❖ 收单银行：与商家建立业务联系，处理支付卡授权和支付业务的金融机构。
❖ 支付网关：由收单银行或第三方运作，处理商家支付信息的机构。
❖ 认证中心：为持卡人、商家和支付网关签发数字证书的可信任机构。

9.5 防火墙技术

9.5.1 防火墙的概念

防火墙的概念起源于中世纪的城堡防卫系统，那时人们为了保护城堡的安全，在城堡周围挖一条护城河，每个进入城堡的人都要经过吊桥，并且要接受城门守卫的检查。人们借鉴这种防护思想，设计一种称为“防火墙”的网络安全防护系统。防火墙（Firewall）是在网络之间执行控制策略的系统，它包括硬件和软件。防火墙保护的内部网络是可信任网络（Trusted Network），外部网络是不可信任网络（Untrusted Network）。防火墙用于保护内部网络的资源不被外部非授权用户使用，防止内部受到外部非法用户的攻击。

图 9-14 是防火墙的位置和作用示意。

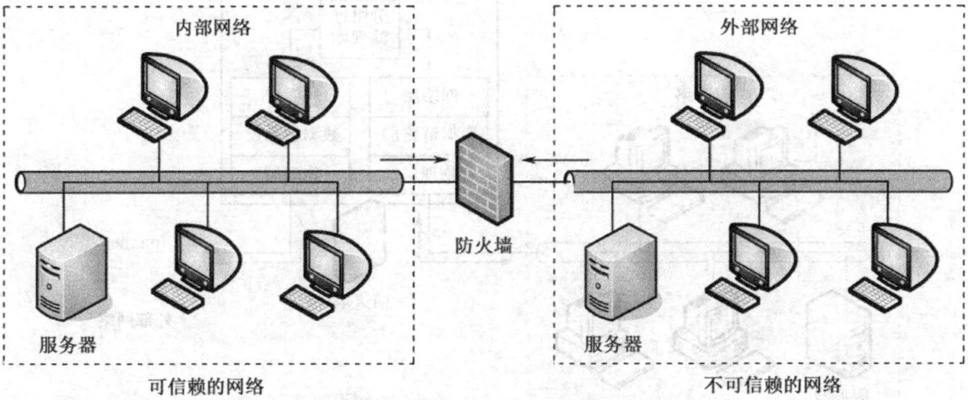

图 9-14　防火墙的位置与作用

防火墙提供以下 4 个主要功能：

❖ 检查所有从外部进入内部网络的数据包。

❖ 检查所有从内部网络流出外部的数据包。

❖ 执行安全策略，限制所有不符合安全策略的数据包通过。

❖ 具有防攻击能力，保证自身的安全性的能力。

从网络安全的角度，非法使用资源和破坏网络必然以合法身份，通过伪造正常网络数据包方式来进行。如果没有防火墙隔离内部与外部网络，内部网络中的节点都会直接暴露给外部网络，这样很容易遭到外部的非法用户攻击。防火墙通过检查进出网络的所有数据包，判断是否对网络安全构成威胁，为内部网络建立安全边界。

9.5.2　防火墙的分类

防火墙系统的两个基本部件是包过滤路由器（Packet Filtering Router）和应用级网关（Application Gateway）。简单的防火墙由一个包过滤路由器组成，复杂的防火墙系统由包过滤路由器和应用级网关的组合。

1. 包过滤路由器

包过滤路由器又称为屏蔽路由器（Screening Router），是被保护的内部网络与外部网络之间的第一道防线，如图 9-15 所示。路由器按设置的分组过滤规则（即访问控制表），检查每个分组的源地址、目的地址，决定该分组是否应转发。普通路由器只处理分组的 IP 头部，不处理传输层头部，而包过滤路由器会检查 TCP 头部的端口号。包过滤规则通常基于头部的部分或全部内容。例如，对于 TCP 头部，可以是源地址、目的地址、协议类型、源端口号、目的端口号、ACK 标识等。

假设网络安全策略规定：内部网络的 E-mail 服务器（IP 地址为 192.1.6.2，TCP 端口号为 25）可接收来自外部网络的电子邮件；允许内部用户向外部的 E-mail 服务器发送邮件；拒绝与外部网络中名为 TESTHOST 主机的所有连接。按照以上安全策略的规定，可用以下过滤规则来描述。

❖ 过滤规则 1：不允许来自 TESTHOST 主机的所有连接。

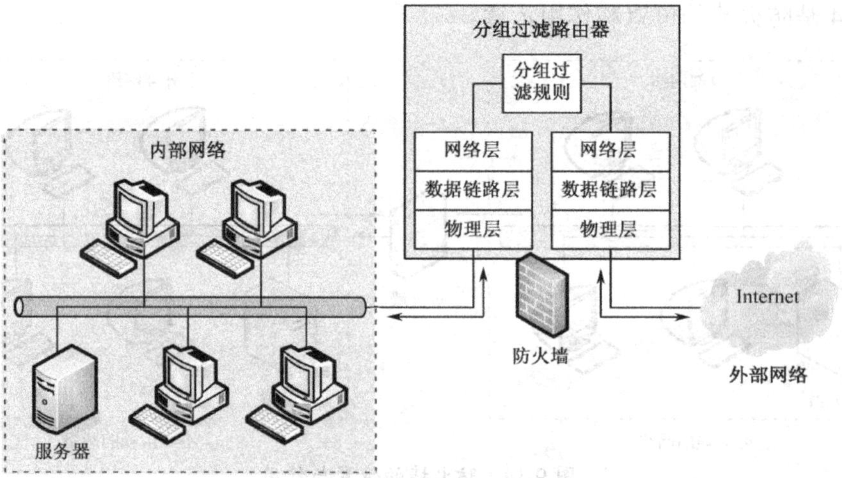

图 9-15　包过滤路由器的结构

❖ 过滤规则 2：不允许内部网络与 TESTHOST 主机的连接。
❖ 过滤规则 3：允许所有进入内部网络 SMTP 的连接。
❖ 过滤规则 4：允许内部网络 SMTP 与外部网络的连接。

包过滤方法的优点是：结构简单，便于管理，造价低。由于包过滤在网络层、传输层进行操作，这种操作对应用层是透明的。包过滤方法的缺点是：包过滤规则配置困难，工作在“内部可靠、外部不可靠”的假设上，只能控制到主机级，无法涉及用户级，因此存在很大的局限性。

2．应用级网关

多归属主机（Multi-homed Host）又被称为多宿主主机，是拥有多个网络接口的主机，如图 9-16 所示。多归属主机有两个或两个以上的网络接口，每个网络接口与一个网络连接。由于具有在不同网络之间交换数据的能力，因此多归属主机也被称为网关（Gateway）。但是，如果将多归属主机应用于身份认证与服务合法性检查，这类有防火墙作用的多归属主机通常被称为“应用级网关”。

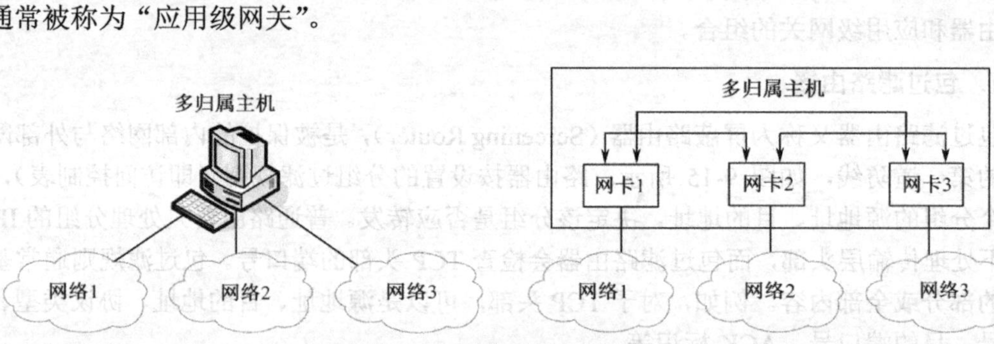

图 9-16　多归属主机的结构

如果多归属主机仅连接两个网络，则它被称为双归属主机（Dual-homed Host）。双归属主机可用于网络安全与网络服务代理。只要能确定应用程序访问控制规则，可采用双归属主机作为应用级网关，在应用层过滤进出网络的特定服务请求。如果网关认为服务请求与响应合法，则将服务请求与响应转发给相应的服务器。如果网关认为服务请求和响应非法，则拒绝用户请求并丢弃相应的数据。图 9-17 给出了应用级网关的工作原理。

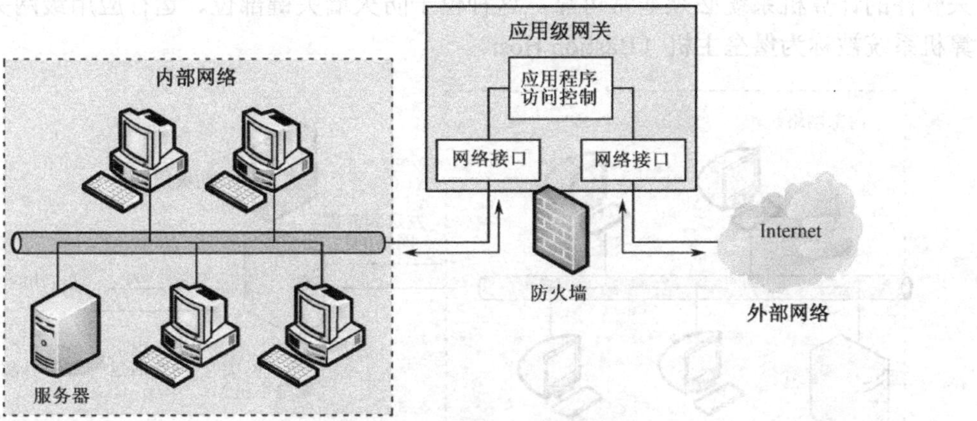

图 9-17　应用级网关的工作原理

应用代理（Application Proxy）是应用级网关的另一种形式。应用级网关是以存储转发方式，检查服务请求的用户身份是否合法，决定转发还是丢弃该服务请求。应用代理与应用级网关的不同之处在于：应用代理完全接管用户对服务器的访问，隔离用户主机与被访问服务器之间的数据交换通道。

图 9-18 是应用代理的工作原理。在实际应用中，代理功能由代理服务器（Proxy Server）来实现。例如，如果外部用户访问内部的 Web 服务器，代理服务器截获用户服务请求，经过检查后确定为合法用户，代替该用户与 Web 服务器建立连接，并将结果发送给请求服务的用户。对于外部网络用户，就像"直接"访问 Web 服务器，而实际访问的是代理服务器。

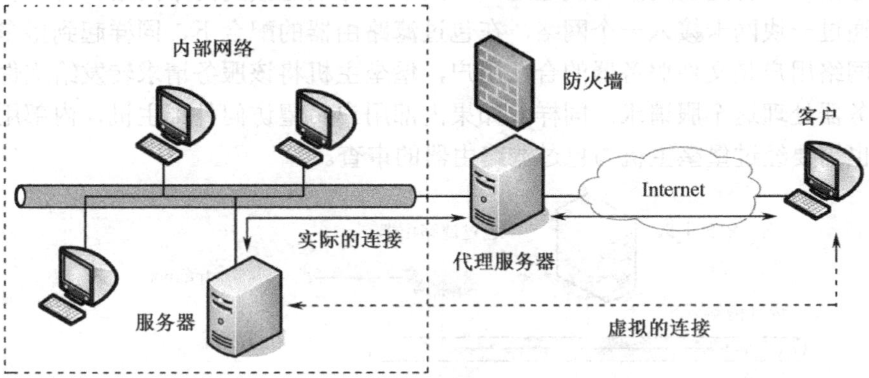

图 9-18　应用代理的工作原理

9.5.3　防火墙系统结构

防火墙是一个由软件与硬件组成的系统。不同网络的安全策略和防护目标不同，造成防火墙配置与实现方式有很大区别。实际的防火墙系统比原理讨论的问题复杂，通常将包过滤路由器与应用级网关作为基本单元，采用多级结构和多种组态。

1．堡垒主机的概念

从理论上来说，用一个双归属主机作为应用级网关，就可以起到防火墙的作用。图 9-19

给出了应用级网关结构的防火墙。这里，应用级网关完全暴露给外部网络，运行应用级网关软件的计算机系统必须非常可靠。这种位于防火墙关键部位、运行应用级网关软件的计算机系统被称为堡垒主机（Bastion Host）。

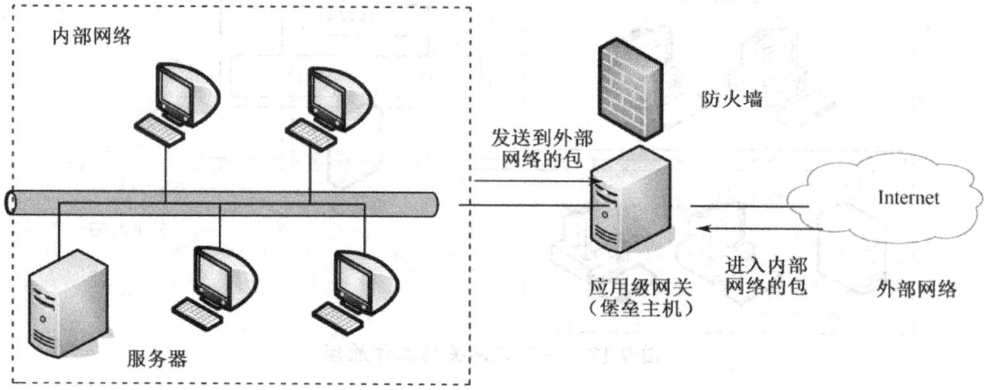

图 9-19 应用级网关结构的防火墙

2．防火墙系统结构分析

任何一种结构的防火墙系统都由包过滤路由器与应用级网关组合而成。为了讨论方便，引入一些符号来简化防火墙系统的表示方法。例如，符号 S 表示包过滤路由器，B1 表示有一个网络接口的堡垒主机，B2 表示有两个网络接口的堡垒主机。

（1）S-B1 防火墙系统结构

图 9-20 给出了 S-B1 防火墙系统结构。在实际的防火墙应用中，堡垒主机可以有两种具体实现方案。一种是应用级网关通过两个网卡，分别连接到两个网络。另一种结构更简单，只需通过一块网卡接入一个网络，在包过滤路由器的配合下，同样起到堡垒主机的作用。如果网络用户是文件服务器的合法用户，堡垒主机将该服务请求转发给文件服务器，由文件服务器处理这个服请求。同样，如果内部用户希望访问外部主机，内部用户发出的服务请求也需要经过堡垒主机与包过滤路由器的审查。

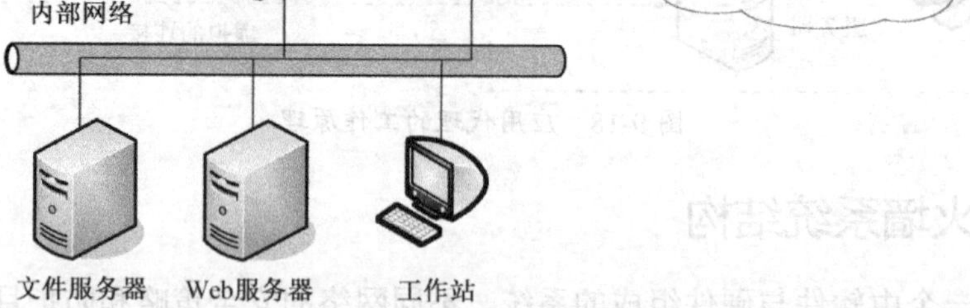

图 9-20 S-B1 防火墙系统结构

（2）多级结构防火墙系统

对于安全要求更高的应用，可采用两个包过滤路由器和两个堡垒主机组成的 S-B1-S-B1 防火墙系统，如图 9-21 所示。

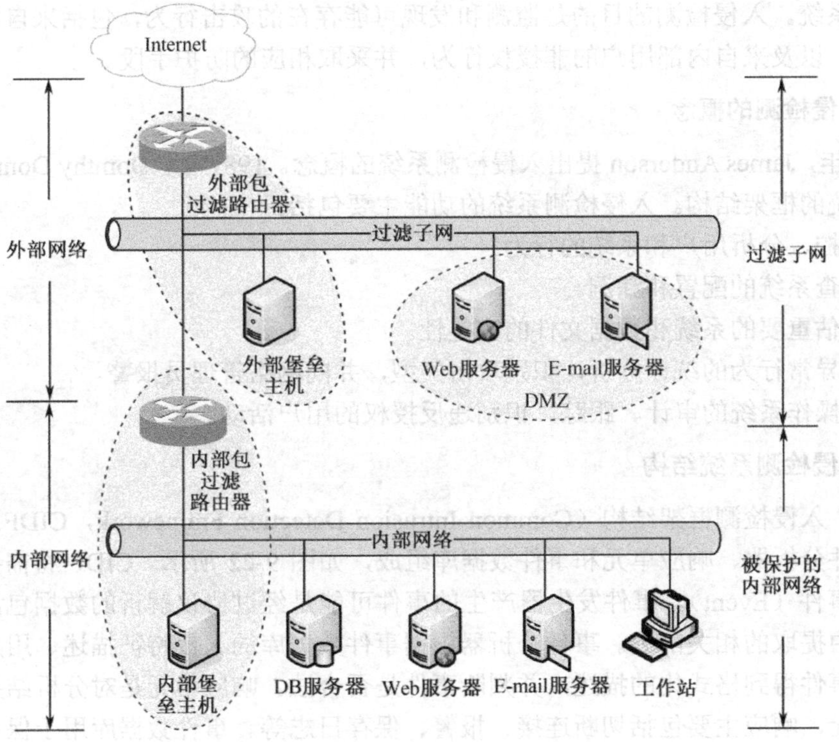

图 9-21　S-B1-S-B1 防火墙系统结构

外包过滤路由器开始部分由网络系统所属的单位组建，因此属于单位的内部网络。外包过滤路由器与外堡垒主机构成防火墙的过滤子网。内包过滤路由器与内堡垒主机用于进一步保护内部网络中的主机。用户通常将必须向外部提供服务，并且安全要求相对较低的服务器（如 E-mail 服务器）连接在过滤子网，而将安全要求较高的服务器连接在内部网络中。

过滤子网也被称为安全缓冲区或非军事区（Demilitarized Zone，DMZ）。DMZ 是指一个公共访问区域，任何非敏感、可直接访问的服务器可放在 DMZ 中，如对外宣传用的 Web 服务器或接收邮件的 E-mail 服务器。DMZ 中的服务器是公开的，容易受到攻击，但是已对放置在公共区域的服务器安全，以及出现攻击做好应急处置预案，同时 DMZ 与内部网络已实现防火墙保护下的逻辑隔离，DMZ 中服务器的安全状况对内部网络的安全不构成威胁。

在讨论多级防火墙结构时，需要注意以下两个问题。① 外部用户希望访问内部网络的服务，经过多个包过滤路由器和堡垒主机的审查，减小非法用户进入内部网络的可能性，代价是网络造价提高和访问速度降低。② 在实际的防火墙产品设计中，设计人员经常将地址转换、加密传输、入侵检测等功能加入到防火墙中，以增强网络安全防护的能力。

9.6　入侵检测技术

9.6.1　入侵检测的概念

入侵检测系统（Intrusion Detection System，IDS）是识别对计算机和网络资源的恶意使用行为的系统。入侵检测的目的是监测和发现可能存在的攻击行为，包括来自系统外部的入侵行为，以及来自内部用户的非授权行为，并采取相应的防护手段。

1．入侵检测的概念

1980 年，James Anderson 提出入侵检测系统的概念。1987 年，Domthy Donning 提出入侵检测系统的框架结构。入侵检测系统的功能主要包括：

- ❖ 监控、分析用户和系统的行为。
- ❖ 检查系统的配置和漏洞。
- ❖ 评估重要的系统和数据文件的完整性。
- ❖ 对异常行为的统计分析，识别攻击类型，并向网络管理员报警。
- ❖ 对操作系统的审计、跟踪，识别违反授权的用户活动。

2．入侵检测系统结构

通常，入侵检测框架结构（Common Intrusion Detection Framework，CIDF）由事件发生器、事件分析器、响应单元和事件数据库组成，如图 9-22 所示。CIDF 将需要分析的数据统称为事件（Event）。事件发生器产生的事件可能是经过协议解析的数据包，或者是从日志文件中提取的相关部分。事件分析器根据事件数据库的入侵特征描述、用户行为模型等，解析事件得到格式化的描述，并判断事件是否合法。响应单元是对分析结果做出响应的功能单元，响应主要包括切断连接、报警、保存日志等。事件数据库用于保存攻击类型数据或检测规则等信息。

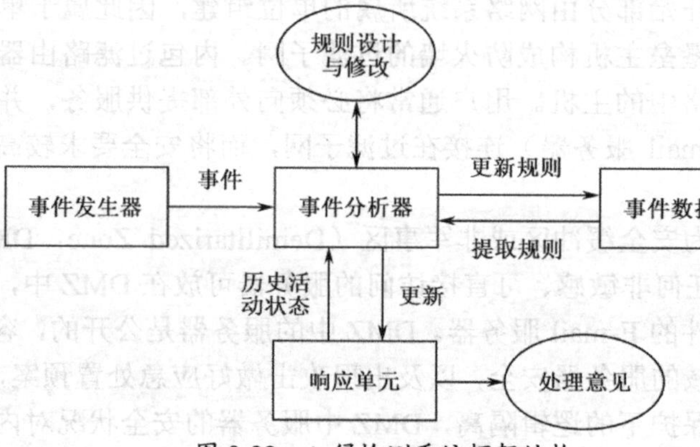

图 9-22 入侵检测系统框架结构

9.6.2 入侵检测的分类

1．入侵检测方法分类

入侵检测系统的核心功能通过分析各种事件，从中发现违反安全策略的行为。按照采用的检测方法，入侵检测系统可分为异常检测、误用检测，以及它们的结合。

异常检测是指已知网络的正常活动状态，如果当前状态不符合正常状态，则认为有攻击行为发生。异常检测的关键是建立一个对应正常网络活动的特征原型。所有与特征原型差别很大的行为均被视为异常。显然，入侵活动与异常活动是有区别的，关键问题是如何选择一个区分异常事件的阈值，减少漏报和误报的问题。在用户数量多、运行状态复杂的环境中，用逻辑方法明确划分正常和异常行为是困难的。

误用检测系统是建立在使用特征描述方法，能对任何已知攻击进行表达的基础上。误用检测系统的主要问题是：如何确定定义的攻击特征模式覆盖与实际攻击相关的所有要素，以及如何对入侵活动特征进行匹配。根据入侵者的某些行为特征建立入侵行为模型。如果用户的行为与入侵模型一致，则判定入侵行为发生。

2．入侵检测系统分类

按照检测对象和基本方法，入侵检测系统可分为：基于主机的入侵检测系统、基于网络的入侵检测系统、分布式入侵检测系统。

基于主机的入侵检测系统的主要任务是保护单个计算机系统，通常以系统日志作为数据来源。由于审计的信息来自单个主机，它能确定参与攻击的进程或用户，并且能预见本次攻击的后果，因此这类系统的分析结果相对准确。

基于网络的入侵检测系统通常被动地在网络上监听整个网段的数据流，通过数据分析、异常检测或特征比较，发现网络入侵事件。这类系统通常采用以下 4 种识别方式：模式、表达式或字节匹配，频率或阈值，事件的相关性，统计意义上的非正常现象检测。

分布式入侵检测系统由分布在网络不同位置的检测部件组成，分别进行数据采集，通过控制中心进行数据汇总和分析，并产生入侵报警信号。分布式入侵检测系统不仅能检测到针对单个主机的入侵，也能检测到针对整个网络的入侵。

9.6.3 蜜罐的概念

蜜罐（Honey-pot）是一个包含漏洞的诱骗系统，通过模拟一台主机、服务器或其他网络设备，为攻击者提供一个容易攻击的目标，诱骗攻击者对它发起攻击并攻陷它。

蜜罐系统的设计目标主要包括如下 3 方面：

① 转移攻击者对有价值资源的注意力，使攻击者误认为是真正的网络设备，从而保护网络中的有价值资源。

② 通过收集、分析攻击者的攻击目标、行为和破坏方式等，了解网络安全状态，研究相应的对策。

③ 记录入侵者的行为和操作过程，为起诉入侵者搜集有用的证据。

从应用目标的角度，蜜罐系统可分为两类：研究型蜜罐、实用型蜜罐。其中，研究型蜜罐的部署与维护都很复杂，主要用于科研、军事领域或重要政府部门。实用型蜜罐作为商业性的产品，主要用于大型企业或机构的安全保护。

从系统功能的角度，蜜罐系统可分为三类：端口监控器、欺骗系统、多欺骗系统等。其中，端口监控器是一种简单的蜜罐，负责监听攻击者发起攻击的目标端口，并记录连接过程的所有数据；欺骗系统在端口监控器的基础上，模拟一种入侵者所需的网络服务，像真实系统那样与入侵者进行交互；多欺骗系统与一般的欺骗系统相比，可以模拟多种网络服务与多种操作系统。

9.7 恶意代码及防护技术

9.7.1 恶意代码的演变

恶意代码（Malicious Code）是在计算机之间或网络之间传播的程序，目的是在用户和网络管理员不知情的情况下故意修改系统。恶意代码具有三个共同特征：恶意的目的，本身是程序，通过执行产生作用。恶意代码早期主要的形式是计算机病毒。目前，恶意代码主要包括以下几种类型：计算机病毒、网络蠕虫、特洛伊木马、脚本攻击代码，以及垃圾邮件、流氓软件等形式。近年来，恶意代码与网络攻击呈融合的趋势，变种速度快，检测难度增加。同时，恶意代码的传播途径主要集中在：利用操作系统或应用软件的漏洞，通过浏览器传播，以及利用用户的信任关系等。

1．恶意代码事件

在恶意代码演变过程中，以下几个事件具有代表性。

（1）第一个可感染 PC 的病毒

1982 年，出现第一个感染 PC 的病毒，它是在 Apple-II 上编写，可通过软盘传播。编写这个病毒程序是一名美国中学生，当第 50 次使用感染磁盘启动系统时，屏幕上会显示病毒编写者写的一首诗。

（2）第一个木马程序

1986 年，出现第一个木马程序，伪装成当时流行的字处理软件 PC-Write。当用户运行该木马程序时，文件分配表被删除，同时硬盘被格式化。

（3）第一个网络蠕虫

1988 年，出现第一个蠕虫（Morris）。这种蠕虫利用 UNIX 操作系统漏洞。1988 年 11 月 2 日，网络管理人员发现不明入侵者；11 月 3 日，已有 6200 台运行 UNIX 操作系统的 VAX 机、SUN 工作站瘫痪。Morris 造成经济损失近亿美元。

（4）第一个 Windows 病毒

1992 年，出现第一个 Windows 病毒（Win.Vir_1_4），专门感染 Windows 可执行文件。

（5）第一个宏病毒

1995 年，出现第一个宏病毒（WM.Concept）。当被感染的 Word 文档打开时，病毒执行并修改文件名、封闭相关菜单，以及造成文件无法编辑等问题。

（6）第一个 Linux 病毒

1996 年，出现第一个 Linux 病毒（Staog），专门感染 Linux 可执行文件。

（7）第一个有远程控制能力的木马

1998 年，出现第一个可远程控制的木马（BO），它由美国一个黑客组织发布，可通过 Internet 操控远程计算机。

2．恶意代码的发展阶段

从 1986 年第一个可自我复制的病毒出现，恶意代码大致经历四个发展阶段。

（1）第一代：DOS 病毒（1986—1995 年）

DOS 病毒通过磁盘等存储介质传播，感染 PC 的 DOS 操作系统和应用程序。这个阶段出现的 DOS 病毒约为 12000 种。

（2）第二代：宏病毒（1995—2000 年）

随着 Windows 95 操作系统出现，病毒编写者转向 Microsoft Office 宏语言，随之出现第二代宏病毒。这段时间共出现上万种宏病毒，但其传播速度是 DOS 病毒的 3～4 倍。

（3）第三代：网络蠕虫（1999—2004 年）

1999 年 Morris、2000 年"I Love You"、2003 年 SoBig、2004 年 Mydoom，它们标志着第三代网络蠕虫的兴起。它们大量通过垃圾邮件群发，利用系统漏洞快速传播，感染的用户数 1～2 小时就增长一倍。

（4）第四代：趋利性恶意代码（2005 年至今）

第四代恶意代码的产生充分表现出趋利性的动机：恶意代码制作者寻找各种获利手段，从垃圾邮件、点击广告获得收入，进而发展到窃取信用卡、公司机密。恶意代码的攻击目标转向无线网络。大规模僵尸网络的出现，极大地增加恶意代码的危害性。传播途径不再主要依赖传统的病毒和蠕虫，而是利用各种信息传播渠道与社交网络。近年来，很多病毒和蠕虫开始结合了木马的功能。

9.7.2 计算机病毒的概念

计算机病毒（Computer Virus）是指侵入计算机或网络系统，具有感染性、潜伏性、破坏性等特征的程序。由此可见，计算机病毒是由生物学产生的计算机术语。1983 年，Fred Cohen 设计一个有破坏性的程序，它在 30 分钟就能使 UNIX 系统瘫痪，通过实验证明计算机病毒的存在，并认识到病毒对计算机系统的破坏性。1987 年，C-BRAN 是世界公认的第一个计算机病毒，编写该病毒的目的是防止商业软件被随意复制。

针对计算机病毒曾经出现很多种定义。例如，计算机病毒是一种人为的制作，带有隐蔽性、潜伏性、传播性和破坏性等特征的程序。1994 年，在我国正式颁布的《中华人民共和国计算机安全保护条例》中，对计算机病毒给出一个明确的定义：计算机病毒是指在计算机程序中插入，破坏计算机功能或毁坏数据、影响计算机的使用，并能自我复制的一组计算机指令或程序代码。除了与其他程序一样可存储与运行外，计算机病毒具有感染性、潜伏性、触发性、破坏性、衍生性等特点。随着计算机病毒的发展和演变，针对计算机病毒的定义一直在进行调整。

传染性是计算机病毒的一个基本特性。从计算机病毒产生至今，其主要传播途径有两种：移动存储介质、计算机网络。在计算机网络没有普及的年代，移动存储介质主要是软盘与光盘。由于光盘具有存储容量较大的特点，计算机病毒在盗版光盘猖獗时期，主要通过光盘存储的软件或游戏来传播。随着移动存储技术的快速发展，U 盘、移动硬盘、存储卡等设备广泛应用，逐渐成为计算机病毒的主要目标。

随着计算机网络特别是互联网快速发展，计算机网络逐渐成为病毒主要传播途径，导致病毒传播速度更快与危害范围更广。计算机病毒主要利用各种网络协议或命令，以及计算机或网络漏洞来传播。近年来，病毒的网络传播对用户带来越来越大影响。例如，2005 年的"灰鸽子"，2006 年的"熊猫烧香"，2008 年的"震荡波"，这些病毒让用户见识了网络传播的威力。有些病毒同时利用上述两种途径，传播速度更快。另外，几乎每种病毒的都曾衍生出几十甚至几百个不同变种。

计算机病毒生命周期通常分为四个阶段：休眠、传播、触发、执行。在休眠阶段，计算机病毒并不执行操作，而是等待被某些事件激活，例如到某个日期、启动某个进程、打开某个文件等。在传播阶段，病毒将自身副本植入其他程序，这个副本可能变型应对检测。每个被感染的程序都包含病毒副本，而这些副本会自动向其他程序传播。在触发阶段，计算机病毒被某些事件激活，这时将会进入执行阶段。这时，计算机病毒执行预先设定的功能，这些功能可能是无害的行为，也可能具有很大的破坏性。

9.7.3 网络蠕虫的概念

网络蠕虫（Network Worm）在设计上与计算机病毒类似，有时被认为是计算机病毒的一个子类。蠕虫是从一台计算机传染到另一台计算机。网络蠕虫的最大优势表现在：自我复制与大规模传播能力。例如，当某个用户感染邮件蠕虫后，蠕虫将向联系人列表中的用户发送恶意邮件，并将蠕虫代码作为邮件附件传播。在针对蠕虫的多种定义中，多数强调的是蠕虫自身的主动性和独立性。蠕虫的权威定义是：一种无须用户干预、依靠自身复制能力、自动通过网络传播的恶意代码。

在蠕虫的发展过程中，主要经历两个发展阶段。第一个阶段是互联网发展阶段。随着互联网应用的快速发展，电子邮件作为互联网的典型应用，蠕虫利用它作为主要传播媒介。另外，计算机软件的复杂度越来越高，安全漏洞被利用成为蠕虫的传播接口。第二个阶段是移动互联网发展阶段。随着社交网络应用的快速发展，通过基于社交网络的欺骗手段，攻击者更容易诱使用户感染蠕虫。

蠕虫和计算机病毒之间的区别主要表现在以下 5 方面：

- 蠕虫是独立的程序，而病毒是寄生到其他程序中的一段程序。
- 蠕虫通过漏洞进行传播，而病毒是通过复制自身到宿主文件来传播。
- 蠕虫感染计算机，而病毒感染计算机的文件系统。
- 蠕虫会造成网络拥塞甚至瘫痪，而病毒破坏计算机的文件系统。
- 防范蠕虫可通过及时修复漏洞的方法，而防治病毒需要依靠杀毒软件来查杀。

9.7.4 木马程序的概念

特洛伊木马（Trojan Horse）通常简称“木马”，名字来源于古希腊神话“木马屠城记”，后来被引用为后门程序的代名词，特指为攻击者打开计算机后门的程序。木马是常见的网络攻击或渗透技术之一，在网络攻击过程中具有重要作用。虽然各种木马程序的功能不同，但它们的基本结构相似，本质上都是一种 C/S 程序，与普通网络程序没有多少区别。在网络安全领域中，木马可以被定义为：伪装成合法程序或隐藏在合法程序中的恶意代码，这些代码本身可能执行恶意行为，或者为非授权访问系统的提供后门。

木马程序通常不感染其他文件，它只是伪装成一种正常程序，并且随着其他程序安装在计算机中，但是用户不知道该程序的真实功能。木马与蠕虫的区别主要是：木马通常不对自身进行复制，而蠕虫对自身大量复制；木马通常依靠骗取用户信任来激活，而蠕虫自行在计算机之间进行传播，这个过程并不需要用户介入。例如，某个用户接收到包含木马的邮件，用户执行邮件附件时被安装木马程序，攻击者可通过该程序进入并控制计算机。大多数木马以收集用户的个人信息为主要目的。

早期的木马经常采用替代系统合法程序、修改系统合法管理命令等手段。例如，利用修改的 Login 命令替换系统原有命令，攻击者可通过修改后的 Login 进入系统。这种木马虽然功能简单、实现技术容易，但某些设计思想仍影响着现代木马。1984 年，Ken Thompson 提出在编译器源代码中增加木马代码，从而影响通过该编译器编译的所有源程序。2005 年，Sony 公司的数字版权软件被披露包含 Rootkit，它是可被攻击者用来隐藏踪迹、保留访问权限、预留后门的一个工具集。

木马技术在隐蔽性与功能方面不断完善。从最早的木马出现至今，木马的发展大致可以划分为六代。第一代木马出现在网络发展的早期，以窃取系统密码为主要目的。第二代木马通常采用客户机/服务器模式，被控端作为服务器自动打开某个端口，提供远程文件操作、命令执行等功能。第三代木马在功能上与第二代木马类似，但是可能采用 ICMP 等协议或使用反向连接技术，在隐蔽性方面有很大的改进。第四代木马的变化主要体现在隐藏技术上，常见手段包括内核嵌入、远程插入线程、嵌入 DLL 等。第五代木马利用了普遍存在的软件漏洞，使木马与病毒结合更加紧密，该阶段的典型木马是网页木马。第六代木马普遍应用 Rootkit 技术，进入系统核心层 Ring0 级，使得木马程序能够深度隐藏。

9.7.5 网络防病毒技术

网络防病毒是网络管理员和网络用户很关心的问题。网络防病毒技术是网络应用系统设计中必须解决的问题之一。

1．网络防病毒软件的功能

网络防病毒需要从两方面入手：工作站与服务器。为了防止病毒从工作站侵入，可以采取以下措施：使用无盘工作站、带防病毒芯片的网卡、单机防病毒卡或网络防病毒软件。目前，用于网络环境的防病毒软件很多，其中多数是运行在文件服务器，可同时检查服务器和工作站病毒。由于实际网络中可能有多个服务器，为了方便对多服务器的管理，可将多个服务器组织在一个域中，管理员只需在主服务器上设置扫描方式，即可检测域中的多个服务器或工作站。

网络防病毒软件通常提供三种扫描方式：实时扫描、预置扫描、人工扫描。实时扫描要求连续不断地扫描文件服务器；预置扫描可在预先选择的时间扫描文件服务器；人工扫描可在任何时候扫描指定的目录和文件。当网络防病毒软件在服务器中发现有病毒时，扫描结果可保存在查毒记录文件中，并通过两种方法处理染毒文件。一种方法是更改染毒文件扩展名，使用户无法找到染毒文件，并提示网络管理员处理染毒文件；另一种方法是将染毒文件移到特殊目录下。

网络防病毒系统通常包括以下几部分：客户端防毒软件、服务器端防毒软件、针对群件的防毒软件、针对黑客的防毒软件。其中，客户端防毒软件除了可检查一般文件外，还可检查用 ZIP、ARJ 等软件压缩的文件；服务器端防毒软件主要用于保护服务器，并防止病毒在用户网络内部传播；针对黑客的防毒软件可通过 MAC 地址与权限列表的严格匹配，控制可能出现的用户越权行为。

2．网络防病毒系统的结构

网络防病毒系统通常包括以下四个子系统：系统中心、服务器端、工作站、管理控制台。每个子系统均包括若干不同模块，除了承担各自的任务外，还要与其他子系统通信、协同工作，共同完成对网络病毒的防护工作。

（1）系统中心

系统中心是网络防病毒系统中的核心部分，实时记录防病毒系统中每台主机的病毒检测和清除信息。系统中心根据管理控制台的设置，实现对整个防病毒系统的自动控制，其他子系统在系统中心工作后，才能实现各自的病毒防护功能。

（2）服务器端

服务器端是专门为网络服务器设计的防病毒子系统，负责服务器病毒的实时监控、检测与清除任务，自动向系统中心报告病毒监测情况。

（3）客户端

客户端是专门为网络工作站设计的防病毒子系统，负责工作站病毒的实时监控、检测和清除任务，自动向系统中心报告病毒监测情况。

（4）管理控制台

管理控制台是专门为网络管理员设计，用于配置网络防病毒系统的操作平台。管理控制台集中管理所有安装防病毒客户端的主机。管理控制台可安装在服务器或客户机中，它可根据网络管理员的需要来决定。

9.8 网络管理技术

9.8.1 网络管理的概念

网络管理的历史起源于对电信网络的管理。1969 年，随着 ARPANET 诞生，针对计算机网络的管理技术开始研究。网络管理的目标是通过合理的网络配置与安全策略，保证网络安全、可靠、连续与正常运行，当网络出现异常时及时响应并排除故障；通过网络状态监控、资源统计与性能分析，对网络做出及时调整与扩充，以便优化网络性能。

网络管理的定义主要分为两种：广义和狭义的定义。狭义的网络管理是指对网络通信量的管理；广义的网络管理是指对网络应用系统的管理。我们讨论的是广义的网络管理，是指用于运营、管理与维护一个网络，以及提供网络服务所需的各种活动的总称。这种定义可概括为 OAM&P。其中，O 是运营（Operation），A 是管理（Administration），M 是维护（Maintenance），P 是提供（Provisioning）。这是网络管理的一个比较权威的定义。

广义的网络管理通常涉及以下 3 方面。

❖ 网络提供：通过提供新服务类型增加网络服务，或通过增加新设备提高网络性能。

❖ 网络维护：通过性能监控、故障诊断和恢复等，保证网络可靠、连续地运行。

❖ 网络处理：通过分析网络通信量、设备利用率等，优化网络资源使用效率。

随着网络规模扩大和网络结构的日趋复杂，用户对网络管理的需求也不断提高。为了支持不同网管系统之间的互操作，网络管理需要有一个国际标准。目前，很多国际组织致力于网管标准的制定。ISO 定义的网管模型包括 4 部分：组织模型、信息模型、通信模型、功能模型。其中，组织模型描述网管系统的组成和结构，信息模型描述网管系统的对象命名，通信模型描述网管系统使用的管理协议，功能模型描述网管系统的主要功能。

网管系统的管理操作是对管理对象的操作，首先需要解决的问题是如何表示管理对象。

信息模型用于描述管理对象格式，以及各管理对象之间的关系。信息模型涉及 3 个重要概念：管理信息结构（Structure of Management Information，SMI）、管理信息库（Management Information Base，MIB）、管理信息树（Management Information Tree，MIT）。其中，SMI 定义表示管理信息的语法，使用 ASN.1 语言来描述；MIB 存储管理对象的信息，其中的对象是由 MIT 来定义。

MIT 是用于定义管理对象的树状结构。管理对象唯一地定义在树状结构中，每个对象是树中的一个节点，括号中的整数是对象标识符。MIT 允许通过定义子树扩展功能。图 9-23 为管理信息树的结构。其中，根节点下的 iso 是 ISO 组织，org 是 ISO 认可的组织，dod 是美国国防部的研究机构，Internet 是 Internet 相关应用，mgmt 是 MIB 库。根据这种命名规则，1.3.6.1 表示 Internet，1.3.6.1.2.1 表示 MIB，1.3.6.1.2.1.11 表示 SNMP。

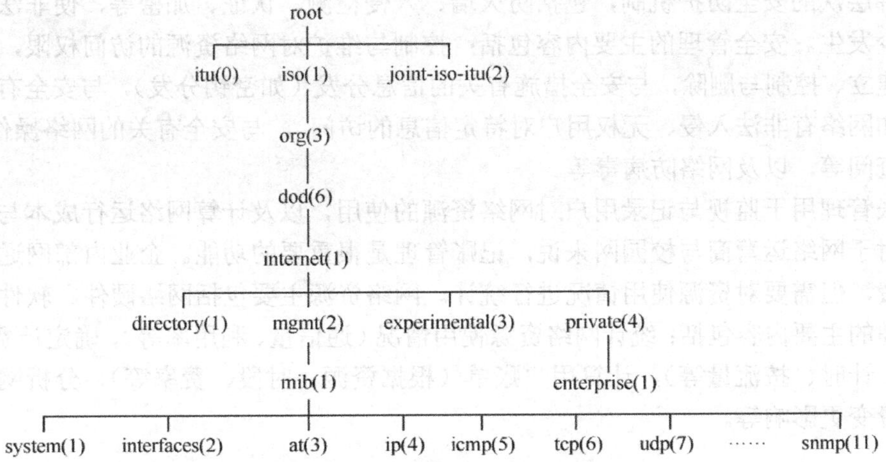

图 9-23 管理信息树的结构

9.8.2 网络管理功能域

网络管理功能模型就是常说的网管功能域，是由 ISO 定义的网络管理功能的集合。网管功能域定义了主要的网管功能，被划分为 5 部分：配置管理（Configuration Management）、故障管理（Fault Management）、性能管理（Performance Management）、安全管理（Security Management）、记账管理（Accounting Management）。虽然 ISO 定义的网络管理协议不成功，但是它定义的功能模型得到了广泛支持。根据管理的网络系统的实际情况，网络管理可能需要实现全部或其中部分功能。

配置管理用于实现网络设备的配置和管理，主要是网络设备参数与设备之间的连接关系。网络配置可能经常发生变化，主要原因包括：根据用户需求的变化调整网络规模，设备或线路故障排除可能影响部分网络，通信子网节点故障可能造成路由改变。网络配置变化可能是临时或永久的，网管系统需要支持对这些变化的响应。配置管理的主要内容包括：标识网络中的被管对象（表示网络设备），识别网络拓扑结构（生成拓扑图），修改设备配置（工作参数、连接关系）。

故障管理用于发现与解决网络中的故障，目的是保证网络连续、可靠地运行并提供服务。网络故障会导致网络出现异常甚至瘫痪，或者是用户无法接受的网络性能。故障管理需要能够及时发现与报告故障，通过分析事件报告确定故障位置、原因与性质，并采取必要的措施排除故障。故障管理的主要内容包括：故障检测（通过轮询机制或告警信息），故障记录（生成故障事件、告警信息或日志），故障诊断（通过诊断测试或故障跟踪），故障恢复（通过设备更换、维修或启用冗余设备）。

性能管理用于测试网络运行中的性能指标，目的是检验网络服务是否达到预定水平，找出已发生的问题或潜在的瓶颈，通过数据分析和统计来建立性能分析模型，以便预先报告网络性能的变化趋势，并为网管决策提供必要的依据。性能参数包括网络的吞吐率、利用率、响应时间、传输延时等。监控网络设备与连接的使用情况对性能管理至关重要。性能管理可分为两部分：性能监控、网络控制。其中，性能监控是指收集网络状态信息，网络控制是指为改善性能采取的措施。

安全管理用于保护网络中的资源的安全，以及网管系统自身的安全性。安全管理需要利用各种层次的安全防护机制，包括防火墙、入侵检测、认证、加密等，使非法入侵事件尽可能少发生。安全管理的主要内容包括：控制与维护对网络资源的访问权限，安全服务设施的建立、控制与删除，与安全措施有关的信息分发（如密钥分发），与安全有关的事件通知（如网络有非法入侵、无权用户对特定信息的访问），与安全有关的网络操作的记录、维护与查阅等，以及网络防病毒等。

记账管理用于监视与记录用户对网络资源的使用，以及计算网络运行成本与用户应交费用。对于网络运营商与校园网来说，记账管理是很重要的功能。企业内部网通常不需要进行计费，但需要对资源使用情况进行统计。网络资源主要包括网络硬件、软件与服务。记账管理的主要内容包括：统计网络资源使用情况（通信量、利用率等），确定计费方法（采用包月、计时、按流量等），计算用户账单（根据资源、时段、费率等），分析网络运营成本与资费变更影响等。

9.8.3 网络管理系统的概念

网络管理系统（Network Management System，NMS）简称网管系统，它是用来实现网管功能的软件或硬件系统。从逻辑结构上来看，网管系统通常包括三部分：管理对象、管理进程与管理协议，如图 9-24 所示。其中，管理对象（Managed Object）是经过抽象的网络元素，对应网络中具体可操作的数据，如网络设备的配置信息等。网络设备主要包括交换机、路由器、网关、服务器等。

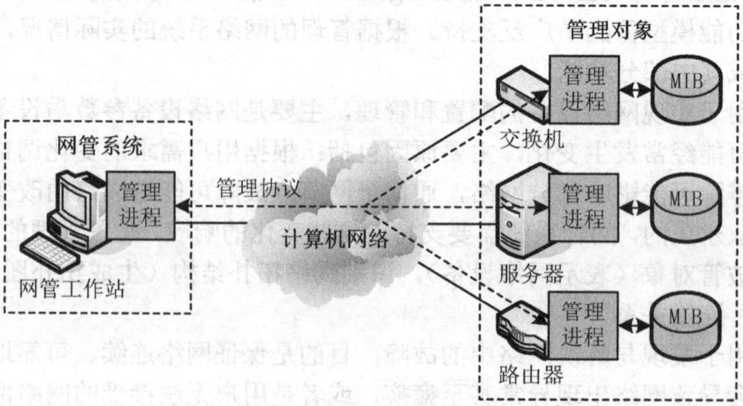

图 9-24 网管系统的基本结构

管理进程（Manager Process）是对网络设备进行管理与监控的软件，它安装在网络中的网管工作站与各种网络设备中。管理进程根据网络中各个管理对象的情况，对具体的管理对象执行某种管理操作，如调整网络设备的配置信息。管理协议（Management Protocol）负责在网管工作站与网络设备的管理进程之间通信，传输信息包括发送的操作命令与返回的操作结果。管理进程需要按照网管协议的具体规定来实现。

管理对象的相关信息存储在 MIB 中。网管系统中的每个管理进程都有 MIB。在网管工作站中，MIB 存储网络中所有设备的管理信息；在网络设备中，MIB 存储设备自身的管理信息。网管系统通过查询 MIB 中存储的管理信息，获得相关网络设备的工作参数、状态变量。网管系统要保证 MIB 与网络设备的对应数据的一致性。

根据管理对象来分类，这是最常见的网管系统分类方法。根据这种分类方法，网管系统通常分为两种：一种是网元管理系统（Element Management System，EMS），只负责管理单独的网络元素（网络设备）。EMS 通常是由硬件设备厂商提供，各厂商可能使用自己专有的 MIB，实现对自己的网络设备的细致管理。另一种是通用的网络管理系统（NMS），负责管理整个网络而不是单个设备，通常用于掌握整个网络的工作状况，作为底层的网管平台服务于 EMS。NMS 提供兼容性好的第三方网管平台，集成某些厂商设备的私有 MIB，并对不同厂商的设备进行识别与统一管理。

9.8.4 简单网络管理协议

在网络管理领域，IETF 制定了简单网络管理协议（Simple Network Management Protocol，SNMP）。SNMP 是一种面向 Internet 的网管协议，针对的管理对象主要是各种网络设备，如交换机、路由器、网桥等，其共同点是内存和 CPU 处理能力有限。SNMP 的设计目的是简化网络管理工作，正是这种设计思想促成 SNMP 的成功。

1987 年，IETF 制定了简单网关监控协议（SGMP），它是一种监控网关或路由器的协议。SNMP 是在 SGMP 的基础上发展起来的。1989 年，IETF 制定了 SNMPv1 协议，它是一种设计简单、易于实现的协议。1993 年，IETF 制定了 SNMPv2 协议，增加操作类型与支持多种传输层协议。1998 年，IETF 制定了 SNMPv3 协议，提供安全性与改进的框架结构。1991 年和 1995 年，IETF 制定了远程网络监控（RMON1 与 RMON2），它们是对 SNMP 功能的补充。

SNMP 系统采用 C/S 模式，如图 9-25 所示。SNMP 系统包括两部分：SNMP 客户机和服务器。其中，SNMP 客户机是管理器（Manager），安装在执行网络管理的计算机中；SNMP 服务器是代理（Agent），安装在被管理的网络设备中。管理器向代理发出 SNMP 请求，要求执行某种网管操作；代理执行管理器请求的网管操作，并向管理器返回 SNMP 应答。

SNMP 在传输层采用无连接的 UDP，在传输管理信息之前无需建立连接。SNMP 在管理器与代理之间传输管理信息，用于表示网络设备状态或参数。网络设备的管理信息可分为很多类型，并保存在 MIB 的管理对象中。SNMP 采用轮询监控方式，管理器定时向代理请求获得管理信息，并根据返回信息判断是否发生异常。SNMP 只定义了很少的几种操作命令，如 GetRequest、SetRequest 和 GetResponse，用于实现读取、修改 MIB 库、返回应答信息。

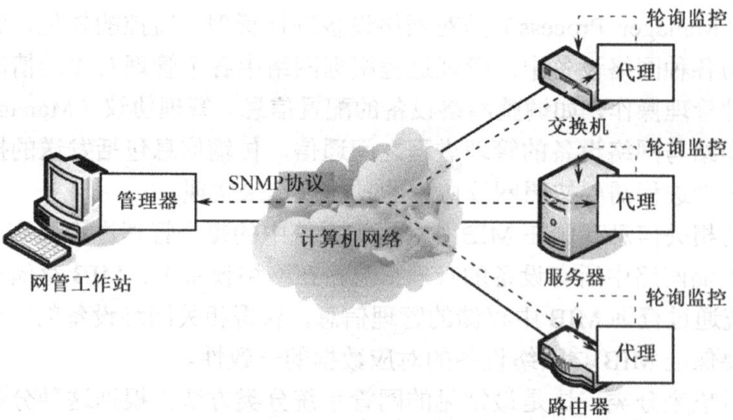

图 9-25　SNMP 系统的基本结构

SNMP 是 TCP/IP 协议族中的重要协议，它的成功与 TCP/IP 的普及是分不开的。SNMP 的最大优点是协议简单、易于实现。SNMP 的缺点是难以及时发现设备故障，这是由于采用轮询监控方式带来的问题。目前，SNMP 是应用最广泛的网管协议，它已成为事实上的网管标准，得到设备生产商与软件开发商的广泛支持。

小　结

本章主要讲述了以下内容：

① 网络安全体系包括三个概念：安全攻击、安全服务、安全机制。安全攻击包括任何危及网络和信息系统安全的行为；安全服务是系统提供的保护网络资源的进程或服务；安全机制主要包括加密、数字签名、访问控制、数据完整性、认证等。

② 密码体制是通过加密算法和密钥对信息编码的方法。密码体系可分为两类：对称密码、非对称密码。对称密码体制的加密与解密使用相同密钥；非对称密码体制的加密与解密使用不同密钥。密码体制可实现加密、数字签名等服务。

③ 网络安全协议借助密码体制的加密与身份认证，为现有的网络协议提供安全传输能力。网络层的安全协议主要是 IPSec，传输层的安全协议主要是 SSL，应用层的安全协议包括 PGP、SET 等。

④ 防火墙通过检查进出内部网络的数据包，判断是否对网络安全构成威胁，为内部网络建立安全边界。防火墙主要分为两类：包过滤路由器、应用级网关。防火墙系统通常将包过滤路由器与应用级网关作为基本单元，采用多级结构与多种组态。

⑤ 入侵检测系统用来监测和发现可能存在的攻击行为，包括来自系统外部的入侵行为，以及来自内部用户的非授权行为，并采取相应的防护手段。

⑥ 恶意代码主要包括：计算机病毒、网络蠕虫、木马程序等形式。近年来，恶意代码与网络攻击呈融合的趋势，变种速度加快，检测难度增加。

⑦ 网络管理是指用于运营、管理和维护一个网络，以及提供网络服务所需的各种活动的总称。网络管理功能域定义了网络管理的基本功能，被划分为 5 部分：配置管理、故障管理、性能管理、安全管理、记账管理。

习 题 9

一、**名词解释**（用所给定义解释以下术语，在每个术语前的下划线上标出正确的定义）

术语：

________1．对称密码　　________5．包过滤路由器

________2．公钥密码　　________6．应用级网关

________3．故障管理　　________7．入侵检测系统

________4．性能管理　　________8．防火墙

定义：

A．加密与解密过程使用不同密钥的密码技术。

B．发现与解决网络中的故障，保证网络持续、可靠运行的网管功能。

C．在企业内部网与 Internet 之间检查数据包或服务请求合法性的设备。

D．检查用户发送的应用服务请求合法性的设备。

E．加密与解密过程使用相同密钥的密码技术。

F．持续监测、统计和分析网络运行参数，为管理者提供决策依据的网管功能。

G．根据过滤规则检查网络之间传输的数据包合法性的设备。

H．识别对计算机和网络资源的恶意使用行为的系统。

二、**单项选择**

1．确认通信双方的用户身份是否真实的服务是________。

A．身份认证　　B．数据完整性　　C．防抵赖　　D．访问控制

2．在可信计算机系统评估准则中，计算机系统安全等级要求最高的是________。

A．D 级　　B．C1 级　　C．B1 级　　D．A1 级

3．在网络管理功能域中，保护网络资源安全的网管功能是________。

A．配置管理　　B．安全管理　　C．记账管理　　D．过滤管理

4．IPSec 协议提供的安全服务工作在________。

A．应用层　　B．传输层　　C．网络层　　D．物理层

5．在以下几种密码技术中，属于对称密码体制的是________。

A．3DES　　B．RSA　　C．ECC　　D．DSS

6．以下关于简单网络管理协议的描述中，错误的是________。

A．由 IETF 定义的网管协议　　B．它的英文缩写是 SMTP

C．采用 C/S 方式　　D．服务器端通常称为代理

7．以下关于网络攻击类型的描述中，错误的是________。

A．数据篡改属于主动攻击　　B．数据重放属于主动攻击

C．数据窃听属于被动攻击　　D．数据伪造属于被动攻击

8．以下关于 SSL 协议的描述中，错误的是________。

A．安全套接层的英文缩写　　B．在传输层提供安全服务

C．提供对 IP 分组的认证能力　　D．包括握手协议与记录协议

三、**判断题**（判断下列描述是否正确，正确的在下划线上写 Y，错误的写 N）

_____1．DES 的工作机制是非对称加密方式。

______2．应用代理是应用级网关的一种形式。

______3．网络空间安全、网络安全这两个概念涉及的内容一致。

______4．不可否认性用于防止通信双方对发送或接收数据予以否认。

______5．防火墙可完全避免外部用户对 Intranet 的入侵和破坏。

______6．当一个网络系统中采用防火墙系统之后，没有必要再使用功能相似的入侵检测系统。

______7．IKE 协议可用于 IPSec 协议的安全参数协商过程。

______8．网络蠕虫的重要特征是它的隐蔽性和提供后门的能力。

四、问答题

1．网络空间安全主要涉及哪些方面的内容？

2．X.800 标准定义的安全服务主要有哪些类型？

3．请说明 IPSec 传输模式与隧道模式的主要区别。

4．请说明计算机病毒与网络蠕虫的主要区别。

5．请说明对称密码与非对称密码体制的主要区别。

6．在网络应用系统设计中，需要从哪些方面采取防病毒措施？

7．ISO 定义的网络管理功能域主要有哪些基本功能？

8．请说明包过滤路由器、应用代理、堡垒主机等防火墙术语的含义和功能。

附录A　参考答案

第1章								
	1	2	3	4	5	6	7	8
一、名词解释	A	D	C	E	B	H	G	F
二、单项选择	A	B	D	A	C	B	D	A
三、判断对错	N	Y	N	N	N	N	Y	N
四、问答题	略							
第2章								
	1	2	3	4	5	6	7	8
一、名词解释	C	F	A	G	B	D	E	H
二、单项选择	B	D	C	B	A	B	C	D
三、判断对错	N	N	Y	N	N	Y	N	N
四、问答题	略							
第3章								
	1	2	3	4	5	6	7	8
一、名词解释	E	A	G	H	B	F	D	C
二、单项选择	D	A	B	C	B	D	C	A
三、判断对错	N	N	N	N	Y	N	Y	N
四、问答题	略							
第4章								
	1	2	3	4	5	6	7	8
一、名词解释	B	C	A	G	F	E	D	H
二、单项选择	B	D	C	B	A	D	B	C
三、判断对错	Y	N	N	N	N	Y	N	N
四、问答题	略							
第5章								
	1	2	3	4	5	6	7	8
一、名词解释	A	F	D	E	C	B	H	G
二、单项选择	D	B	C	A	B	A	D	C
三、判断对错	N	N	N	N	Y	N	N	Y

四、问答题	略							
第6章								
	1	2	3	4	5	6	7	8
一、名词解释	E	C	D	G	H	F	B	A
二、单项选择	D	A	C	B	A	B	D	C
三、判断对错	N	N	N	Y	N	N	N	Y
四、问答题	略							
第7章								
	1	2	3	4	5	6	7	8
一、名词解释	G	A	B	F	H	C	E	D
二、单项选择	A	C	D	C	B	A	D	A
三、判断对错	N	N	N	Y	N	N	Y	N
四、问答题	略							
第8章								
	1	2	3	4	5	6	7	8
一、名词解释	H	F	G	C	A	E	B	D
二、单项选择	B	C	A	D	B	C	D	A
三、判断对错	Y	N	N	Y	N	N	N	Y
四、问答题	略							
第9章								
	1	2	3	4	5	6	7	8
一、名词解释	E	A	B	F	G	D	H	C
二、单项选择	A	D	B	C	A	B	D	C
三、判断对错	N	Y	N	Y	N	N	Y	N
四、问答题	略							

参 考 文 献

[1] 吴功宜，吴英．计算机网络（第 4 版）．清华大学出版社，2017．

[2] 吴功宜，吴英．计算机网络高级教程（第 2 版）．清华大学出版社，2015．

[3] 吴功宜，吴英．计算机网络课程设计（第 2 版）．机械工业出版社，2012．

[4] 吴功宜，吴英．物联网工程导论．机械工业出版社，2012．

[5] 吴英．网络安全技术教程．机械工业出版社，2015．

[6] Andrew S. Tanenbaum．计算机网络（第 5 版）．严伟等译．清华大学出版社，2012．

[7] Kevin R. Fall．TCP/IP 详解　卷 1：协议（第 2 版）．吴英等译．机械工业出版社，2016．

[8] James F. Kurose & Keith W. Ross．计算机网络 自顶向下方法（第 6 版）．陈鸣译．机械工业出版社，2014．

反侵权盗版声明

举报电话：（010）88254396；（010）88258888

传　　真：（010）88254397

E-mail:　　dbqq@phei.com.cn

通信地址：北京市万寿路 173 信箱

电子工业出版社总编办公室

邮　　编：100036